실리콘
태양광 기술

Silicon Photovoltaics Technology

KB021321

실리콘 태양광 기술

Silicon Photovoltaics Technology

저자

장효식, 임종철, 송희은, 강기환

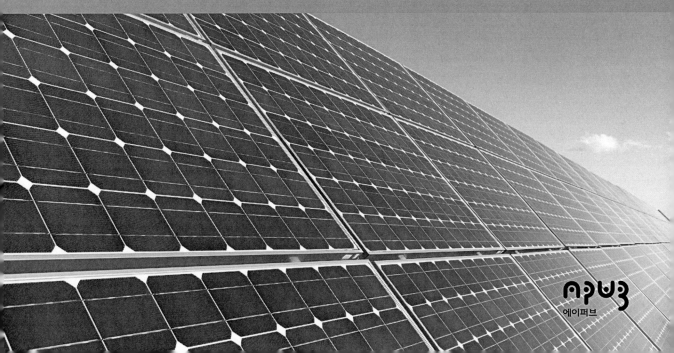

산업과 문명이 발달함에 따라, 인류는 화석연료 고갈이라는 당면 과제를 해결하고 환경문제를 극복하기 위한 방안으로 다양한 대체에너지를 개발하고 있다. 태양광 에너지는 이 중 가장 주목받는 소재이다. 특히 산업과 실생활에서 직접 접할 수 있는 결정질 실리콘 태양전지와 그로 구성된 태양광 발전의 다양한 기술에 대한 이해가 필요하다.

이에 본 서는 소재, 제조공정, 고효율 태양전지, 분석에 대해 기술하였으며, 페로브스카이트를 이용한 태양전지 기술도 추가적으로 설명하였다.

에이퍼브

머리말

현재 우리는 전 세계에서 이상 기후 현상들을 경험하고 있으며, 이는 기후 변화의 결과로 보고 있다. 2015년 파리기후변화협약으로 2100년까지 전 세계 평균 기온의 상승 폭을 2°C 이하로 유지하는 목표를 설정하였다. 이 협약으로 신재생에너지 중심의 에너지 믹스를 통하여 에너지원을 다양화하고, 신재생에너지원을 활용해 에너지 수요에 적절하게 대응해야 온실가스 감축을 줄일 수 있을 것이다. 또한, 글로벌 기업들이 'RE100'으로 전력을 재생에너지로 100% 충당하겠다는 캠페인을 진행하고 있어 탄소중립에 앞장서고 있다. 우리나라도 2030년까지 재생에너지 발전 비중을 20% 이상으로 늘리는 재생에너지 2030 계획을 수립하였다. 우리나라에서는 여러 조건을 고려하면 보급할 수 있는 신재생에너지원으로 태양광, 풍력, 연료전지 중심으로 확대될 것으로 생각된다.

신재에너지원 중 태양광 에너지는 태양광 발전 시스템을 이용하여 빛 에너지를 전기로 바꾸는 것으로, 에너지원이 청정 무제한이고, 필요한 장소에서 필요한 만큼 발전 가능하며, 유지 보수도 용이하여 다른 신재생에너지보다 쉽게 설치할 수 있으며 오랫동안 사용할 수 있다.

태양광 발전 시스템은 대부분이 결정질 실리콘 태양전지를 이용하여 발전하고 있으며, 이런 기술은 크게 폴리실리콘, 잉곳, 웨이퍼, 태양전지, 모듈, 주변기기 및 시스템 등으로 나눌 수 있다. 그러므로 실리콘 태양광 발전 기술의 소재와 제조공정, 성능 평가법에 대해 집중적으로 기술하였으며 차세대 페로브스카이트/실리콘 탠덤 태양전지에 대하여서도 언급하였다. 현재 결정질 실리콘 태양전지 효율은 26%를 넘어섰고, 20% 이상의 효율을 갖는 모듈들이 출시되고 있다. 하지만 중국의 태양광 지원 정책에 따른 경쟁력과 부가가치 저하로 인해 국내 태양광 산업은 어려움을 겪고 있다. 우리나라 태양광 산업의 경쟁력 제고를 위하여, 태양광을 연구하거나 관련 산업을 종사하는 분들에게 좋은 교재로 활용되기를 바란다.

2023년 8월
저자 일동

contents

머리말 v

기호 설명 xi

C·H·A·P·T·E·R 01 **서론 및 개요**   003

01   태양광에너지   003

1. 태양광 시대로의 진입   003

2. 태양광에너지 변환   004

02   태양광 복사   005

1. 태양광 복사   005

2. 태양광 위치와 입사   007

03   태양전지 역사   008

04   태양전지 종류   010

C·H·A·P·T·E·R 02 **태양전지 기초**   013

01   반도체   013

1. 밴드 형성   013

2. 전하   016

3. 전하 이동   018

02   태양전지 원리   020

1. 광전효과   020

2. 태양전지 작동원리   021

03	태양전지 특성 인자	024
	1. 단락전류	024
	2. 개방전압	026
	3. 셀효율	027
	4. 충실률	028
04	태양전지 물성지표	031
	1. 수집확률	031
	2. 표면재결합속도	032
	3. 양자효율	037
	4. 효율 손실	038
05	태양전지 등가회로	040

C·H·A·P·T·E·R 03 실리콘 재료 **045**

01	폴리실리콘 제조 기술	045
02	실리콘 결정 성장	051
	1. 단결정 실리콘 성장	051
	2. 다결정 실리콘 성장	056
03	실리콘 웨이퍼 제조	059

C·H·A·P·T·E·R 04 실리콘 태양전지 공정 **069**

01	태양전지 제조 공정	069
	1. 스크린 프린팅 실리콘 태양전지 공정	069
	2. 기판 세정 및 표면 조직화	070

contents

	3. pn접합	086
	4. 엣지 분리	092
	5. 표면 패시베이션	094
	6. 반사방지막	102
	7. 전극 형성	107

C·H·A·P·T·E·R 05 고효율 실리콘 태양전지   127

01	패시베이션 접합 구조	128
	1. PERL 구조 태양전지	128
	2. PERC 구조 태양전지	130
	3. PERT 구조 태양전지	137
	4. TOPCon 구조 태양전지	139
	5. 전하선택접합	144
02	이종접합 태양전지	147
	1. 이종접합 태양전지	147
	2. 수소화 비정질 실리콘	150
03	후면 전극 태양전지	153
	1. IBC 태양전지	153
	2. EWT 태양전지	156
	3. MWT 태양전지	159
	4. HBC 태양전지	161
04	양면 태양전지	162

C·H·A·P·T·E·R 06 **실리콘 페로브스카이트 태양전지** **167**

01 페로브스카이트 태양전지 167
1. 페로브스카이트 태양전지 167
2. 페로브스카이트 태양전지 공정 178
3. 페로브스카이트 소자 응용 186
4. 실리콘 페로브스카이트 탠덤 태양전지 189
02 페로브스카이트 물성 분석 193
1. Space-charge-limited-current 분석법 193
2. Time-resolved photo-luminescence 분석법 194
3. SEM-EDS-TRPL 교차 분석 200

C·H·A·P·T·E·R 07 **태양전지 물성 측정** **205**

01 측정 분석 205
1. 인공태양광조사 장치 205
2. 양자효율 측정 215
3. 전하 수명 측정 221
4. 발광 검사 235
5. 저항 측정 239
02 시뮬레이션 242
1. PC1D 242
2. 시뮬레이션 프로그램 246

contents

03 박막물성 분석   247
   1. 광전자 분광법   248
   2. 이차이온질량 분석법(SIMS)   253
   3. X-선 회절 분석법(XRD)   255
   4. 전자현미경   258
   5. 편광분석법   260

C·H·A·P·T·E·R 08 **태양광 모듈**   **265**

01 모듈 제조   265
   1. 모듈 구성 재료   266
   2. 모듈 제조 공정   284
   3. 모듈 평가 및 신뢰성   309
   4. 대양광 모듈 열화   326
02 태양광 발전   329
   1. 태양광 시스템   329
   2. 인버터   332
   3. 모듈 설치   337
   4. 발전 비용과 정책 제도   339
03 건물일체형 태양광   341

C·H·A·P·T·E·R 09 **태양광 모듈 재활용**   **347**

찾아보기 352

■ 기호 설명

η	셀 효율(conversion efficiency)	
V	전압(voltage)	
V_{oc}	개방전압(open-circuit voltage)	
J_{sc}	단락전류밀도(short-circuit current density)	
I	전류(current)	
I_{sc}	단락전류	
P_m	최대 파워(maximum power)	
I_m, V_m	최대 파워의 전류 및 전압(current/voltage at maximum power point)	
R	저항(resistance)	
R_S	직렬 저항(series resistance)	
R_{Sh}	분로 저항(shunt resistance)	
E_F	페르미 에너지준위(Fermi energy level)	
E_G	밴드갭 에너지(bandgap energy)	
$E_{h\nu}$	광자 에너지(photon energy)	
E_C	전도대 에너지(conduction band energy)	
E_V	가전대 에너지(valence band energy)	
S	표면재결합속도(surface recombination velocity)	
τ	전하 수명(carrier lifetime)	
E	전계(electric field)	
k	볼츠만 상수(Boltzmann constant)	
T	온도(temperature)	
q	전하량(electronic charge)	
L_n	전자 확산길이(electron diffusion length)	
L_p	홀 확산길이(hole diffusion length)	
W	공핍층 두께(depletion width)	
A	면적(area)	
n	전자 농도(electron concentration)	
p	홀 농도(hole concentration)	
φ	위도(latitude)	
FF	충실률(Fill Factor)	

C·H·A·P·T·E·R
01

서론과 개요

01 서론 및 개요

01 태양광에너지

1. 태양광 시대로의 진입

산업과 문명의 발달함에 따라 에너지 사용량이 급증하고 있으며, 그로 인하여 우리가 원치 않는 대기 오염, 기후 변화 등의 환경 문제가 국경을 넘어 전 인류의 가장 긴급한 해결과제로 대두되고 있다. 온실가스 배출에 의한 지구의 평균 온도 상승과 이상 한파, 폭설, 폭우 등 지구환경문제가 점점 심각해지고 있다. 현재도 지구 온난화로 북극이 따뜻해지면서 북극권에 갇혀 있어야 할 찬 공기가 아래로 이동하여 이상 기후를 나타내고 있다. 온실효과에 의한 평균기온 상승에 따라, 대한민국도 온대성 기후에서 아열대 기후로 점점 기후가 변화될 것으로 예측되며, 그런 기상 현상들이 점점 나타나고 있다.

우리가 현재 에너지원으로 주로 사용하고 있는 화석 연료는 향후 잔존량과 생산량의 감소로 경제적 비용이 증가하기 시작할 것이라는 예상이 나오고 있다. 화석연료를 사용하여 발생되는 미세먼지로 인한 대기오염 증가, 그리고 이산화탄소 배출로 인한 온실효과로 인한 지구 온난화 문제도 심각한 수준에 있다. 이러한 화석 연료를 대체할 에너지 변환 기술에 관한 연구가 활발히 진행되고 있으며, 그중에서도 지구가 직면한 환경문제를 해결하기 위한 친환경적인 에너지 변환 기술에 대한 연구가 집중되고 있다. 또한,

2011년에 일본의 후쿠시마 원전사고 발생으로 인한 원자력의 잠재적 위험성 등이 부각되어지면서, 전체적으로 이러한 경제적, 환경적, 사회적으로 중요한 요인들은 저렴하고 풍부한 태양 에너지가 현실이 될 때까지 CO_2 배출을 억제하고 재생 가능한 물질 및 재생에너지의 사용으로 전환할 것이 요구되어져 신·재생에너지에 대한 관심이 고조되고 있다. 에너지의 생산부터 사용 중, 그리고 사용 후 폐기까지의 전 주기에 걸쳐 환경 영향을 최소화할 수 있는 해결책은, 지구상 모든 지역에서 존재하고 무한·무공해 에너지원인 태양에너지가 미래 에너지원으로 기대되고 있다. 태양으로부터 지표면에 도달하는 복사에너지는 지구상의 동식물이 살아가는 데 없어서는 안 되는 필수요소로, 우리가 일상생활에서 사용하는 에너지는 근원적으로 태양의 복사에너지에 기인한다. 태양 에너지량은 거의 무한이지만, 자연 상태의 태양에너지는 에너지 밀도가 낮아 이를 실생활과 산업용으로 사용하기 위해서는 값싸고 효율적으로 태양에너지를 획득하고, 이를 다시 전기에너지로 바꾸어줄 수 있는 기술이 필요하다.

결정질 실리콘 태양전지를 이용한 태양광 발전은 25년 이상의 수명과 신뢰성이 확보되었으며, 심지어는 30년 동안 사용도 큰 문제가 없는 것으로 보고되고 있다. 하지만 신재생에너지 전력원으로는 전력 발생이 기후에 영향을 받아서, 불규칙적이고 예측할 수 없으며, 전력을 저장할 수 없는 단점이 존재한다. 이런 단점을 보완하기 위하여 배터리와 연결된 ESS(Energy Storage System)가 보급되고 있으며, 선력 그리드망의 안정화 연구, 우주 태양광 발전에 대한 연구들이 진행되고 있다.

전기요금이 비싼 국가들에서는 그리드 패리티(Grid parity)가 실현되고 있으며, 기업이 사용하는 전력량의 100%를 2050년까지 풍력, 태양광 등 재생에너지 전력으로 충당하겠다는 국제 캠페인인 'RE100'을 선언하고 글로벌 기업들의 자발적인 참여가 진행 중이다.

2. 태양광에너지 변환

대기권 밖에서 지구에 수직으로 입사하는 태양에너지는 약 $1,368\ \mathrm{W/m^2}$이며, 이를 태양상수로 정의한다. 그중의 일부는 대기 중에서 흡수되고, 구름이나 물분자에 의해 반사·산란되어 지표면에 도달하는 에너지는 최대 $1\ \mathrm{kW/m^2}$ 정도가 된다. 계절과 밤낮의 변화를 고려한 평균 일사량은 지역에 따라 다소의 차이가 있으나 극지방을 제외한 대부분의 지역에서 100~350 W/m²이다. 2000년경 지구에서 소비되는 에너지는 1년에 약 17 TW(1 TW = 10¹² Watt)에 달하는 것으로 추정되고, 그중에 약 85%는 화석연료에 의해 생산된다. 2050년에는 전 세계 에너지 소비량은 약 30 TW로 급증할 것으로 예상하고 있으며, 이는 태양이 우리에게 주는 에너지인 12만 TW 정도로 전 세계의 평균소비전력과 비교해도 매우 크다. 이 에너지양은 약 0.1%의 지구 면적에 10%의 효율을 갖는 태양광발전을 통해서 얻을 수 있는 충분한 전력량이다. 태양광 발전을 제외한 TW 크기의 에너지원은 단지 5개의 에너지원으로 풍력, 조력, 지열, 바이오매스, 수력발전뿐이다.

결정질 실리콘 태양전지는 실리콘 반도체 기술을 바탕으로 2000년 이후에 많은 효율 향상과 경제성을 갖추어 가면서 지상 태양광 발전의 대부분을 차지하고 있다. 여러 종류의 태양전지가 개발되고 있지만, 산업적으로나 실생활에서 직접 접할 수 있는 결정질 실리콘 태양전지와 그로 구성된 태양광 발전의 다양한 기술에 대한 이해가 필요하다. 결정질 실리콘을 이용한 태양광 발전은 폴리실리콘, 잉곳, 웨이퍼, 태양전지, 모듈, 주변기기 및 시스템 등으로 나누어지기 때문에 이런 측면에서 소재, 제조공정, 고효율 태양전지, 분석에 대해 기술하였다. 결정질 실리콘 태양전지의 효율이 이론적 효율에 근접하면서, 페로브스카이트를 이용한 태양전지 기술도 추가적으로 설명하였다.

02 태양광 복사

1. 태양광 복사

태양은 지름이 1,400만 km의 gas sphere로 핵융합 반응(thermonuclear reaction)에 의해 에너지를 발생한다. 태양으로부터 지구로 오는 에너지는 광(light)과 열(heat)로 나눌 수 있으며, 전자기파(Electromagnetic radiation)의 특성을 나타낸다. 이 전자기파는 파동(wave) 특성과 입자(particle) 특성을 갖고 있어서, 태양광은 색이나 주파수(frequency)에 따라 에너지가 정해지는 광자(photon)라 불리는 에너지 packet으로 구성되어 있다. 태양은 약 6000K 온도의 흑체(black body)로 취급할 수 있다. 흑체는 들어오는 모든 빛을 흡수하는 것을 말하며, 흑체가 갖고 있는 온도의 모든 빛을 방사하는 흑체 방사(black body radiation)를 한다.

앞에서 논한 것처럼 태양 표면으로부터의 광세기는 거의 일정하지만, 지구표면에 도달할 때의 광의 세기는 대기에 의한 흡수나 산란 때문에 매우 줄어든다. 최대의 태양광 세기는 태양이 바로 지표면에 수직일 때, 대기를 통과하는 광경로가 최소일 경우에 가장 크다. 그림 1.1에서 보듯이, 지구의 수직 방향과 태양 방향사이의 각을 θ라고 할 때, 광경로는 $1/\cos\theta$이 된다. 이 광경로를 대기질량(Air Mass, AM)이라 정의한다. 즉, AM은 태양 광선이 지구 대기를 지나오는 경로의 길이로서, 임의의 해수면상 관측점으로 햇빛이 지나가는 경로의 길이를 관측점 바로 위에 태양이 있을 때 햇빛이 지나오는 거리의 비율로 나타낸 것이다.

$$AM = 1/\cos\theta$$

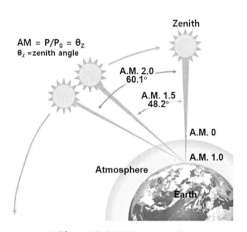

그림 1.1 대기 질량(Air Mass)

식에서 $\theta=0$일 때 대기 질량은 1이 되며, 이를 AM1이라고 한다. 지구 대기권 밖에서의 태양광 복사를 AM0라 한다. 각도가 48.19°일 때 대기질량은 1.5가 되며 태양광측정 분야 에서는 AM1.5를 표준으로 삼고 있다. 지구복사(terrestrial solar radiation)와 유사하게 표준 조사(standard spectral irradiance)로 구성된 스펙트럼 조건은 AM1.5G로 표현한다. 실제 전체 에너지 밀도(전체 파장에 대한 파워 밀도의 적분값)는 970 W/m²이지만, ASTM E 892의 표준 측정 규격에 의해서 대략 1000 W/m²를 기준으로 하여 지표에서 받고 있는 가장 유사한 조건으로 기준 단위를 정하고 있다.

AM1.5G의 G는 Global의 약자로, 보통 태양광이 직접 입사하는 광(direct light)과 대기권에서 물분자, 구름, 먼지, 오염 입자 등에 의해서 산란·흡수·반사되어 사방 입사되는 산란(diffuse)광으로 구분될 수 있다. 직접광(직달광)과 산란광을 합해서 G라고 한다. 그림 1.2에는 대기권 밖과 지표상에서의 태양광 복사량(spectral irradiance)을 보여주고 있다. 태양광 복사는 대기권 밖에서 6000 K 온도의 흑체 복사와 유사한 분포를 보여주나, 지표상에서는 산소, 오존, 물분자들로 인하여 변하게 된다.

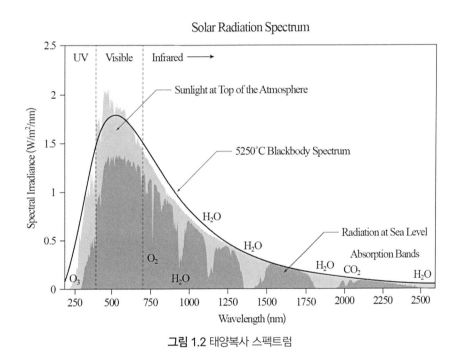

그림 1.2 태양복사 스펙트럼

2. 태양광 위치와 입사

지구의 자전축이 23.45° 기울어져 공전하기 때문에 지구에 도달하는 일사량은 시간과 계절에 따라 변하게 된다. 북반구에서 여름은 자전축이 태양으로 향하기 때문에 태양의 고도(altitude)가 높고 일사량이 많다. 북반구 겨울은 자전축이 태양으로부터 멀어지게 되고 여름과 반대 영향을 나타낸다. 여름철 하지 정오일 때의 최대 태양 고도 a를 남중고도라 하며, 90° + 23.4° − 위도(latitude, φ)로 간략하게 정의할 수 있다. 즉,

$$a_{max} = 113.4° − \varphi$$

반대로, 겨울철 동지에서 남중고도가 최소가 되게 된다. 동짓날의 남중고도는 아래와 같이 표현된다.

$$a_{min} = 66.6° − \varphi$$

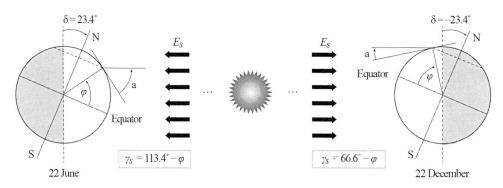

그림 1.3 태양복사 스펙트럼

03 태양전지 역사

프랑스의 물리학자 베크렐(E. Becquerel)이 1839년 전해질에서 두 전극 사이의 전압이 광에 변화하는 photogalvanic 효과를 발견하였다. 1876년에 영국의 데이(Day)와 학생 아담스(Adams)는 셀레늄(Se)에서 광생성 전류(photogeneration current)를 발견하여, 고체에서 광전효과(photovoltaic effect)를 처음 관찰하였다. 1883년에 미국의 프릿츠(Fritts)가 30 cm^2 면적의 셀레늄 박막을 사용하여 태양전지를 처음으로 제작하여, 19세기에는 광전 재료의

특성과 기본 현상을 발견하는 시기였다. 1904년에 아인슈타인(Einstein)이 광전 효과 개념을 이론으로 정립하였고, 1916년 밀리칸(Millikan)이 그 이론을 실험으로 증명하였다. 1918년에는 폴란드 과학자 쵸코랄스키(Czocralski)가 단결정 실리콘 생산법을 발하였다. 1950년에 들어와서 실리콘 반도체 소자의 제작과 함께 현대 태양전지의 연구가 시작되었다. 1954년 미국에서 Cu₂S/CdS 태양전지를, 벨 연구소에서 6% 효율을 갖는 실리콘 태양전지를 처음으로 보고하였다. 1958년에는 호프만 전자(Hoffman Electronics)에서 2% 효율과 14 mW 출력의 실리콘 태양전지를 25달러로 생산하였다. 1년 뒤에 이 실리콘 태양전지는 9% 효율로 뱅가드 인공위성에 100 cm^2 탑재되었다. 1970년에는 GaAs 이종구조 (heterostructure) 태양전지가 제작되었고, 1973년 Cu₂S 태양전지가 건물에 세계 최초로 장착되었다. 1975년에 들어와서 실리콘 태양전지가 우주용에서 지상 발전용으로 적용되기 시작하였다. 1976년에 RCA실험실의 칼슨(Carlson)과 론스키(Wronski)가 1.1%의 박막 실리콘 태양전지를 처음 제작하였고, 1978년 전자계산기에 처음으로 사용되었다.

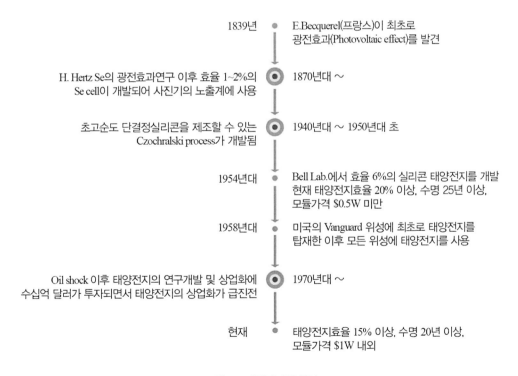

그림 1.4 태양전지의 역사

04 태양전지 종류

태양전지의 역사에 보듯이, 태양전지의 종류는 매우 다양하다. 태양전지의 재료별로 구분해보면, 실리콘과 비실리콘 재료로 나눌 수 있다. 실리콘 태양전지는 결정질 실리콘과 박막 실리콘으로 구분할 수 있다. 비실리콘 태양전지는 CIS($CuInSe_2$)계, CdTe, 염료감응(dye-sensitized)형, 유기(organic), 페로브스카이트(perovskite), 3세대 태양전지 등으로 나눌 수 있다. 여러 종류의 태양전지들을 그림 1.5와 같이 분류할 수 있다. 주기율표에서는 1족에서 6족 사이의 원소들이 태양전지 재료로 사용하고 있으며, 대표적인 원소들은 Al, Si, P, S, Cu, Zn, Ga, Ge, As, Se, Cd, In Sb, Te이며 그림 1.6에 나타내었다.

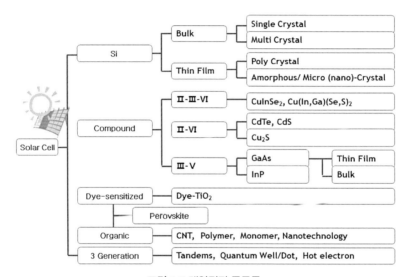

그림 1.5 태양전지 종류들

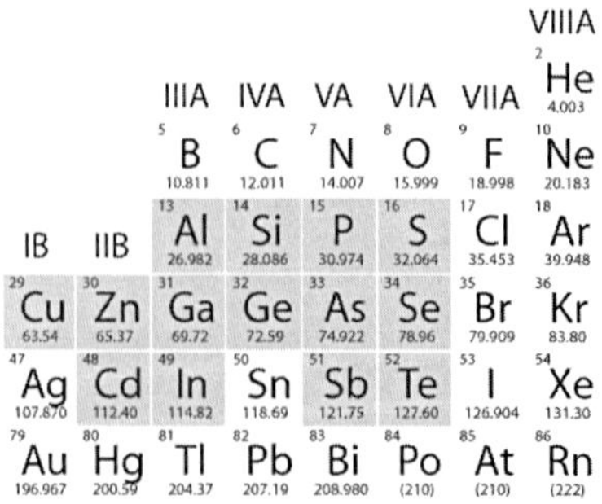

그림 1.6 주기율표의 대표적인 태양전지 재료의 원소

태양전지 기초

02 태양전지 기초

01 반도체

1. 밴드 형성

원자는 중심에 양성자가 있고 그 주위를 전자가 움직이면서 그 사이에 쿨롱 인력 (coulombic attraction)이 작용하고 있다. 원자들이 고체(solid)를 형성하기 위해 서로 가깝게 접근하면 원자들끼리 상호 작용(interaction)이 생긴다. 두 원자 사이 간격이 점점 더 작아지면서 전자 파동함수(wave function, Ψ)가 중첩(overlap)되게 된다. 파동함수는 간단하게 전자를 발견할 수 있는 확률이라 할 수 있다. 그림 2.1의 수소 분자 형성 모델처럼 수소는 하나의 전자를 가지고 있고, 두 원자가 점점 가까워짐에 따라 파동함수의 중첩이 생긴다. 이 중첩된 양이 결합(bonding)하여 에너지를 낮출 수 있는 원동력이 된다. 원자 번호가 증가될수록 더 많은 전자들이 존재하게 되며, 이에 따라 파동함수의 중첩이 증가하게 된다. 파울리 배타 원리(Pauli exclusion principle)에 의해서 다수의 전자를 포함하는 계 (system)에서 2개의 전자가 동시에 같은 양자 상태를 가질 수 없기 때문에, 각 원자들의 에너지 준위(energy level)가 개별 원자(individual atom)보다는 쌍(pair)에 속하는 새로운 불연속적 에너지 준위(discrete energy level)로 분리(splitting)되어야만 한다. 원자들 사이 거리가 평형 원자 간의 거리(equilibrium inter-atomic spacing)에 가까워지면서, 밴드는 에너지

갭에 의해서 두 밴드로 분리된다. 이 에너지 갭을 금지대(forbidden band)라 하고 에너지 밴드갭(energy band gap, E_g)이라 한다. 여기서는 어떤 전자 상태도 존재할 수 없다. 이 밴드갭의 위 밴드를 전도대(conduction band, E_c)라 하고, 아래 밴드를 가전자대(valence band, E_v)라 한다. 온도 0 K에서는 전자는 가장 낮은 에너지 상태를 차지한다.

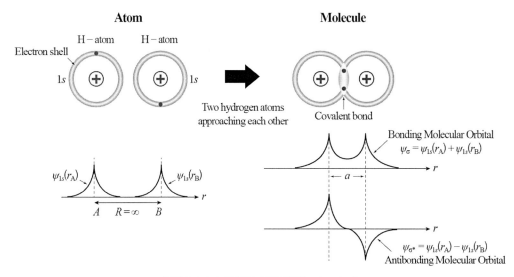

그림 2.1 수소 원자의 분자 형성(redrawing)

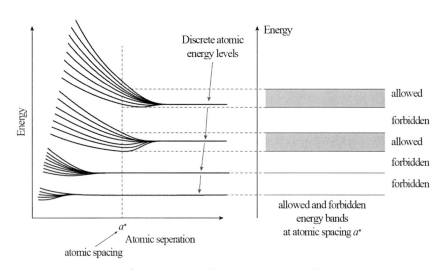

그림 2.2 원자들의 결합에 따른 에너지 밴드 형성

실리콘은 원자번호가 14번이고, 4가 원소로 최외각 전자가 4개이다. 공유 결합으로 전자들을 서로 공유한다. 전자 배열은 $1s^2 2s^2 2p^6 3s^2 3p^2$ 오비탈(orbital)로 구성되어 있다. 안쪽 궤도(inner shell)들의 전자들은 가까운 원자핵과의 결합력이 강하게 되고, 최외각 궤도(outer shell) 전자는 원자핵과 가까운 핵심부 전자(core electron)들이 원자핵의 결합력을 차폐(screening)하여 최외각 전자의 결합력이 약하게 된다. 그러므로 최외각 전자는 원자핵과의 결합을 깨고 이탈할 수 있으며, 이탈한 전자는 준자유전자로 활동할 수 있다. 재료의 전기적 성질은 최외각의 $3s^2 3p^2$만을 고려할 수 있으며, 4개의 전자가 s-p mixed 파동함수를 형성하고자 s-오비탈과 p-오비탈의 상호작용에 의해 sp^3 혼성화(hybridization)가 된다. 즉, 실리콘에서 이 $3s$, $3p$ 오비탈들이 4개의 전자를 갖는 $4sp^3$ 혼성화(hybridization)를 형성하게 된다. 두 오비탈들이 bonding(σ)과 anti-bonding($\sigma*$) 오비탈을 형성한다. 실리콘에서는 sp 혼성화된 파동함수가 tetragonal 형태로 방향성을 가지게 되며, 4개의 전자들이 bonding 오비탈을 꽉 채우고(filled state) 가전자대를 형성한다. 전자들이 비워져 있는 영역(empty sate)이 전도대가 되며, 에너지 갭(E_g)으로 나누어져 있게 된다.

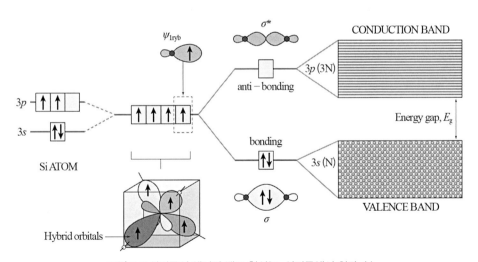

그림 2.3 실리콘의 에너지 밴드 형성(N: 실리콘에서 원자 수)

최외각 밴드에서의 전자 수와 밴드갭 특성에 따라서 금속(metal), 부도체/절연체(insulator), 반도체(semiconductor)로 나눌 수 있다. 금속결합은 많은 전자가 존재하여 높은 전기전도도($\sigma > 10^4/\Omega \cdot cm$)를 나타내고 전류를 잘 전달한다. 절연체는 이온결합을 형성하여 하나의 원자가 하나의 전자와 결합하게 됨으로, 전달할 수 있는 전자가 없어 낮은 전기전도도($\sigma < 10^{-8}/\Omega \cdot cm$)를 가진다. 반도체는 공유결합 특성으로, 원자들이 전자들을 서로 공유하여서 약간의 여기(excitation)를 주게 되면, 전기전도도($\sigma : 10^4/\Omega \cdot cm \sim 10^{-8}/\Omega \cdot cm$)를 조절할 수 있다.

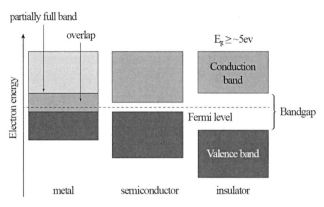

그림 2.4 밴드갭 크기에 따른 재료 물성

2. 전하

반도체에서 전기적 성질을 부여하는 전하(carrier)들은 전자와 정공(hole)이며, 크게 열에너지, 광에너지, 도핑에 의하여 생성된다. 전도대에 전자들이 가득차 있으면 움직이기 못하여 전기 전도를 하지 못하고, 전도대에서 전자가 움직이게 되면 빈 공간(empty state)을 만들고 가전자대에서 있는 전자들이 이 빈 공간으로 움직일 수 있다. 이러한 빈 공간 개념을 정공이라고 부르며, 양전하를 갖고 전자와 다른 질량과 이동도를 가진다. 전자는 음전하를 가지며 홀보다는 가벼운 질량과 높은 이동도를 나타낸다.

불순물이나 격자 결함(lattice defect)들이 없는 완벽한 반도체를 진성 반도체(intrinsic semiconductor)라고 부른다. 온도 0K에서는 가전자대에서 전자가 꽉 차 있고, 전도대에는 비어있어 전도할 수 있는 전하들이 없다. 온도를 증가시키면 가전자대 전자들이 밴드갭을 넘어서 열적으로 여기(thermal excitation)되어 전도대로 올라오게 된다. 그림 2.5의 밴드 구조에서 보는 것과 같이, 전도대에 올라간 전자들 수와 가전자대에 생긴 홀의 개수가 같게 된다. 이것을 전자-정공 쌍(electron-hole pair, EHP)이라 부른다. 결정 구조로 설명하면 결정격자에서 공유 결합의 결합을 깨는 것으로 생각할 수 있게 되고, 이때 필요한 에너지 크기는 밴드갭이다. EHP양은 온도에 의존하고, 이 농도가 정적인 상태(steady state)로 유지되면 재결합 양과 생성된 양의 비율은 같게 된다.

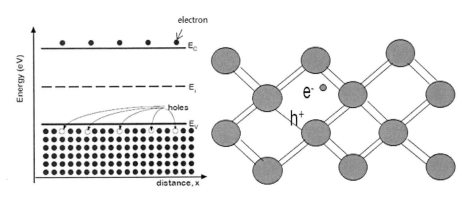

그림 2.5 밴드 구조에서의 전자와 정공(왼쪽)과 결정 구조에서의 전자와 정공(오른쪽)

온도가 증가함에 따라서 페르미 레벨(Fermi level) 위로 전자가 올라가게 되고, 이러한 온도에 따른 전자의 주어진 에너지 준위에서의 확률을 Fermi-Dirac함수로 표현된다. 페르미에너지는 전자가 채울 수 있는 가장 높은 에너지 준위로, intrinsic 반도체에서 페르미 에너지는 진성 반도체 에너지 준위(E_i)가 되고 전도대와 가전자대의 가운데에 위치하게 된다.

반도체에서 결정 구조에 의도적으로 불순물을 주입함으로써 전하를 생성시킬 수 있으며, 이를 도핑(doping)이라고 한다. 이러한 불순물 원자를 도판트(dopant)라고 부른다. 도핑은 금지된 밴드갭 영역 안에 에너지 상태(allowed energy state)를 만들게 된다. 도핑에 의해 전자나 정공으로 우세하게 반도체 특성을 바꿀 수 있고, 도핑 양에 의해 양도 조절할 수 있는 것을 불순물 또는 외성(extrinsic) 반도체라고 한다. n형은 도핑에 의하여 전자들이 생기며 밴드갭에서 전도대에 가까운 donor 준위(E_D)가 만들게 되고, p형은 정공이 생성되게 되며 가전자대 근처에 acceptor 준위(E_A)가 형성된다. 실리콘은 5가의 As, P는 n형 도핑이 되고, 3가의 Al, B원소는 p형 도핑이 형성된다.

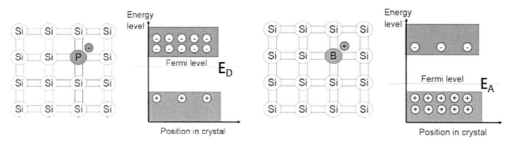

그림 2.6 n형 도핑(왼쪽)과 p형 도핑(오른쪽)

3. 전하 이동

전하의 이동(transport)은 표동(drift)과 확산(diffusion)이라는 두 가지를 고려한다. 이 두 전달 메커니즘은 전자의 일정하고 무작위적(random) 움직임에 의존한다. 전자는 항상 열에너지로 인하여 무작위로 움직인다. 전자는 결정격자와의 상호작용으로 인해 산란 (scattering)될 때까지 주어진 방향으로 움직인다. 전기장이 있는 경우, 전기장(electric field, E)의 존재로 인한 전자 이동이 무작위 운동과 겹치게 된다. 전기장의 세기가 높아지면서 전자는 전계 방향에 따라 실질적 속도(net velocity)로 움직인다. 이 일정한 속도를 표동 속도(drift velocity, V_d)라고 한다. 이렇게 전기장에 의한 전위차에 의한 전자 이동으로 발생된 전류를 표동 전류(drift current)라고 한다.

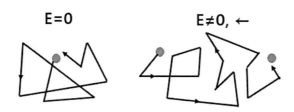

그림 2.7 전기장에 따른 전하의 이동

전하의 이동도(mobility)는 전하들이 전기장에 의해 주어진 시간동안 이동에 관한 지표로, 산란 사이의 평균 시간에 의존한다. 전자의 이동도는 다음과 같으며, 표동 속도와 전기장으로 표현할 수 있다.

$$\mu_n = \frac{qt}{m_n^*}, \ V_d = -\frac{qt}{m_n^*}\overline{E} \quad \therefore \ \mu_n = -\frac{V_d}{\overline{E}}\frac{cm^2}{V\cdot\sec}$$

따라서, 전기장에 의한 전자와 정공의 전류의 식은 다음과 같이 표현된다.

$$J_n = -qnv_d = q\mu_n n\overline{E}$$

$$J_p = -qpv_d = q\mu_p p\overline{E}$$

전자와 정공에 의한 전체 전류는 다음과 같다.

$$J_{total} = J_n + J_p = q(\mu_n n + \mu_p p)\overline{E}$$

위 식에서 전기전도도는 다음과 같이 정의된다.

$$\sigma = \frac{1}{\rho} = q(\mu_n n + \mu_p p)$$

확산은 전하의 농도 차이에 의해서 발생하는 것으로 고농도에서 저농도로 전하가 이동한다. 전자의 확산에 의한 전류는 확산계수 D_n와 농도구배 $dn(x)/dx$로 표현할 수 있다.

$$J_n(diff.) = +qD_n\frac{dn(x)}{dx}$$

$$J_p(diff.) = -qD_p\frac{dp(x)}{dx}$$

전체 전류는 표동 전류와 확산 전류의 합이 된다. $J = J(Diffusion) + J(Drift)$ 따라서 전자와 정공에 의한 전류는 다음과 같다.

$$J_n(x) = q\mu_n n(x)\overline{E}(x) + qD_n\frac{dn(x)}{dx}$$

$$J_n(x) = q\mu_p p(x)\overline{E}(x) - qD_p\frac{dp(x)}{dx}$$

평형일 때, 전류의 합은 0이다. $J = J(Diffusion) + J(Drift) = 0$

그림 2.8에 전계와 농도 구배에 따른 전하들의 이동 방향과 이로 인해 발생하는 전류들의 방향을 표시하였다. 전자는 음전하를 가지므로 전기장의 반대 방향으로 움직인다.

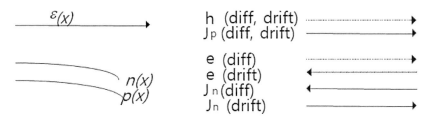

그림 2.8 전계와 농도 구배에 따른 전하들의 이동방향과 전류의 방향

02 태양전지 원리

1. 광전효과(photoelectric effect)

광전효과는 금속 등의 물질에 일정한 에너지(cut-off energy) 이상을 갖는 빛을 비추었을 때, 물질의 표면에서 전자가 튀어나오는 현상을 말한다. 반도체 물질에서는 p-n접합이 형성된 반도체에 밴드갭 이상의 에너지를 가지는 빛을 입사시키면, 반도체 내의 전자와 정공이 접촉 전위차에 의해서 분리되어 양쪽 전자, 정공의 밀도 분포의 평행이 깨져서 전기가 발생하여 광전 효과를 나타낸다. 즉, 그림 2.9와 같이 밴드갭(E_g) 에너지 이상의 에너지를 갖는 빛을 p-n접합이 형성된 반도체에 조사(illumination)했을 경우, p-n접합 영역 근처에서 전자들은 가전자대(E_v)에서 전도대(E_c)로 여기되면서 전자-정공쌍(EHP)이 형성된다. 전도대로 여기된 전자들은 자유전자(free electron)처럼 자유롭게 이동할 수 있

게 되며 이를 과잉 전하(excess carrier)라 한다. 과잉 전하들은 농도차이(concentration gradient)에 의해서 p영역에서 n영역으로 확산(diffusion)된다. 이때 p영역에서 여기된(excited) 전자들과 n영역에서 형성된 정공들은 각각의 소수 전하(minority carrier)가 된다. 이 전자-정공들이 p-n접합부에 형성된 전기장에 의해 전자는 n층으로, 정공은 p층으로 분리되어 모이게 됨에 따라 내부에 전위차가 생겨 p-n 간에 기전력이 발생되게 된다. 이를 광기전력(photovoltaic)이라 말한다.

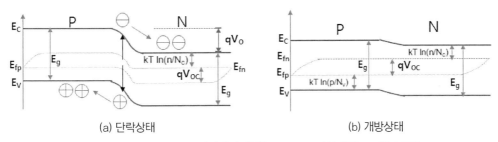

(a) 단락상태   (b) 개방상태

그림 2.9 단락(short-circuit)상태와 개방(open-circuit)상태의 p-n 밴드 구조

2. 태양전지 작동원리

결정질 실리콘 태양전지는 결정질 실리콘(Si)에 5가 원소인(인, phosphorus) 등을 첨가시킨 n형 반도체와 3가 원소(붕소, boron) 등을 침투시켜 만든 p형 반도체로 형성된 pn접합 구조 다이오드로 구성된다. 태양전지(solar cell)는 pn접합 구조를 기반으로 에미터(emitter)와 베이스(base)에 각 전극을 갖는 큰 pn다이오드(diode)이며, 태양빛의 에너지를 전기에너지로 바꾸는 전기 소자이다. 태양전지는 빛을 입사하면 반도체 내부에서 전력을 발생시키는 전류와 전압을 생성한다. 즉, 반도체인 태양전지에 밴드갭 이상의 에너지를 갖는 빛을 입사하게 되면 pn접합 근처에서 전자와 정공이 발생하고, 발생된 전하들은 각각 p, n영역으로 이동한다. 전자 −는 n형 반도체 쪽으로, 정공 +는 p형 반도체 쪽으로 모이게 되어 전위가 발생하게 되는 현상에 의해 p영역과 n영역 사이에 전계가 발생하여 전하들이 분리되어 각 전극으로 이동하고, 직류(DC)전력이 발생된다. 작동원리는 그림 2.10처럼 크게 4단계로 나누어 설명할 수 있다. 태양전지에서 전류는 광 생성 전류에 의

해 발생되며, 다음의 과정에 의해 이루어진다. 첫 번째로, 입사하는 광자(photon) 흡수에 의해 pn접합 영역 근처에서 EHP가 생성된다. 이 EHP는 입사 광자의 에너지가 밴드갭보다 더 큰 경우에만 생성된다. 그러나 이들 전자(p영역)와 정공(n영역)은 준안정상태(meta-stable state)에 있으므로 재결합(recombination)하기 전에 평균 소수전하 수명시간(minority carrier lifetime) 동안만 존재할 수 있다. 만약 전하가 재결합한다면, 빛에 의해 생성된 전자-정공 쌍은 없어지게 되어 전류를 만드는 전하가 소실되게 된다. 이렇게 생성된 전하들은 pn접합 영역에 존재하는 전계의 영향으로 전자와 정공이 서로 분리되고 전극으로 수집되어 재결합이 방지된다. 빛에 의해 생성된 소수 전하가 pn접합으로 확산해서 도달한다면, 내부 전계에 의해 pn접합을 가로질러 서로 반대편으로 휩쓸려가게(sweep) 되고 그곳에서 다수 전하가 된다. 태양전지는 에미터와 베이스가 서로 연결된 다이오드로, 이 광 생성 전류는 외부회로를 통해 전력을 공급한다. 아래 그림 2.10에 태양전지 작동 단계별 전하의 이동을 나타내었다.

1. Light absorption : 광흡수
2. Creation of EHPs : 전하생성
3. Separation of EHPs : 전하분리
4. Collection of carriers : 전하수집

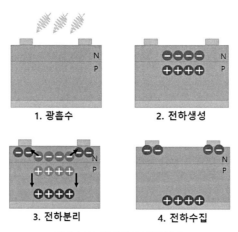

그림 2.10 태양전지 작동원리

그림 2.11은 pn접합 밴드구조에 의해 태양전지의 작동원리를 도식적으로 나타내었다.

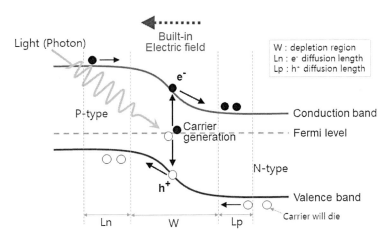

그림 2.11 밴드 구조를 통한 태양전지 작동원리

빛이 없는 암(dark) 상태에서 태양전지는 다이오드와 동일한 I-V 특성을 가진다. 빛을 비추면 빛 에너지로 생성된 전하는 다이오드 장벽의 높낮이 차이 때문에 전류가 흐르며 다이오드 곡선보다 전류값이 아래로 이동한다. 이유는 암전류 흐름과 광전류의 흐름이 반대 방향으로 흐르기 때문이다. I-V 그래프는 축을 중심으로 사분면으로 분할되며, 소자 작동은 I-V 그래프상의 곡선의 위치로부터 능동형 장치인지 수동형 장치인지를 알려준다. 전류와 전압이 모두 같은 극성을 갖는(즉, 양 또는 음 모두) 사분원 1 및 3에만 곡선이 있는 장치는 수동형 장치이다. 이와 같은 장치는 회로의 전력을 사용한다. 전류와 전압이 반대 극성을 갖는 사분원 2 및 4에 곡선이 있는 장치는 활성 장치이며, 활성 장치는 이러한 사분면에 있는 동안 전력을 생성한다. 일반적으로 다이오드는 외부에서 전압을 인가해서 접합 장벽을 극복하여 I-V를 작동하는 특성으로 전력을 소비한다. 태양전지는 외부에서 전압의 인가함 없이 광전효과에 의해 전력을 생산하는 4사분면의 I-V 작동 특성을 나타낸다. 다이오드의 방정식을 다음과 같이 주어지며, 태양전지의 출력전압과 전류의 관계를 나타내는 I-V 특성 곡선을 그림 2.12와 그림 2.13에 나타내었다.

$$I = I_0 \left[\exp\left(\frac{qV}{nkT} \right) - 1 \right] - I_{op}$$

여기서 I_0는 암상태 포화전류, n은 이상 계수, I_{op}는 광생성 전류(light generated current)이다.

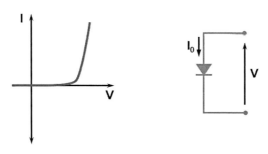

그림 2.12 태양전지의 전류-전압 곡선(암상태)

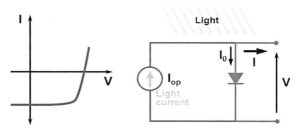

그림 2.13 태양전지의 전류-전압 곡선(광상태)

03 태양전지 특성 인자

1. 단락전류(I_{sc})

단락전류(short circuit current)는 태양전지 양단의 전극단자가 단락되어 전압이 0일 때 흐르는 전류, 즉 외부저항이 없는 상태에서 빛을 받았을 때 나타나는 역방향 전류를 의미한다. 단락전류는 태양광에 의해 발생된 캐리어의 생성과 수집에 기인하므로 이상적인 태양전지의 경우 단락전류와 광 생성 전류는 동일하다. 즉, 단락전류는 태양전지가 만들수 있는 최대 전류를 의미한다. 단위는 암페어(A)이며, 단락 전류를 태양전지 면적으로 나누어주면 단위 면적당 전류인 단락전류밀도 J_{sc}를 얻을 수 있고, 단위는 A/cm²이다.

단락전류는 태양전지의 면적, 입사되는 광자의 수, 입사광의 스펙트럼, 태양전지의 광학적 특성, 태양전지의 수집확률 등에 영향을 받는다. 태양전지에서의 단락전류는 다음과 같은 식으로 표현된다.

$$J_{sc} = qG_{optical}(L_n + L_p + W)$$

여기서, 생성속도 G, 공핍층 두께 W, 전자 및 정공 확산 길이 L_n, L_p이다.

가능한 모든 파장영역의 빛을 흡수하기 위해서는 반도체의 밴드갭 에너지가 작을수록 유리하다. 그러나 전류와 전압은 trade-off 관계를 나타내기 때문에 개방전압의 감소를 가져온다. 반대 경우로 밴드갭이 증가하면 단락전류는 감소하고 개방전압은 증가한다. 그러므로 최대의 태양전지 효율을 얻기 위해서는 적정한 밴드갭의 설정과 재료가 필요하다. 이론적으로 계산된 최대크기의 개방전압과 단락전류를 얻기 위해서는 1.4 eV의 밴드갭 근처가 된다. 밴드갭이 1.1 eV인 실리콘 태양전지의 경우 AM 1.5 스펙트럼에서 얻을 수 있는 최대 전류는 약 46 mA/cm²이다.

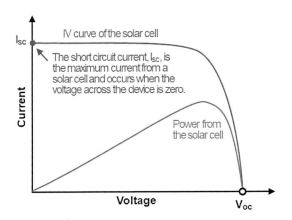

그림 2.14 태양전지의 전류 – 전압 곡선에서의 단락전류

2. 개방전압(V_{oc})

개방전압(open circuit voltage)은 태양전지 전극단자를 개방하여 측정된 전압이다. 전류가 0일 때, 태양전지 양단에 나타나는 전압으로 태양전지로부터 얻을 수 있는 최대 전압이다. 태양전지 전극단자가 개방되면 흐르는 전류가 없으므로 전류-전압 곡선상에서 전류값이 0에서 전압이 개방전압이며, 단위는 볼트(V)이다. 개방전압은 태양전지 접합의 광 생성 전류의 바이어스이기 때문에 태양전지의 순 바이어스의 양에 일치한다.

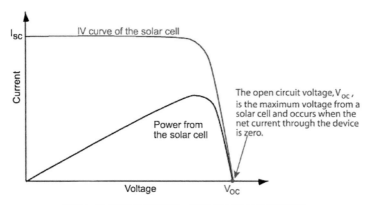

그림 2.15 태양전지의 전류 – 전압 곡선에서의 개방전압

동종접합의 경우 개방전압은 p형과 n형 사이의 일함수(work function)의 차이로 주어지며, 이 값은 반도체의 밴드갭에 의해 결정되므로 밴드갭이 큰 재료를 사용하며 대체로 높은 개방전압을 얻을 수 있다. 개방전압(V_{oc})의 방정식은 태양전지 방정식에서 순 전류(I)가 0으로 주어짐으로써 계산할 수 있다.

$$V_{oc} = \frac{kT}{q}\ln\left(\frac{I_{optical}}{I_o} + 1\right)$$

위 식은 개방전압(V_{oc})이 포화전류와 광 생성 전류에 의존함을 보여주며, 또한 전하의 농도로부터 계산할 수 있다.

$$V_{oc} = \frac{kT}{q} \ln\left(\frac{(N_a + \Delta n)\Delta n}{n_i^2}\right)$$

여기서, 열전압 kT/q, 도핑농도 N_A, 초과 전하 농도 Δn, 진성 전하 농도 n_i이다.

3. 셀효율(Cell Efficiency)

셀효율은 태양으로부터 입사되는 에너지와 태양전지로부터 발생되는 에너지의 비율로 정의된다. 셀 효율은 태양전지의 성능을 비교할 수 있는 인자이며, 태양광 복사, 태양광 세기, 온도에 의해 영향을 받는다.

$$Efficiency(\%) = \frac{I_{mp}V_{mp}}{P_{input}} = \frac{I_{sc}V_{oc}FF}{P_{input}} = \frac{Max\ cell\ power}{incident\ light\ intensity}$$

측정 시 AM1.5G 조건에서 측정하며, 태양전지의 전류-전압 특성 곡선을 그림 2.16에 보여주고 있다.

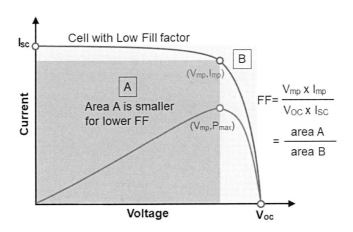

그림 2.16 태양전지의 전류 – 전압 특성 곡선

앞에서 설명했듯이, 그림 2.17에서와 같이 태양전지의 효율은 밴드갭을 가지고 있는 반도체를 이용하기 때문에 전류와 전압을 같이 증대시킬 수 없고, 최대효율이 나타날 수 있는 적절한 전류, 전압을 갖도록 설계를 하여야 한다.

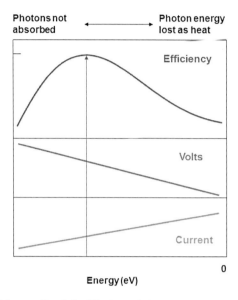

그림 2.17 밴드갭에 의한 전류 – 전압과 태양전지 효율 관계

4. 충실률(Fill Factor)

충실률은 이상적인 태양전지와 실제 태양전지의 최대 전력의 비율로 정의된다. 전류-전압 특성 곡선에 태양전지의 직각도(squareness)의 측정이다.

$$FF = \frac{Max\ power\ from\ real\ cell}{Max\ power\ from\ ideal\ cell} = \frac{V_{mp} I_{mp}}{V_{oc} I_{sc}}$$

충실률은 직렬 저항과 병렬 저항의 기생 성분에 의해 영향을 받는데 이것을 기생 저항 손실(parasitic loss)이라 한다.

직렬저항(R_s)은 전류 흐름에 대한 태양전지 재료의 저항으로부터 발생하며, 특히 전면부의 접촉 저항에 의한다. 그래서 옴 손실(ohmic loss)이라고도 말한다. 직렬 저항의 원인은 태양전지 결정의 저항, 금속배선의 저항, 반도체기판과 금속전극의 접촉 저항이다. 그림 2.18에서와 같이 각각의 직렬저항 성분으로 나눌 수 있으며, 직렬저항 성분이 커짐에 따라서 그림 2.19와 같이 태양전지 전류-전압 곡선의 특성이 저하된다.

$$R_{TOTAL} = R_{MF} + R_{CF} + R_E + R_B + R_{CR} + R_{MR}$$

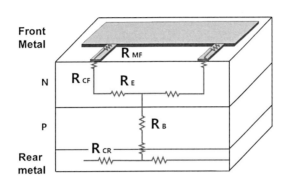

그림 2.18 태양전지의 직렬저항 성분

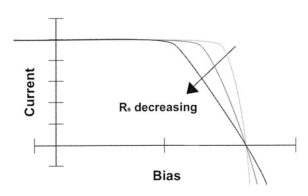

그림 2.19 직렬저항에 의한 태양전지 전류 – 전압 곡선 특성 저하

병렬저항(R_{sh})은 분로 저항(shunt resistance)이라 불리며, 태양전지를 통한 누설 전류, 태양전지의 끝부분 주변 등에서 발생하며, 주로 pn 접합 분리 불완전, 결정 결합, 핀홀,

불순물 석출 등이 원인이다. 그림 2.20에서와 같이 각각의 병렬저항 성분으로 나눌 수 있으며, 병렬저항 성분이 커짐에 따라서 그림 2.21과 같이 태양전지 전류-전압 곡선의 특성이 저하된다.

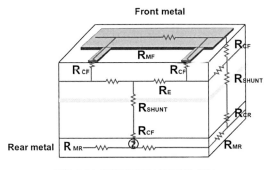

그림 2.20 태양전지의 분로저항 성분

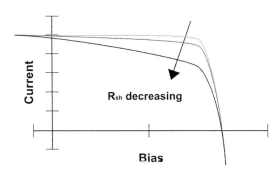

그림 2.21 분로저항에 의한 태양전지 전류 – 전압 곡선 특성 저하

특히, 분로 저항은 태양전지와 모듈의 동작에 중요한 영향을 주는데, 특히 태양전지에 입사하는 빛의 세기가 낮은 경우에 두드러진다. 낮은 분로 저항의 태양전지는 태양이 뜨거나 지는 시간에 전기의 생산을 감소시킬 수 있으며, 모듈 내의 일부의 태양전지가 그늘이 생겨서 역방향 전압이 발생하는 경우에 회복되지 않는 손상이 발생된다.

전기적인 손실을 최소화하기 위해서는 직렬저항을 최소화하고 병렬저항은 가능한 최대로 해야 한다.

04 태양전지 물성지표

1. 수집확률(Collection probability)

 광에 의해 생성된 소수 전하는 언제든지 쉽게 재결합할 수 있다. 그림 2.22에서 보듯이 전하가 공핍층 영역의 끝부분으로 도달하게 되면, 전하는 pn접합부를 통하여 전계에 의해 이동(drift)되어 다수 전하가 된다. 이러한 과정이 광에 의해 생성된 전하의 수집과정이다. 일단 전하가 한번 수집되면 재결합이 일어나지 않는다.

 수집확률은 광에 의해 생성된 전하가 pn접합의 공핍층에 도달하여 수집될 수 있는 확률이다. 수집확률은 pn접합부로부터의 생성된 전하 거리, 재결합 형태, 확산 길이에 의존하며 확산거리가 충분하고 재결합이 적을수록 수집확률이 좋다.

 태양전지에서는 소자에 영향을 미칠 수 있는 재결합의 형태를 크게 두 가지로 나눌 수 있다. 표면 재결합과 벌크 결정의 결함에 의한 재결합으로 나눠지며, 결정격자의 불완전함이 물리적인 원인이며 주로 결정립(grain boundary)에서 발생한다. 전하들이 전극에 도달하기 전에 재결합이 발생되면 전하가 소멸된다. 불순물이나 결합이 활성화되지 못하게 하는 공정을 패시베이션(passivation)이라 하는데, 따라서 재결합을 줄여줄 수 있는 패시베이션이 중요하게 되며, 패시베이션 특성에 따른 전하의 수집확률을 그림 2.23에서 보여준다.

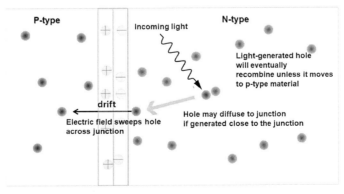

그림 2.22 광생성된 전하의 이동과 수집

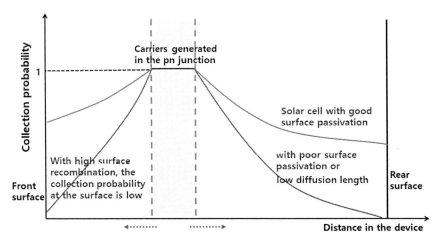

그림 2.23 패시베이션 특성과 확산 길이에 따른 전하 수집 확률

2. 표면재결합속도(surface recombination velocity)

생성(generation)이란 밴드와 밴드 사이(band-to-band)에서 EHP가 생성되는 과정이다. 실리콘의 원자 밀도는 5×10^{22} atoms/cm^{3}이지만 상온에서 EHP는 10^{10} cm^{3}이다. 가전자대에서 전도대로의 이동하는 천이 에너지는 열 또는 빛의 흡수에 의하여 발생된다. 이러한 천이의 경우, 광자(photon)를 흡수할 수 있는 흡수 계수(absorption coefficient, α)는 $(h\nu - E_g)^{1/2}$ 형태의 식에 비례하여 그림 2.24에서와 같이 밴드갭 근처에 가장 높은 흡수를 나타낸다. 흡수 깊이(absorption depth)는 $1/\alpha$로 흡수계수와 반비례하게 된다.

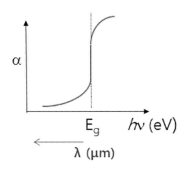

그림 2.24 빛에너지와 흡수 계수 관계

재결합은 포논(phonon)이나 광자의 에너지 손실을 가지고 EHP가 없어지는 생성의 반대개념이다. 재결합은 태양전지의 전압과 효율에 큰 영향을 주어 태양전지의 성능을 저하시킨다. 태양전지의 효율 향상을 위해서는 재결합 손실을 줄이는 것이 가장 중요한 요소 중의 하나이다. 재결합 수명(τ)은 재료의 EHP 생성부터 재결합되는 평균시간에 따라 정의될 수 있다. 여기서 재결합 수명은 n형 또는 p형의 실리콘일 때, 재결합률(recombination rate) R로부터 다음과 같은 식으로 나타낼 수 있다.

$$\tau = \frac{\Delta n}{R}$$

여기서, 광포획 효과가 없을 때 $\Delta n = \Delta p$이고 $\Delta n(\Delta p)$은 전자(홀)의 과잉 캐리어밀도(excess-carrier density)를 나타낸다.

표면재결합속도(S)는 소수전하가 표면으로 향하는 재결합되는 속도로 단위는 cm/s로 표현한다. 표면재결합속도가 느릴수록 전하 수명이 길고, 좋은 패시베이션 특성을 갖는다. 표면재결합속도는 벌크결정에서 오제(Auger) 재결합만 발생한다는 가정하에서 계산될 수 있다. S는 아래와 같이 벌크결정과 표면의 전하수명의 역수로 표현할 수 있고, 표면의 전하수명(τ_s)은 웨이퍼의 양쪽 표면의 표면재결합속도와 웨이퍼 두께(W)로 표현할 수 있다. 벌크 결정(τ_b)의 전하수명은 표면에서보다 크기 때문에 아래와 같이 표면재결합속도 S를 계산할 수 있다.

$$\frac{1}{\tau_{eff}} = \frac{1}{\tau_b} + \frac{1}{\tau_s}$$

$$\frac{1}{\tau_{eff}} = \frac{1}{\tau_b} + \left(\frac{W}{2S_{surface}} + \frac{1}{D_n}\left(\frac{W}{\pi}\right)^2 \right)^{-1}$$

$$\frac{1}{\tau_{eff}} = \frac{1}{\tau_b} + \frac{2S_{surface}}{W} \qquad W : \text{wafer thickness}(\mu m)$$

$$S = \frac{W}{2\tau_{eff}}$$

그림 2.25에는 실리콘 결정에서 표면재결합을 발생시키는 댕글링 결합(dangling bond)을 표현하고 있다.

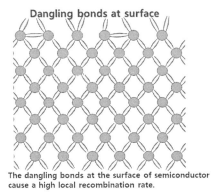

그림 2.25 표면재결합을 발생시키는 댕글링 결합

결정질 실리콘은 4개의 가전자(valence electron)를 가지고 있으므로, 각 실리콘 원자들은 4개의 결합(bonds)이 필요하다. 표면에서는 실리콘 원자들이 결합할 수 없으므로 그림 2.26(a)에서와 같이 결합되지 않는 상태가 발생되어 포획 자리(trap site)로 작용한다.

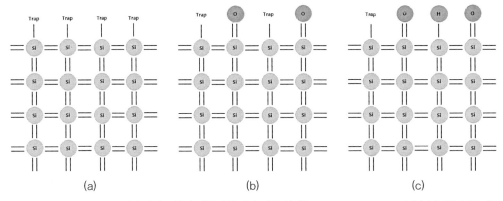

그림 2.26 (a) 실리콘 표면에서 실리콘 원자 결합이 끊어진 결함 상태(silicon dangling bond) (b) 산화에 의한 계면의 산소 결합 상태 (c) 어닐링 후의 수소에 의한 계면 결함 감소 상태

광자의 흡수로 생성된 자유전자와 정공은 다양한 과정을 통해 재결합되어 소실되기도 한다. EHP의 생성과 달리 태양전지 내에서는 서로 다른 여러 경로를 따라 재결합이 일

어난다. 재결합 과정은 주요하게 방사(radiative) 재결합, 오제(Auger) 재결합, trap-assisted 재결합 세 가지로 나눌 수 있다. 그림 2.27에서와 같이 전도대에 있는 전자가 가전자대의 정공과 바로 결합하여 사라지면서 밴드갭 에너지에 해당하는 에너지를 가진 광자를 방출하는 과정이 방사 재결합이다. band-to-band 재결합이라고도 하며, GaAs계열의 직접(direct) 천이 반도체에서는 주요하게 발생하는 재결이나, 간접 천이(indirect) 반도체인 실리콘 태양전지에서는 비교적 중요하지 않은 재결합이다.

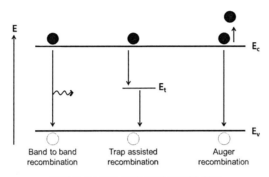

그림 2.27 전자 정공 쌍의 재결합 현상

오제 재결합은 전도대의 전자와 가전자대의 정공이 재결합으로 소멸되면서 밴드갭 에너지와 동일한 에너지를 전도대의 다른 전자(제3의 전자)에게 전달해 줌으로써, 전자의 운동에너지가 상승하게 된다. 이후 이 다른 전자의 운동에너지는 주위의 열에너지로 발산되면서 아주 짧은 시간 안에 에너지를 잃어버려 전도대의 기저(band edge)로 떨어지게 된다. 이때 재결합에 의해 발생된 에너지는 가전자대 정공이 흡수할 수 있으며, 이 경우에도 마찬가지로 정공의 운동에너지가 주위의 열에너지로 발산되면서 최종적으로 에너지의 손실을 가져올 수도 있다. 오제 재결합은 도핑을 고농도로 했거나 전하 밀도가 높을 때 매우 중요하다.

재료 내부에 불순물이나 결함이 존재하게 되면 그림 2.27과 같이 밴드갭 내부 중간에 mid-gap trap 에너지 준위(E_t)를 형성된다. 자유전자나 정공 이동하다가 이러한 trap에 잡혀서 자유로운 움직임이 제한된다. trap에 존재하는 자유전자나 정공이 바로 trap에서 벗어나게 되면 이전처럼 자유롭게 이동할 수 있다. 그러나, 전도대에 있는 자유전자가 trap 에너지 준위를 거쳐서 정공과 만나게 되면 자유전자와 정공의 재결합이 일어나고 자유 전자-정공쌍의 소멸이 일어나게 된다. 이러한 재결합은 50년대 Shockley-Read-Hall(SRH) 의 잘 알려진 연구에서 제시되어 SRH재결합이라 부르며, trap-assisted 재결합이다. 이러 한 재결합은 indirect 밴드갭 구조인 실리콘 태양전지에서 매우 중요하며, 트랩은 주로 Fe, Cr, Mn, Au, Cu 등의 금속성 불순물(metallic impurity)에 의해 형성된다. 이 재결합에서 전 하수명은 전자와 정공의 포획범위(capture cross-section)에 반비례한다.

재결합 과정은 소수 전하의 수명, 즉 소수 전하가 주어진 과정을 통해 재결합하는 데 걸리는 평균 시간이다. SRH 재결합으로 인한 정공 농도 변화율은 다음과 같이 표현할 수 있다.

$$\frac{dp}{dt}\bigg|_R = -c_p p n_t$$

여기서, c_p는 정공의 포획 계수(capture coefficient)이고, n_t는 n형 반도체의 트랩 에너지 준위(E_t)에 해당하는 트랩 밀도이다. 이 E_t의 에너지 준위는 대부분 점유된다.

열 발생(thermal generation)은 재결합 속도에 의해 균형을 이루므로 전하의 평형농도인 n_0와 p_0가 유지된다. 그러므로 생성률과 재결합률은 전자와 정공의 밀도에 비례한다. 열 발생만 존재한다면 $g(T) = c_r n_i^2 = c_r n_0 p_0$로 기술할 수 있으며, c_r은 비례상수이다. 시료 에 일정하게 빛을 비추면 광 생성률(g_{op})이 열 발생($g(T)$)에 추가되고, 전하 농도 n, p가 새로운 정상상태(steady state) 값으로 증가한다. 정상상태란, 물리량이 시간에 대해 불변 인 상태이다.

$$g(T) + g_{op} = \alpha_r np = \alpha_r(n_0 + p_0) = \alpha_r(n_0 + \delta n)(p_0 + \delta p)$$
$$g(T) + g_{op} = \alpha_r n_0 p_0 + \alpha_r[(n_0 + p_0)\delta n + \delta n^2]$$
$$g_{op} = \alpha_r(n_0 + p_0)\delta n = \delta n/\tau_n$$

$$\delta n = \delta p = g_{op}\tau_n$$

벌크 전체 재결합 속도는 전하 수명으로 다음과 같이 표현할 수 있다.

$$\frac{1}{\tau} = \frac{1}{\tau_{Rad}} + \frac{1}{\tau_{SRH}} + \frac{1}{\tau_{Aug}}$$

태양전지 제조공정 중에 물질 내부의 불순물을 제거하는 공정을 게터링(gettering)이라 부른다. 실리콘 웨이퍼의 불순물은 크게 산소나 탄소와 같이 결정 성장에서 석출되어 함유되는 불순물과 앞에서 언급된 금속 불순물으로 나눌 수 있다. 게터링 공정은 여러 가지 방법들이 존재하나, 주로 열처리를 통하여 불순물의 이동이 표면쪽으로 향하게 됨으로써 제거시킨다. 실리콘 태양전지에서는 1000℃ 이상의 확산로에서 $PoCl_3$를 이용하여 표면에 인을 약 $10^{19} \sim 10^{21}/ cm^3$의 고농도층으로 형성하여 PSG(phosphorous-silicate)층에 게터링 자리를 제공함으로써, 금속 분술물을 흡수하여 제거할 수 있다. 게터링 공정은 4장에서 다시 설명할 것이다.

3. 양자효율(Quantum Efficiency)

수집확률은 측정하기 어려우므로, 대신에 양자효율을 측정한다. 양자효율은 태양전지에 입사된 광자의 수에 대한 태양전지에 의해 수집되는 전하 수의 비로 정의할 수 있다. 즉, 입사 광자에 의한 전류 변환비로 IPCE(Incident Photon to Current conversion Efficiency)라고도 말한다. 특정 파장에서 광자가 모두 흡수되어 전하가 모두 수집되었을 때 그 파장에서 양자효율은 1이 된다. 밴드갭보다 작은 에너지를 가진 광자는 광생성 전하를 만들지 못함으로 양자효율은 0이다. 이상적으로 양자효율은 그림 2.28처럼 직각 형태이지만, 대부분의 태양전지의 경우 재결합의 효과로 인해 양자효율은 감소한다. 태양광 스펙트럼 중 단파장 영역의 빛(blue light)은 표면에 매우 가까운 곳에서 흡수되어 전면 재결합에 의해 양자효율의 단파장 쪽에 영향을 미친다. 마찬가지로, 장파장(red light) 영역의 빛은 태양전지의 내부에서 흡수되지 않고, 투과할 수 있어 장파장 쪽의 양자효율이 감소한다. 외부양자효율(EQE)은 투과와 반사와 같은 태양전지의 광학 손실은 포함해 측정하며, 내부양자효율(IQE)은 광학 손실분을 감안한 측정이다. 태양전지의 반사와 투과도를 측정하고 외부양자효율을 측정하여 내부양자효율로 보정될 수 있다.

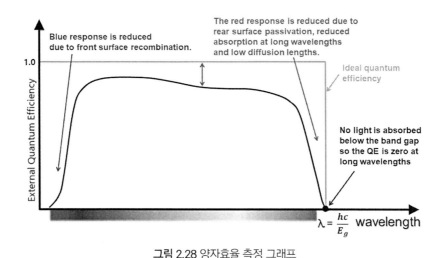

그림 2.28 양자효율 측정 그래프

4. 효율 손실(efficiency losses)

결정질 실리콘 태양전지의 이론적인 한계효율은 32%이고 실제 재료의 저항을 고려하면 한계효율은 30% 수준이다. 태양전지의 효율이 제한되는 요인은 태양전지 자체의 구조적인 요인과 공정적인 측면으로 나눌 수 있다. 이상적인 태양전지도 피할 수 없는 에너지 손실 요인이 존재하는데, 이를 그림 2.29에 도식적으로 나타내었다.

실리콘 태양전지는 효율 손실 요인은 재료의 밴드갭에 의한 것이다. 에너지가 밴드갭 1.1 eV보다 작은 광자는 실리콘 밴드갭 에너지보다 작아 흡수되지 못하며, 에너지가 실리콘 밴드갭 에너지보다 큰 광자는 흡수되어 EHP가 생성될 수 있다. 그러나 광자가 원래 가지고 있던 에너지 중에서 1.1 eV보다 큰 에너지는 광자가 흡수된 후에 바로 열로써 방출되면서 에너지를 소실하게 된다. 태양전지로부터 얻을 수 있는 최대 Voc값은 준 페르미 에너지준위(quasi-Fermi level) 차이로 정의되기 때문에 실리콘의 밴드갭보다 상당히 줄어든다.

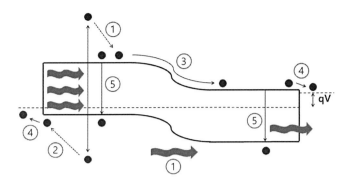

① 낮은 광자 에너지의 비흡수(Non-absorption of low energy photon), ② 밴드갭보다 매우 큰 에너지를 갖는 광자의 열적 손실(Thermalization of photon energy exceeding the bandgap), ③ pn접합 장벽 손실(Junction voltage loss), ④ 전극접합 손실(Contact voltage loss), ⑤ 재결합 손실(Recombination loss)

그림 2.29 이상적인 태양전지의 에너지 손실 요인

태양전지 손실은 광학 손실, 재결합 손실, 전기적 손실로 크게 3가지로 나눌 수 있다. 먼저, 광학 손실은 반사(reflection)나 그늘(shading)에 의한 손실로 말할 수 있다. 고효율 결정질 실리콘 태양전지는 J_{sc}가 ~42 mA/cm^2 수준에 이른다. 실제 J_{sc}는 단순히 입사되는 태양광의 세기에 의해서만 결정되는 것이 아니고 태양전지에 흡수된 태양광의 세기 대비 손실 없이 전기에너지로 변환되는 비율에 의해서 결정된다. 결정질 실리콘 반도체 웨이퍼는 표면에서의 반사율이 대략 40% 이상으로 매우 크기 때문에 광흡수(light trapping) 기술을 사용한다. 대표적인 것인 웨이퍼 텍스처링, 반사방지막 증착, 후면 반사막(back reflector)을 들 수 있다. 이런 광흡수 공정을 통하여 표면에서의 빛 반사율을 3% 이하로 감소시킬 수 있다.

태양전지의 전면부에는 태양전지에서 생산된 전류를 수집하기 위해 일반적으로 금속 전극이 존재하며, 전면부의 금속전극이 차지하는 면적이 그늘 면적(shading area)에 해당한다. 태양전지 전면부의 그늘 면적은 태양전지의 표면에 도달한 빛이 내부로 들어가는 것을 막음으로써 주요한 광학적인 손실요인이 된다. 대략 전체 면적의 7~10%에 해당되는데, 이 비율만큼 태양전지의 효율이 낮아진다.

다음으로는 재결합 손실이다. 광흡수에 의해 생성된 전자와 정공은 pn접합부에 존재하는 공핍층(depletion region)으로의 확산을 통해 분리(separation)되는데, 이러한 확산 과정에서 전하의 재결합 손실은 반도체의 내부와 태양전지의 전면 혹은 후면에서 일어날 수 있다. 앞의 재결합 손실에서 설명한 것처럼, 내부에서 발생하는 재결합은 내부의 불순물 (impurity)과 결함(defect)에 연관되어, 물질의 순도(purity)에 따라 달라진다. 태양전지 표면 에서의 재결합은 표면 실리콘 결정구조의 깨짐으로 인한 불순물, 전하를 수집하기 위한 금속 전극과의 접촉, 표면의 도핑물질 등에 의해 발생한다. 표면재결합을 최소화하기 위 한 패시베이션 공정은 SiO_2, SiN_x, Al_2O_3 등의 유전체를 증착하는 것이고, 도핑 효과를 이용하여 전계를 형성시킨 패시베이션을 BSF(back surface field)라 한다.

마지막 요소는 저항 손실(resistive loss)이다. 단결정 실리콘 태양전지의 경우, 156 mm × 156 mm의 면적에서 단락전류의 값이 8 A 이상이고, 개방전압이 0.6 V 이상으로 태양전지 의 저항이 변환효율에 미치는 영향이 작지 않기 때문에 전력손실($I^2 \times R$)을 최소화하면서 전류를 수집하는 기술이 중요하다. 앞에서도 언급되었지만 태양전지의 저항 성분을 태 양전지의 전극에 의한 직렬저항, 병렬 저항, 전면 전극과 에미터 간의 접촉저항과 후면 전극과 BSF 간의 접촉저항 등으로 나타낼 수 있다. 전극의 직렬저항을 낮추기 위해서 금속 전극 재료인 은, 알루미늄, 구리 배선의 종횡비(aspect ratio)를 높게 가져가고, 접촉 저항은 전극 형성 부분인 에미터에 선택적 고농도 도핑(selective emitter)을 함으로써, ohmic접합을 유도하여 낮추고 있다.

05 태양전지 등가회로

그림 2.30의 실리콘 태양전지를 실리콘 기판 성분, pn접합 성분, 전극접촉에 의한 직렬 저항, 병렬저항, 다이오드 특성을 이용하여 그림 2.31과 같이 간단한 태양전지 등가회로 를 구성할 수 있다.

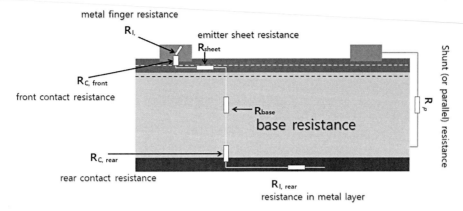

그림 2.30 태양전지 등가회로 성분

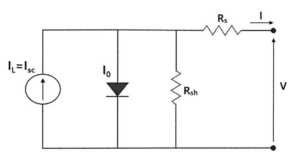

그림 2.31 태양전지의 등가회로

실리콘 재료

03 실리콘 재료

01 폴리실리콘 제조 기술

초기 태양전지용 실리콘은 버려진(scrap) 반도체 실리콘을 이용하여 제조하였으나, 태양광 발전의 급성장으로 스크랩 실리콘으로는 불충분하게 되었다. 이에 따라서 성장속도나 에너지소모 등을 통한 경제적인 공정변수들을 반영하여 지멘스(Siemens) 방식에 의해 주로 공급하게 되었다.

실리콘 재료의 제조 공정은 원재료인 규사(silica, SiO_2) 성분의 모래, 석영 암석을 사용한다. 실리콘은 산소 다음으로 가장 풍부한 지구 자원으로 경제성을 위해 비교적 순도가 높은 규석광산에서 채굴한다. 채굴된 규사 원료는 철광석의 용광로와 같이 탄소를 환원제로 사용하여 약 2000℃의 고온 전기로(furnace)에서 탄소 환원제와 반응시켜서 금속급(순도 약 99%, 2N급) 실리콘을 제조한다. 전체적인 반응식은 다음과 같다.

$$SiO_2 + 2C + energy = Si + 2CO(g)$$

용융 실리콘(liquid metal Si)은 원재료 성분과 전기로 전극형태에 따라서 약 1~3%의 불순물을 포함하고 있다. 불순물 성분은 Fe, Al, Ca, Ti, C 등이다. 탄소환원 공정에서는 CO 발생량을 제어해야 하고, 삼염화실란 등의 가스화 공정과 이를 이용한 실리콘 제조

시에는 각종 염화물과 실란계 부산물 등을 제어해야만 한다. 레이들(ladle)이라는 융해로에서 슬래그(slag)처리 등을 통하여 정련(refining)한다. 융해로의 정련된 용융 실리콘은 큰틀에 부어 고상화(solidification)시켜서 분쇄한다. 그림 3.1은 규사 원료로부터 탄소 환원공정을 사용한 금속급 실리콘을 제조하는 공정도이다.

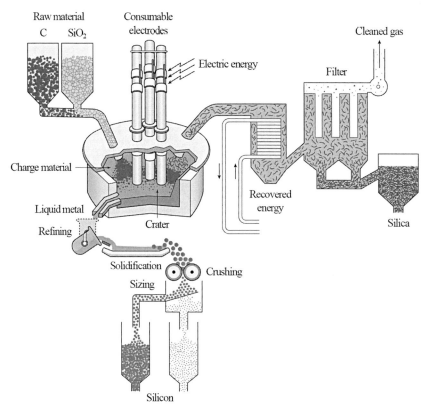

그림 3.1 금속급 실리콘의 생산 공정도

TrichloroSilane(TCS)법이라 불리는 삼염화실란(SiHCl₃)의 수소 환원법은 독일의 지멘스(Siemens)사에 의해 개발되어 보통 지멘스법으로 불린다. SiH₄, SiHCl₃, SiCl₄ 및 그 밖의 실리콘 화합물들이 전기저항에 의하여 가열되는 실리콘 막대(rod)에서 열분해하여 고순도의 실리콘을 얻는 공정 모두가 지멘스 공정의 범주에 포함된다. 금속급 실리콘과 촉매로 Cu 등을 첨가하여 무수(dry) HCl의 유동층 반응로에서 염화반응(hydrochlorination)을 한다. 이와 같은 염화반응을 통해 얻어진 삼염화실란을 증류탑을 통해 불순물을 정제한다. 이러한 화학적 공정은 염산과의 반응을 통해 독성과 부식성이 강한 화합물이 발생해서 공정의 위험성이 따른다. 태양전지용 실리콘의 화학적 공정 중에 생기는 $SiHCl_3$, $SiCl_4$은 휘발성, 부식성, 독성이 강할 뿐만 아니라 물이나 염산과 반응해서 폭발할 위험성도 있다. 또한, 공정 중 발생하는 염소가스도 독성이 강한 물질이라 주의가 따른다.

삼염화실란($SiHCl_3$)의 비점은 31.8℃이며 $SiCl_4$보다 휘발되기 쉽고 분별증류가 쉬우며 환원 강도가 크기 때문에 공정상 유리한 물질이다. 보통 삼염화실란 제조 공정은 유동층 반응기에서 금속급 실리콘을 염화반응과정을 통해 얻을 수 있다. 이 반응은 보통 300~350℃에서 일어나며 화학반응식은 다음과 같다.

$$Si\ +\ 3HCl\ =\ SiHCl_3\ +\ H_2$$

이 공정에서 다음과 같은 부반응으로 인해 효율의 저하가 발생이 된다. 전체 반응에서 몰분율로 약 15% 정도의 불안정한 사염화실란($SiCl_4$, tetrachlorosilane)이 형성된다.

$$Si\ +\ 4HCl\ =\ SiCl_4\ +\ 2H_2$$

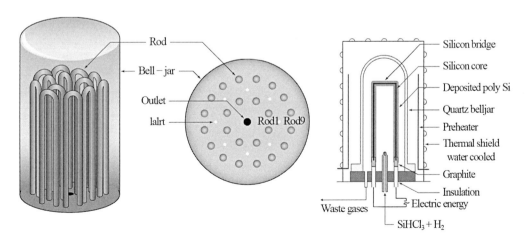

그림 3.2 종형 지멘스 반응기 구조

삼염화실란과 혼합된 불순물들은 두 번의 분별 증류를 통해서 정제가 이뤄진다. 첫 번째 단계에선 무거운 원소들을 중점적으로 제거한 뒤 두 번째 단계에서 삼염화실란보다 가벼운 휘발성 원소들을 제거한다.

이런 과정을 거친 삼염화실란은 수소와 혼합하여 반응기로 유입되고, 종형(bell-jar) 반응기 내부에 위치한 실리콘 씨드(seed) 막대에 통전한 후 1000~1100℃로 가열하면 고순도 다결정 실리콘 막대를 얻게 된다. 삼염화실란이 분해되는 반응식은 다음과 같고 이 과정에서 부산물로 H_2, HCl, SiH_2Cl_2, $SiCl_4$가 생성되고 반응기 외부로 배출된다.

$$2SiHCl_3 = SiH_2Cl_2 + SiCl_4$$

$$SiH_2Cl_2 = Si + 2HCl$$

$$H_2 + HSiCl_3 = Si + 3HCl$$

$$HCl + HSiCl_3 = SiCl_4 + H_2$$

반응식에서 보듯이 1몰의 실리콘의 환원이 일어나면서 3~4몰의 $SiCl_4$이 생성된다. 이렇게 부산물로 생성된 사염화실란은 fumed silica의 재료로 쓰이게 된다. 예전엔 fumed silica가 다른 산업 분야에서 모두 사용되었지만 최근에는 실리콘에 대한 수요의 급증으로 사염화실란을 재활용하는 방안이 모색되고 있다. $SiCl_4$을 $SiHCl_3$로 변환하는 방법은 크게 두 가지로 나눌 수 있다. 첫번째는 고온에서 수소를 이용한 환원법이다. 보통 1000℃, $SiCl_4$ 1몰과 수소 1몰을 반응시켜 20~25%의 몰분율로 삼염화실란을 얻을 수 있다.

$$SiCl_4 + H_2 = SiHCl_3 + HCl$$

두 번째는 금속급 실리콘과 수소화반응(hydrogenation)과정을 통해 삼염화실란을 생성하는 방법이다.

$$3SiCl_4 + 2H_2 + Si = 4SiHCl_3$$

이 과정은 보통 500℃, 35 bar의 분위기에서 유동층 반응기 내의 금속급 실리콘으로 사염화실란과 수소의 혼합 가스를 흘려주어 삼염화실란을 얻을 수 있다.

지멘스 공정의 단점으로는 공정 중 석출 온도가 1000℃ 이상 유지되어야 하므로 전기소모량이 크고, 종형 형태의 내벽 면은 Si의 석출이 일어나지 않게 하여야 하기 때문에 순환 냉각수로 계속 냉각시키는 과정에서의 열량 손실이 커서 에너지 효율적으로 낮은 편이다. 지멘스 석출법은 태양전지용 실리콘 1 kg 제조에 약 60~120 kWh 정도의 전기에너지가 소비된다. 또한, 초기에 반응기 내부에 위치한 실리콘 씨드(seed)를 가열해야 하는데 실리콘은 저항이 상당히 높은 물질이므로(~230,000 Ω·cm) 가열을 위한 장치의 구성이 필요하다. 실리콘 씨드가 400℃가 되어 저항이 낮아질 때까지(~0.1 Ω·cm) 예열에 많은 에너지가 소모되고 가열장치의 구성원인 흑연이 오염원으로 작용하기도 한다. 지멘스 방식은 오랫동안 검증된 기술로 배치(batch) 형태의 실리콘 성장이 가능하여 높은 수율을 나타내고 설비확장이 용이하지만, 비교적 높은 생산 비용이 든다.

지멘스 방식은 실리콘 성장을 위해 U자 형태의 실리콘 필라멘트를 사용한다. 그림 3.3은 지멘스법을 통해 실리콘이 성장된 U자 막대의 사진이다. 증착을 통해 얻은 약 200 mm 지름(diameter)의 실리콘 U자 막대를 분쇄하여 실리콘 청크(chunk)를 얻게 된다. 실리콘 청크로 분쇄하기 위한 추가적인 비용이 발생한다.

그림 3.3 지멘스법에 의해 제조된 실리콘 U자 막대와 이를 분쇄한 실리콘 청크

지멘스 방식에 비해 저렴하면서 연속적으로 생산하도록 유동 석출법(Fluidized Bed Reactor, FBR)으로도 폴리실리콘을 제조한다. 지멘스 방식보다 적은 전기에너지를 소비하여 실리

콘(SoG-Si) 1 kg 제조에 약 50 kWh 정도의 전기 에너지가 소비된다. 유동석출공법은 반응기에 실리콘 씨드(약 0.4 mm 크기)를 공급하고, 하부에서 $SiHCl_3$이나 SiH_4(monosilane, MS) 가스가 수소 가스가 공급되어 반응하게 되면서 실리콘 입자가 성장하며 공급되는 가스에 의한 부유력과 입자무게 비율에 의하여 아래로 수집되고, 약 1 mm 크기의 과립형(granule) 폴리실리콘을 얻을 수 있다. 실리콘 씨드와 반응가스를 지속적으로 공급하게 되면 중단하지 않고 폴리실리콘을 연속적으로 얻을 수 있어 고생산성을 나타내지만, 과립형 입자들의 큰 면적에 의한 오염이 발생될 수 있다.

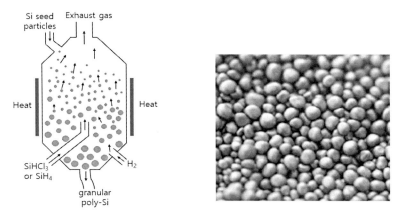

그림 3.4 유동석출법(FBR)에 의한 실리콘과 과립형(granule) 실리콘(출처: KRICT)

폴리실리콘을 만드는 방법은 삼염화실란(TCS)과 모노실란(MS)가스를 사용하여 제조하게 되며, 각 반응식은 다음과 같다.

$$SiHCl_3 + H_2 \rightarrow Si + 3HCl$$
$$SiH_4 \rightarrow Si + 2H_2$$

삼염화실란은 염소(Cl)가 포함된 부산물을 만들며, 모노실란은 수소가 반응 부산물로 발생된다. 이 두 가지의 가스와 사용 반응기인 지멘스, 유동석출법의 조합에 따라 네 가지 방식으로 분류될 수 있다.

그림 3.5에는 실리콘의 원료인 규사로부터 탄소 환원, 금속급 실리콘, 4가지 방식의 폴리실리콘 제조, 잉곳, 웨이퍼, 태양전지까지의 실리콘 공급 사슬(supply chain)을 정리하였다. 폴리실리콘을 제조하지 않고 금속급 실리콘에서 바로 저렴하면서도 순도가 5~6N급 정도의 UMG(Upgraded Metallurgical-grade) 실리콘이 연구되기도 하였다.

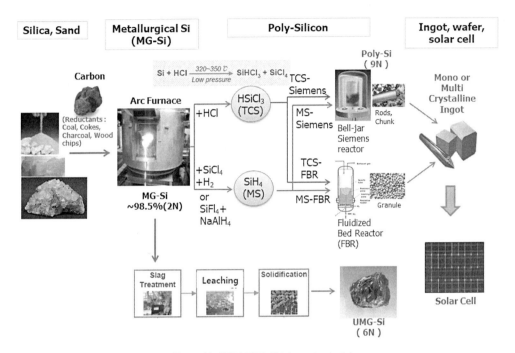

그림 3.5 실리콘의 공급 사슬(supply chain)

02 실리콘 결정 성장

1. 단결정 실리콘 성장

단결정 성장은 얀 초크랄스키(Jan Czochralski)에 의해 발명된 초크랄스키법으로 주로 성장한다. 반도체에서도 상업용으로 널리 사용되고 있다. 그림 3.6은 초크랄스키(Cz) 성장 장치와 성장된 단결정 잉곳, 그리고 성장장치 안의 hot-zone을 보여주는 사진들이다.

초크랄스키 성장을 위해 성장 도가니에 고순도의 폴리실리콘 원료를 삽입하고, 잉곳 성장 시 미량의 도펀트(dopant)가스를 흘려 전기적 특성을 부여한다. 외부 불순물의 차단을 위해 청정실 공정과 고순도의 fused silica(쿼츠) 도가니가 사용된다.

그림 3.7에 보이는 바와 같이 외부에 장착된 흑연 가열 상치로 내부 도가니를 실리콘의 녹는점인 1450℃ 정도로 가열하여 실리콘을 용융시킨다. 이때 실리콘 용탕과 접촉된 쿼츠 도가니와 hot-zone의 흑연 발열체에서 산소나 탄소 등의 오염이 발생할 수 있으므로, 이의 제거를 위해 아르곤 플로우를 형성시킨다. 일반적으로 산소는 Cz법 실리콘에서 가장 높은 불순물 농도($\sim 5 \times 10^{17}/cm^3$)를

그림 3.6 초크랄스키 성장 장치와 실리콘 잉곳(출처: 웅진 & 에스테크)

나타낸다. 실리콘 녹는점에서 산소 용해도는 약 $10^{18}/cm^3$으로 상온에서는 수십 배 낮아지게 되어 산소 석출(precipitation)이 발생되고 이는 열적 도너(thermal donor)로 전기적인 결함(electrically active defect)을 형성된다. 성장로(Grower) 상부에, 열차단과 반사를 높여서 열효율을 향상시킬 수 있는 Mo, 탄소재질의 콘(cone)을 사용하여 성장속도를 증가시킬 수 있다.

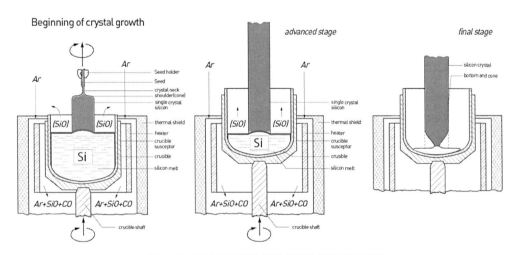

그림 3.7 초크랄스키 성장을 통한 단결정 잉곳 제조 과정

실리콘 용탕이 형성되면 도가니의 온도는 녹는점보다 약간 높게 형성되고, 이때 성장의 시작을 위해 단결정 씨드 결정을 실리콘 상부 액면에 접촉시켜 응고를 진행한다. 씨드 결정은 회전하면서 들어올려지는데, 이는 가열 중에 형성될 수 있는 용탕의 온도 구배로 인해 생기는 대류 현상을 제어하기 위해서이다. 일반적으로 성장되는 실리콘 결정에 도가니나 원료에 존재하는 불순물이 오염되는 정도는 씨드 결정의 회전속도와 도가니의 회전 속도에 영향을 받는데, 회전속도가 용탕의 대류와 온도 구배에 영향을 주기 때문이다. 300 mm 크기 이상에서는 용탕 내에 자기장을 형성하여 실리콘의 대류 현상을 제어하여 불순물의 분포를 균일하게 하고, 일반 Cz법보다 낮은 산소 농도를 나타낸다.

씨드 결정은 초기 단계에서 상대적으로 빠르게 들어올려지는데, 이때 성장결정은 수 mm의 직경을 가지게 된다. Dash 공정이라 불리는 이 공정을 거치는 이유는 종자 결정 내의 전위(dislocation) 결함의 전파를 막기 위해서이다. 결함이 모두 제거가 되면 성장 결정을 끌어올리는 속도를 줄여서 종자 결정의 직경을 원하는 정도까지 키우게 된다.

수평 방향으로 원하는 직경까지 성장시키면 다시 끌어올리는 속도를 높여 직경을 유지한 채 수직 방향의 성장을 시킨다. 이때의 성장 속도는 보통 수 mm/s가 된다. 결정이 성장할 때 불순물은 평형분배계수(segregation coefficient) K값에 의해 고상과 액상에서의 농도 차가 발생하게 된다. 처음 응고되는 고상 부분은 KC_o의 농도값을 가지게 되는데 보통 실리콘 내의 불순물들의 K값들은 1보다 작기 때문에 응고되는 부분보다 나머지 용탕 부분에 불순물들의 농도가 증가하게 된다. 결정의 성장이 진행될수록 남은 실리콘 용탕내의 도펀트를 포함한 불순물들의 농도는 더욱 증가하게 되고 이에 따라 성장되는 성장 결정에 포함된 불순물의 농도도 증가하게 된다. 용탕의 불순물 농도가 처음 단계보다 증가했으므로 이에 따라 회전 속도, 온도, 성장 속도 등도 변화를 주게 된다. 이러한 변수들을 어떻게 제어하느냐에 최종 실리콘 잉곳의 품질이 결정되게 된다.

결정의 성장이 끝날 때쯤이면, 성장 결정의 직경을 다시 점차적으로 작게 하여 콘 모양으로 성장시키는데, 이는 결정이 용융상으로부터 완전히 분리될 때 생기는 전위 결함의 전파를 막기 위해서이다.

태양전지용 잉곳은 <100>방향으로 성장되고, 보통 700 kg 이상의 실리콘을 충진(charge)

하며, 당김 속도(pulling rate)는 50~80 mm/h 정도이다. Cz법의 성장 속도(production per hour, PPH)는 약 2 kg/h이고, 실리콘 1 kg당 약 30 kWh의 에너지를 소모하여 많은 전기료가 발생한다. 일반적인 웨이퍼의 비저항은 0.3~10 Ωcm이다.

그림 3.8 초크랄스키 성장의 초기 잉곳 직경 변화(출처: Purdue대 물리과)

상용적인 방법은 Cz법이 사용되나, 고순도의 실리콘 잉곳 웨이퍼를 얻기 위해서는 플로트 존(Float Zone, FZ) 방식이 사용된다. 특히, 경원소인 산소, 탄소의 함량을 낮출 수 있고, 질소를 조절할 수 있다. FZ법은 도가니를 사용하지 않은 방법으로, 고순도 폴리실리콘 막대 형태나 단결정 씨드 결정을 수직으로 세워 놓고, 그 주변을 가열하여 실리콘을 용융시킨다. 공정은 진공 또는 불활성 기체(inert gas) 분위기에서 진행한다. 고상과 액상의 용해도(solubility) 차이에 의해, 용융 지역(molten zone)에 불순물이 모이게 되고, 이를 빠르게 움직이면 평형분배계수에 따라 불순물이 용융 지역과 함께 움직여서 실리콘 막대의 끝부분까지 이동한다. RF전압을 인가하여 가열시키고, 부분적으로 녹기 시작하면 아래 부분의 씨드를 가깝게 가져가 용융이 떨어지면서 넥킹(necking)이 형성된다. Cz법과 유사하게 회전시키면서 원하는 직경 크기까지 성장시킨다. RF전압의 크기로 인한 결정의 최대 직경이 제한되어 보통 직경 150 mm 크기 정도의 실리콘 성장까지 사용한다. FZ 법에 의한 성장된 실리콘은 금속 불순물이 적고, 탄소와 산소의 농도는 $5 \times 10^{15}/cm^3$ 이하로 낮다. Cz법과 같이 쿼츠 도가니와 실리콘의 접촉이 없어서 고순도와 고저항의 실리콘을 쉽게 얻을 수 있다. n형과 p형은 PH_3나 B_2H_6 도핑 가스를 아르곤(Ar) 가스 분위기에 미량 첨가하여 제조한다.

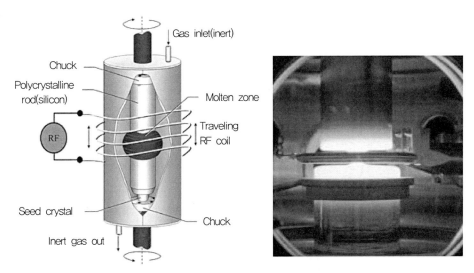

그림 3.9 Float Zone(FZ)법 장비(출처: 탑실)

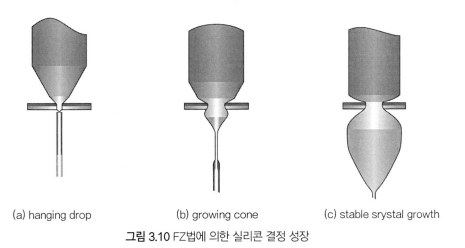

(a) hanging drop   (b) growing cone   (c) stable srystal growth

그림 3.10 FZ법에 의한 실리콘 결정 성장

2. 다결정 실리콘 성장

　다결정 잉곳은 단결정 잉곳에 비해 높은 효율을 얻기 힘들지만 생산 과정의 용이함과 생산성의 차이로 가격적인 면에서 우위를 점하고 있어 실리콘 태양전지의 원료로 많이 사용되어 왔다. 한때, 다결정 웨이퍼의 생산 공정과 다결정 실리콘을 이용한 태양전지 제조 공정 기술의 발전으로 태양전지의 핵심 공정으로 사용되었다. 그림 3.11은 블록 형태의 일반적인 다결정 잉곳의 사진이다.

그림 3.11 다결정 실리콘 블록형 잉곳

　다결정 잉곳은 생산 단가의 절감을 위하여 생산 효율과 잉곳 품질 간의 trade-off가 필요하다. 잉곳의 품질 특성이 좋아서 태양전지의 효율이 높아져도 생산 효율이 떨어지면 가격적인 측면에서 불리해진다. 다결정 실리콘 잉곳은 주로 블록 캐스팅(Block Casting)법을 사용하고 있으며, 그림 3.12에 보이는 바와 같이 브릿지만 응고법(Bridgman Solidification), HEM(Heat Exchange Method) 및 블록 캐스팅법이 대표적인 방식이다. 이러한 기술들은 방향성 응고 시 고액 계면을 조절하는 방식에서 차이를 보이고 있으나, 기본적인 원리는 동일하다. 최근, 수냉동을 이용하여 도가니로부터의 오염을 방지하는 냉도가니법과 같은 새로운 기술들이 꾸준하게 개발되고 있다.

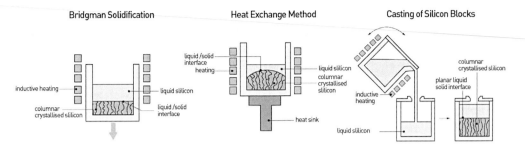

그림 3.12 다결정 블록형 잉곳의 생산 방법들

　블록 캐스팅법이란 용융된 실리콘 용탕을 주조를 통해 블록 형태로 제작하는 방법이다. 이 기술의 핵심은 응고 시 고액 계면의 조절인데, 이는 고상과 액상의 경계를 평활하게 유지하면서 응고를 진행시켜야 실리콘 블록의 스트레스 감소와 불순물의 분포를 조절할 수 있기 때문이다. 잉곳 생성단계에서 적절한 온도 제어를 통해서 고액 계면의 평활도를 유지해서 결정립계(grain boundary)나 전위결함의 생성을 막는 것이 주조된 잉곳으로 제작된 태양전지의 효율을 높일 수 있는 방법이라 할 수 있다. 결정의 방향은 열이 빠져나가는 방향으로 형성되기 때문에, 열을 하단으로 방출시켜서 주상(columnar)구조 결정으로 방향성 응고(directional solidification)하는 방법이 브릿지만, HEM 방식이다. 이는 태양전지에서 전하들이 수직방향으로 이동하여 결정립계의 영향을 최소화시킬 수 있다. 또한, 실리콘을 용융시키는 도가니의 연속 사용과 도가니의 코팅 기술도 중요하다. 보통 실리콘의 주조 후 냉각 과정에서 도가니가 깨지게 되는데 이의 재사용을 통하여 생산 단가를 줄이는 노력이 필요하다. 도가니에서의 실리콘으로의 오염을 방지하기 위해 내부에 질화실리콘(Si_3N_4)을 코팅한 것을 사용하고 있는데, 이것은 실리콘의 용체화 처리 시에 실리카 도가니와 상호 융착하는 특성이 있어 응고 시에 균열의 원인이 된다. 이런 질화 실리콘의 존재는 실리콘 결정 내에 용입되려는 경향이 있고, 탄화실리콘과 화합하여 불순물(inclusion)을 형성하려는 경향이 있다. 이러한 inclusion으로 잉곳 성장이나 기판 가공 시에 수율을 저하시키기 때문에, 이것을 배제하기 위하여 대부분 성장된 잉곳의 상부를 약 3 cm 절단한다. 그림 3.13에서와 같이 측면에도 질화물들의 영향을 받은 곳을 절단하여 제거한다. 실제로 다결정 실리콘의 경우에는 단결정과 다르게 결정립계와 전

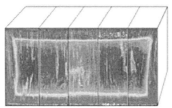

그림 3.13 다결정 잉곳의 전하수명 분포도

위 등이 영향으로 전하수녕이 약 1 μm 정도 수준이다. 더구나 측면의 경우에는 도가니의 영향으로 결함밀도가 높고 불순물이 많아 1 μm 이하로도 나타난다.

캐스팅법의 경우 생산 웨이퍼의 품질이 고르지 못한 경향을 보이는데 배치 타입의 방식을 거치기 때문에 매번 공정마다 조건이 동일할 수 없기 때문이다. 또한 하나의 실리콘 블록을 절단한 웨이퍼들의 품질 차이가 생기는데, 이는 불순물의 석출 때문에 발생하게 된다. 도가니 하부에서부터 응고를 시작하게 되면 불순물들은 K값에 따라 액상으로의 집중이 일어나게 되는데 결국 최상단부에서 불순물의 농도가 제일 크게 된다. 이는 정련의 입장에서 보면 유리한 일이나 도핑된 원소나 산소, 탄소의 농도의 불균일 분포가 발생하게 되므로 블록의 부위에 따라 제조된 태양전지의 효율 차가 발생하게 된다. 결국 한 실리콘 블록에서 절단 공정을 거친 웨이퍼들 간에도 위치에 따라서 5~10 % 정도의 효율차가 발생하게 된다.

태양전지용 다결정 잉곳 기술의 발달로 잉곳 무게는 500 kg 이상으로 발전해왔고, 2 cm/h 이상의 잉곳 성장속도를 보이고 있다. 그림 3.14는 블록 캐스팅 장비 및 캐스팅으로 제조된 폴리 실리콘 블록의 사진이다.

그림 3.14 블록 캐스팅법을 이용하여 제조한 폴리 실리콘(출처: pveducation)

03 실리콘 웨이퍼 제조

태양전지에 사용되기 위해서는 단결정 잉곳이나 다결정 블록을 웨이퍼 형태로 절단해야만 한다. 태양전지 실리콘 웨이퍼링 공정은 세부적으로 그림 3.15와 같은 공정으로 진행한다.

그림 3.15 태양전지용 웨이퍼 세부 제조 공정

반도체용 실리콘 웨이퍼는 잉곳형태의 단결정만 사용하며 태양전지용 실리콘 웨이퍼와 유사한 제조공정을 거치나 한쪽 면을 거울처럼 연마(polishing)를 진행한다.

투입되는 폴리 실리콘은 chunk, granular 또는 scrap 등이 있으며, 이를 단결정 또는 다결정의 잉곳으로 성장하여 사각형 모양으로 절단한다. 태양전지에는 사각형 웨이퍼가 사용되므로, 원형의 단결정 잉곳의 경우 사각 블록 형태로 절단하는 공정이 추가된다. 그림 3.16은 다결정 실리콘 블록을 제조하기 위해 절단하고 있는 사진이다. 사각 형태의 실리콘 브릭(brick)은 wire saw에 의하여 웨이퍼 형태로 절단된다. 철 성분의 wire는 $100 \sim 140\ \mu m$ 직경을 가지며, wire saw 간의 간격은 최소 $120\ \mu m$ 정도이다. 태양전지용 웨이퍼 절단 공정은 생산성을 위하여, 하나의 축에 여러 줄의 wire를 등간격으로 감아서 동시에 수백 개의 웨이퍼를 절단하는 방식(multi-wire saw)을 사용하며 한방향으로 $5 \sim 20\ m/s$ 속도로 고속으로 진행한다. 그러나 반도체용은 톱질처럼 전후 양방향으로 움직이면서 아

그림 3.16 다결정 실리콘 블록킹 공정 및 절단 후의 실리콘 브릭(brick)(출처: pveducation)

주 평평한 웨이퍼 표면을 얻는다.

웨이퍼의 절단 공정은 상당한 양의 실리콘 손실을 가져온다. 이렇게 실리콘 웨이퍼 제조시 톱밥처럼 발생하는 절단 손실을 kerf-loss라 한다. 상용적으로 사용하는 웨이퍼의 두께는 약 150~180 μm이고, 이에 대응하는 실리콘의 손실이 절반 정도이다. 절단에 사용되는 와이어를 얇게 사용할수록 발생하는 절단 손실은 감소시킬 수 있으나, 얇은 와이어를 사용함에 따라 공정 중에 와이어가 끊어지게 되어 생산수율이 매우 낮아지게 된다.

그림 3.17은 다중 절단 방식을 적용한 잉곳 제조 사진이다. 멀티(다중)와이어로 이루어진 saw가 한 방향으로 고속 회전하면서 위의 여러 개의 실리콘 브릭을 동시 절단하는 방식이다. 실리콘 브릭은 접착제로 상부에 붙어 있고, 아래로 수직 이농되면서 와이어가 질단을 진행하는 방식이다. 와이어는 수십에서 수백 km길이로 감겨 있고 적절한 와이어 장력(tension)을 유지한다.

그림 3.17 멀티와이어에 의한 실리콘 웨이퍼 제조(출처: pveducation)

와이어는 연마제가 들어있는 슬러리(abrasive slurry)와 함께 사용되는데 일반적으로 5~30 μm 크기의 탄화규소(SiC) 분말이 가장 많이 사용된다. 이 와이어가 일정한 방향으로 이동하는 동안에 절삭 슬러리가 와이어와 절단할 실리콘 잉곳 사이에서 와이어의 움직임에 따라 같은 방향으로 이동하는 절삭 분말이 마찰 마모에 의해 가공하고자 하는 잉곳을 조금씩 깎아 나가면서 절단이 된다. 와이어를 이용한 절단법은 슬러리를 사용하는 방법과 다이아몬드로 코팅된 와이어를 사용하는 방법이 있다. 슬러러 와이어 절단에서 슬러리는 오일(oil) 또는 Ethylene Glycol 기반 용액과 탄화규소와 같은 절삭 분말로 구성된다. 이 과정은 비교적 느린 편이고 공정 후 사용한 금속선과 실리콘 잔해를 포함한 많은 양의 폐수와 같은 오염물(waste)을 배출한다. 공정에 사용된 슬러리는 실리콘 잔해를 제거한 후 재활용이 가능하지만, 재활용 비용 때문에 관련 업체에서는 재활용보다는 폐기처분을 더 선호하고 있다. 이런 문제점 때문에 근래에 다이아몬드가 코팅된 와이어를 사용하는 방법을 이용한다. 주로 10~20 μm 또는 30~40 μm 크기의 다이아몬드 입자가 전기도금에 의해 스테인리스 선에 코팅된다. 다이아몬드 와이어 절단법은 기본 원리는 슬러리 이용 방법과 동일하지만, 와이어가 다이아몬드가 부착된 금속선으로, 슬러리는 냉각수로 대체된다. 슬러리 절단법과 달리 냉각수의 용이한 재활용을 가능하게 하여 친환경적이다. 슬러리 절단법에서 금속선이 한 번밖에 사용하지 못했던 반면에 다이아몬드가 코팅된 금속선을 여러 번 사용할 수 있고, 공정속도로 2~10배로 빨라 경제성과 생산성도 우수하다. 그러나 이런 방법으로 생산된 웨이퍼의 표면 특성을 그림 3.18에서 보는 바와 같이 슬러리를 사용했을 때와는 다르다. 와이어 절단법에 의해 생산된 기판은 표면

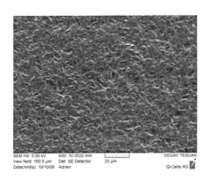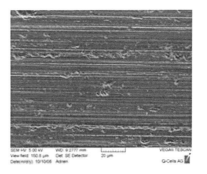

그림 3.18 슬러리 와이어절단법(왼쪽)과 다이아몬드 와이어절단법(오른쪽)에 의한 실리콘 기판 표면 상태

이 거칠고, 와이어의 이동방향을 알 수 없는 반면에, 다이아몬드 와이어 절단법에서 얻은 기판은 표면이 덜 거칠고 다이아몬드 입자에 의해 평행한 선들을 볼 수 있다.

태양전지의 웨이퍼는 절단에 의해 만들어지기 때문에 웨이퍼의 저항, 전하수명, 산소와 탄소 농도, 크기, 두께, 두께 변화인 TTV(total thickness variation), 기판의 휘어진 정도인 BOW, 표면 상태인 써마크(saw mark), 칩(chips), 균열과 핀홀(crack & pinhole) 등의 상태에 대한 스펙을 확인해야 한다.

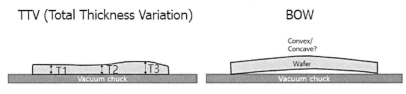

그림 3.19 절단법에 의한 웨이퍼 두께 차이 및 휘어짐

하지만 이러한 와이어절단법은 기계가공이기 때문에 웨이퍼 표면에 균열이나 칩 등이 발생하여 수십 μm 정도의 손상층이 발생한다. 이런 한계 때문에 와이어절단법으로는 100 μm 이하의 웨이퍼 두께를 얻기가 어렵다. 또한 가공 부하나 장력 변동에 따른 단선 때문에 와이어를 가늘게 하는데도 한계가 있어 와이어절단법으로는 절단 손실이 낮은 박형 실리콘 기판을 제조하기에는 어려움이 있다.

경제성을 고려한 실리콘 웨이퍼 제조 기술은 원료인 실리콘의 사용량을 줄이는 것이다. 이를 위해선 기판 자체의 두께를 얇게 제조하거나 기판 제조 시 손실되는 실리콘의 양을 줄여야 한다. 이러한 박형 웨이퍼 제조나 절단시 실리콘 손실을 줄이기 위한 다양한 기술들도 개발되어 왔다. 그림 3.20에는 지금까지 개발된 기술들을 정리하였다.

하지만 여전히 와이어를 이용한 웨이퍼를 제조하고 있으며 절단 손실은 180 μm 기판 기준으로 40% 이상을 차지하고 있다. 2005년 기준으로, 전력 1 W를 생산하는 데 절단 손실량을 포함해서 12 g의 실리콘이 소모되는 것으로 알려져 있다. 이론적으로는 웨이퍼의 두께를 100 μm 이하로 제조하면, 실리콘 소비량을 3 g/W 이하까지 감소시킬 수 있다고 한다. 하지만 이러한 박형화는 후단 공정에서 기판 핸들링을 매우 어렵게 하여 한계가 있다.

그림 3.20 결정질 실리콘 기판 기술 체계

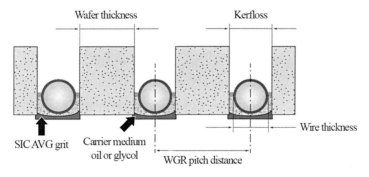

그림 3.21 와이어 절단에 의한 기학적 변수

2020년 즈음에 패시베이션 특성 향상으로 태양전지의 효율이 20% 이상을 기록하여, 100 μm 이하의 박형 웨이퍼 없이도 3 g/W대 이하의 실리콘 소모량을 보이고 있다. 그림 3.22는 단결정 및 다결정 웨이퍼 제조 공정을 다시 정리한 것이다.

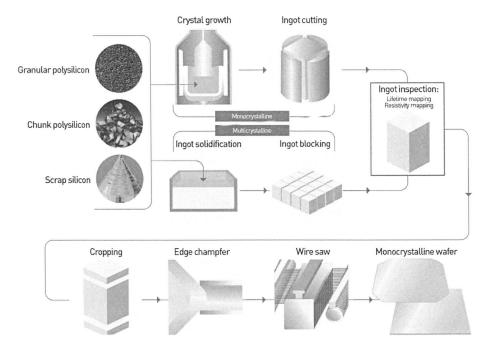

156mm Wafer Manufacturing

그림 3.22 실리콘 원료부터의 태양전지용 웨이퍼 제조(출처: www.memc.com)

결정질 실리콘 태양전지 웨이퍼 크기는 2013년부터 M2(pseudo-square 156.75 mm × 156.75 mm)로 통합하여 사용해왔으나 2020년부터 면적 증가에 의한 고출력 모듈과 제조 단가를 위해 웨이퍼 크기가 M12(G12)로 커져왔다. 단결정 웨이퍼는 Cz법에 의한 제조로 모서리가 둥근 모양(pseudo-square)을 가지게 되었으나, 그 직경이 커짐에 따라 점점 사각형 모양이 되었다. 2018년 경에는 정사각형의 G1(square 158.75 mm × 158.75 mm)도 출시되었고 그림 3.23에 웨이퍼 크기에 따른 길이를 나타내었다.

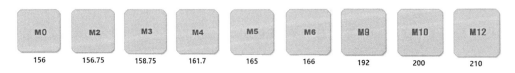

그림 3.23 태양전지 실리콘 웨이퍼 크기(단위: mm)

boron-doped p형 실리콘 웨이퍼는 LID(Light-induced Degradation) 현상이 발생한다. 그림 3.24의 왼쪽에서와 보이는 것과 같이 LID는 광조사 시간이 지나면서 벌크 전하수명과 효율이 떨어지는 광열화 현상이다. 보통 약 3일 정도 열화되다가 포화(saturation)되며, 모듈에서는 몇 시간 광조사 후에 약 3%의 출력 저하가 나타나는 것으로 알려졌다. 이는 광조사 시 빠른 확산을 하는 oxygen dimmer(O2i)가 확산을 하여 치환형 붕소(sbstitutional boron, Bs)에 포획(capture)되어 B_s-O2i complex를 형성한다. 이 B-O 준안정 결함(meta-stable defect)은 전도대에서 0.026 eV 아래에 위치하여 재결합 센터로 존재한다. LID 정도는 붕소와 산소의 양에 따라 결정되기 때문에, 잉곳 성장 시에 자장을 이용하여 산소의 함량을 낮출 수 있으나 비용이 증가된다. 그림 3.24에서 보이는 것처럼, 고저항 웨이퍼를 사용하여 줄일 수도 있으나 포화전류(J_o)가 증가하고, V_{oc}가 감소된다. 또한 붕소 대신에 갈륨(Ga)이 도핑된 웨이퍼를 사용할 수도 있다. Ga-doped p형 실리콘은 잉곳 내에서 Ga이 균등하게 분포되지 않아 단락전류 산포에 영향을 줄 수 있다.

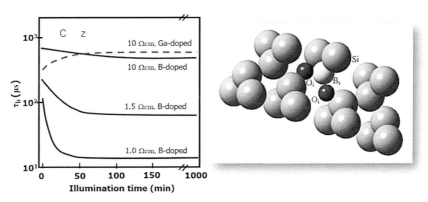

그림 3.24 LID현상(좌)과 B-O complex 결함(우)

마지막 방법은 phosphorous-doped n형 웨이퍼를 사용하는 것이다. LID가 없고, 기본적으로 금속성 불순물(metallic impurity)에 대한 전자와 정공의 불순물 포획범위(impurity capture cross section) 차이에 의해 불순물에 덜 민감하다. 앞에서 언급한 것처럼 SRH재결합에서의 전하수명은 포획범위에 반비례하는데, 소수 정공과 소수 전자의 확산계수는 3배 정도 차이가 나기 때문에 p형에 비하여 더 우위에 있다.

실리콘 태양전지 공정

04 실리콘 태양전지 공정

01 태양전지 제조 공정

1. 스크린 프린팅 실리콘 태양전지 공정

상업용 스크린 프린팅 실리콘 태양전지의 공정은 형태와 구조에 따라 다양한 제조공정 단계의 조합을 거치지만, 가장 기본적인 공정을 정리하면 아래와 같다.

- 세정(cleaning) 및 웨이퍼 표면조직화(texturing)
- 에미터 형성(doping, pn junction)
- 도핑 후 산화막(phosphorus silicate glass, PSG) 제거
- 측면 분리(edge isolation)
- 반사방지막 형성(anti-reflection coating)
- 금속전극 형성(metalization)
- 금속전극 소성(firing)
- 특성평가(characterization) 및 분류(sorting)

2. 기판 세정 및 표면 조직화

결정질 실리콘은 다이아몬드 격자구조를 가지며 개별 실리콘 원자는 4개의 이웃 원자와 공유결합을 구성한다. 이론적으로(100) 방향의 실리콘 결정 표면에는 두 개의 댕글링 본드(dangling bond)가 노출된다. 그러나 두 개의 댕글링 본드가 노출된 표면은 매우 불안정하여 보다 낮은 에너지 상태를 가진 표면으로 재구성하려는 거동을 보인다. 이와 같은 경우, (100)방향의 실리콘 결정 표면은 벌크 상태의 격자구조와 다른 형태로 결합을 구성하는데, 표면에 노출된 댕글링 본드가 이웃한 댕글링 본드와 공유결합을 구성하여 소위 (2×1) 이합체 구성(dimerization)을 통해 각 원자당 하나의 댕글링 본드만을 노출한 표면으로 자발적으로 변화하게 되는 것이다. 위의 표면구조들은 희석된 불산 수용액 처리 등을 통해 손쉽게 수소 패시베이션이 가능하며 깨끗한 결정질 실리콘 표면을 구현할 수 있다.

그러나 결정질 실리콘 기판의 표면에는 일반적으로 1.5 nm 정도의 자연 산화물층이 존재하며, 이와 함께 금속 찌꺼기 및 입자, 유기물 등의 다양한 불순물이 흡착되어 있다. 이와 같이 실리콘 기판 표면에 존재하는 불필요한 불순물을 제거하는 공정을 세정이라 한다.

태양전지 공정은 반도체 공정에 비해 상대적으로 불순물에 의한 영향이 적다고 여겨졌으며, 실제로 효율 20% 정도의 단결정 실리콘 태양전지 공정에서는 기판 세정 및 공정

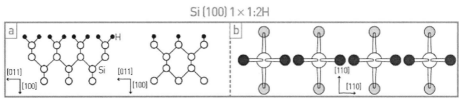

(a)(b) 다이아몬드 격자구조의 이수화물 표면

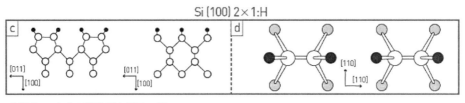

(c)(d) 표면 재구성된 일수화물 표면

그림 4.1 실리콘(100)방향 결정면 표면의 댕글링 본드가 수소로 패시베이션 가능한 두 가지 경우 모식도

중 상호 오염 등에 의한 의존도가 크지 않았다. 그러나 2010년대 중반 이후 양산효율이 25%에 육박하는 고효율 태양전지를 양산공정에서 구현 가능하게 되면서 기판 세정에 대한 인식이 많은 부분 변화하였다. 기판 절단과정의 잔여물, 및 유기물(비수용성 유지, 인체분비물 등) 등으로 오염된 표면이면, 아세톤이나 TCE(Trichloroethylene)를 이용하여 선행 세척이 필요하다. 심각한 절삭유가 남아있는 경우에는 별도의 장시간 유기물 세정이 필요하다. 특히 불균일하게 특정 부위만 오염물질이 잔존하는 경우, 후속공정인 표면 조직화(surface texture)의 균일도에 악영향을 미치며 광전류 및 광출력을 감소시키고 시각적으로도 불균일한 표면으로 인하여 심미성이 저하될 수 있다. 이와 같은 이유로 인해 기판 세정은 후속 공정의 완성도에 영향을 미치는 중요한 공정 단계이며, 태양전지 공정의 완성도를 위해 기판세정 단계부터 정밀하게 진행되어야 한다.

2.1 기판 세정

웨이퍼 표면을 세정하는 기술은 크게 습식 화학 방법, 증기에 의한 기상(vapor phase) 방법 및 건식 방법 등으로 나눌 수 있다. 전통적인 웨이퍼 세정방법은 대부분 NaOH와 증류수를 사용한 화학적 습식 방법이었으나, 많은 화학 물질의 소모와 사용된 이들 물질의 폐기, 발전되는 제작 공정과의 비호환성 등으로 인하여 점차 건식이나 기상 방법으로 세정 방법이 변화하고 있다.

웨이퍼 표면에 존재하는 불순물들은 필름, 개별 혹은 덩어리진 입자, 흡착된 가스 등으로 이루어져 있으며 이들은 원자, 이온, 분자 등과 같은 물질 특성을 갖고 있다. 분자 형태 불순물들은 주로 윤활유, 슬러지, 용제 찌꺼기 등으로부터 발생된 응결된 유기물질 가스들과 초순수(De-ionized water)나 플라스틱 용기에서 유래한 유기화합물, 금속산화물이나 수산화물 등이다. 이온 불순물들은 대부분 Na, F, Cl 이온 등과 같은 것이 물리적으로 흡착하거나 화학적으로 결합한 무기 화합물로부터 생겨나게 된다.

세정공정의 목적은 기판 표면에 흡착된 불순물을 제거하는 것이다. 물의 극성 물질로 자연계에서 가장 대표적인 용매 중 하나이며, 기체, 액체, 고체 등을 녹이는 특성을 갖고 있으며 전하를 띤 오염물질들을 분리하는 성질이 있다. 이와 같은 특성으로 인해 액체 세정용 시약이나 혼합물들을 사용하는 세정공정 중에서 수성 세정제를 사용한 세정공정이 가장 널리 사용되어져 왔으며 이를 습식 화학 세정공정이라고 한다. 세정원리는 단순한 물리적 분리를 통해서나 화학반응을 통해서 일어나게 되는데, 식각과 같이 화학반응을 통하여 물에 녹을 수 있는 물질로 변화되는 과정도 여기에 포함된다. 표면 오염은 오염물질이 웨이퍼 표면의 최외각층과 상호 결합하여 발생한다. 유기오염물질들은 윤활유, 냉각제, 절삭유, 피지 등 인체의 분비물, 화장품 파우더, 공기 중의 입자, 세제, 부식 방지액 및 웨이퍼 표면의 유기용제 증발 후 남은 유기물 찌꺼기 등 다양한 종류로부터 유래한다.

카르복시기(carboxy group, 1가의 COOH기)는 일반적으로 탄화수소가 빠져나간 표면에 물리적으로 흡착되어 웨이퍼 표면과 화학반응을 일으킨 후 화학적으로 흡착한다. 카르복시기는 이온결합, 공유결합, 금속결합 중 어느 한 결합 형태를 취하기 때문에, 긁어내거나 물을 뿌린다거나 초음파 세척 같은 단순한 물리적 방법으로 제거하기가 어려우며 화학적 방법으로 제거해야 한다.

무기 오염물질들은 전하를 띤 이온이나 전하를 띠지 않은 중성 상태로 웨이퍼 표면에 흡착되어 있으며, 이들은 반 데르 발스 결합이나 분자 상호간 결합 형태로 되어 있다. 결합에너지는 12 kcal/mol 이하로 비교적 약하여 유기화합물의 오염에 비하면 쉽게 제거 가능하다. 그러나 무기물 오염 중에서도 산성 식각용액 속에서 치환 도금 형태로 부착된 무전하의 금속 오염물질은 결합에너지가 강하여 제거하기가 매우 어렵다.

세정용액에 대한 오염물질의 용해도는 농도, PH, 온도 혹은 다른 첨가물 등에 의하여 조절 가능하며, 용해성 복합체의 합성을 촉진을 통해 더욱 증가시킬 수 있다. 산성 용액의 음이온은 전자 도너 혹은 기, 금속 이온은 전자 엑셉터 역할을 하여 전하를 주고받아 용해도가 큰 복합물질을 형성함으로써 금속의 세정이 이루어진다. 예를 들어 Cu를 제거해야 한다면, 산도(PH)가 비슷한 HNO_3와 HCl이지만, NO_3^-가 Cl^-보다 금속과 전자를 주고받는 기로서의 역할을 더욱 강하게 할 수 있기 때문에 질산이 염산보다 구리 세정에 더욱 효과적인 물질이라고 할 수 있다.

음이온 기들의 활성화 강도는 다음과 같다.

$$NO_2^- \; > \; F^- \; > \; NO_3^- \; > \; Cl^- \; > \; Br^- \; > \; I^- \; > \; ClO_4^-$$

오염물질을 용해가 쉬운 형태로 변화시키는 방법은 유기물의 세정에도 적용된다. 즉 유기물질을 카르복실산(carboxylic acid)과 같이 물에 잘 녹는 물질로 변화시키는 방법을 사용하는 것이다. 과산화수소, 과황산암모늄, 오존 및 질산 등을 사용 가능하다.

웨이퍼 표면에는 외부에 직접적으로 노출되어 있는 유기물질이나 무기물질의 오염 외에, 성장된 반도체 결정 덩어리를 절삭하여 웨이퍼 형태로 연마하고 나면 곧바로 표면을 덮는 자연 산화층이 형성된다. 이 산화층의 형성 시에 Na, K 등과 같은 물질이 포함되어 오염된 산화층을 이루게 된다. 뿐만 아니라 절삭 시에 사용되는 Al_2O_3로부터도 알루미늄 오염물질이 존재할 수 있다. 이들은 확산계수가 크기 때문에, 고온 공정 때 본래 있던 곳을 이탈하여 웨이퍼 내부로 확산하여 태양전지 특성에 영향을 주게 되므로 역시 제거되어야 한다.

RCA세정법과 이를 대체하기 위한 실리콘 웨이퍼의 습식 화학 세정법들이 표 4.1에 나타나 있다. 최근에는 오존수를 이용하여 유기물을 제거하기도 하고, 1% HCl용액으로 금속 오염을 제거하기도 한다.

세정액의 온도 변화는 여러 가지 중요한 효과들을 일으킨다. 온도가 증가하면 화학물질의 반응률이 증가하여, 10℃ 온도가 증가할 때마다 약 2배 정도의 반응률 상승이 나타난다. 뿐만 아니라, 온도 증가는 일반적으로 오염물질들의 용해도를 증가시켜 세정 반응을 가속한다. 온도에 따라 용해도의 변화가 거의 없거나 도리어 약간 감소하는 물질도 있다. 온도 증가는 이와 같은 세정률을 증가시키는 반면, 웨이퍼 표면에 금속 복합물질의 도금작용을 증가시킬 수도 있다.

세정작용이 잘 일어나기 위해서는 세정용액이 웨이퍼 표면에 잘 흡착되어야 한다. 고체인 웨이퍼와 액체인 용액의 표면장력이 서로 비슷하거나, 고체의 표면장력이 액체보다 더 클 때 고체표면에서의 액체부착이 잘 일어난다. 많은 유기용제들은 무기물 용액에 비하여 표면장력이 낮아 웨이퍼에 잘 부착된다.

웨이퍼의 표면장력은 표면을 구성하고 있는 상태에 따라 달라진다. 예를 들어 산화층

표면이 최종 표면이라면 표면장력이 강해져서 친수성(hydrophilic)이 되지만, 산화층이 없어지면 비친수성(hydrophobic)이 되어 물이 표면에 잘 흡착되지 않는다.

표면 산화막 제거 여부를 육안으로 검사하는 가장 쉬운 방법이 바로 이와 같은 특성을 이용하는 것이다. 산화막 제거 후 물에 행군 다음 웨이퍼를 꺼내었을 때, 웨이퍼 표면에 물이 그대로 촉촉이 묻어 있으면 산화막 식각이 아직 덜 된 상태이고, 방울방울 둥글게 맺혀지면서 많은 영역이 물기가 없이 마른 형태가 되면 제거가 다 이루어진 것으로 판단할 수 있다.

웨이퍼 표면의 오염물질 역시 웨이퍼 표면장력을 변화시킬 수 있다. 유기 오염물질은 앞서 언급한 바와 같이 낮은 표면장력으로 인하여 친수성의 웨이퍼를 표면장력이 매우

표 4.1 실리콘 웨이퍼의 습식 화학 세정용액

용액	화학표기	일반이름	제거물 및 목적
수산화 암모늄/과산화수소/물	$NH_4OH/H_2O_2/H_2O$	RCA-1, SC-1(Standard Clean-1), APM(ammonia/peroxide)	유기물, 입자, 금속 산화보호막 성장
염산/과산화수소/물	$HCL/H_2O_2/H_2O$	RCA-2, SC-2(Standard Clean-2), HPM(hydrochloric/peroxide)	중금속, 알칼리, 금속
황산/과산화수소	H_2SO_4/H_2O_2	Piranha, SPM(sulfuric/peroxide), "Caro's acid"	유기물
불산/물	HF/H_2O	HF, DHF(diluted HF), BOE(buffered oxide each)	SiO_2
불산/불화암모늄/물	$HF/NH_4F/H_2O$	BHF(buffered-hydrofluoric acid)	SiO_2
질산	HNO_3	nitric acid	유기물, 중금속
콜린	$(CH_3)_3N^+-CH_2CH_2OHOH$	trimethyl(2-hydroxy-ethyl) ammonium hydroxide	금속, 유기물
콜린/과산화수소/물	$(CH_3)_3N^+-CH_2CH_2OHOH$ H_2O_2/H_2O	Choline/peroxide	중금속, 유기물, 입자
황화암모늄/황산	$(NH_4)SO_4/H_2SO_4$	SA-80	입자
이황화페록시산/황산	$H_2S_2O_8/H_2SO_4$	PDSA, "Caro's acid," Piranha	유기물
오존이 녹은 초순수	O_3/H_2O	오존수	보호산화막 성장, 유기물
황산/오존화된 물	$H_2SO_4/O_3/H_2O$	SOM(sulfuric/ozone)	유기물
불산/질산	HF/HNO_3		Si 식각, 금속
불산/과산화수소	HF/H_2O_2		Si 식각, 금속

낮은 비친수성으로 바꾼다. 이와 같이 세정 용액과 유기 오염물질로 인한 웨이퍼의 표면 장력 차이가 심하게 나면, 흡착제나 계면활성제(surfactant)를 첨가하여 상호 간의 표면장력 차이를 줄여 웨이퍼 전 영역에 세정용액이 고르게 흡착되게 함으로써 세정작용이 잘 일어나게 한다.

2.2 기판 표면 조직화 : 텍스처링(Texturing)

실리콘 기판이 준비되면 기판 절단 시 발생되는 손상 제거(Damage Removal Etching, DRE)와 표면 조직화(texturing)를 위한 공정이 필요하다. 표면 조직화에 의한 빛 수집의 목적은 전면에서의 반사율을 감소시키고, 태양전지 내에서 빛의 통과 길이를 길게 하며, 후면으로부터의 내부반사를 이용하여 흡수된 빛의 양을 증가시키는 것이다. 따라서 태양전지의 단락전류를 향상시킬 수 있다. 경면 처리된 실리콘 표면은 태양 빛의 약 30% 정도를 반사하는데, 표면을 조직화시키면 반사가 약 10% 정도로 감소하고, 여기에 반사방지막까지 추가하면 평균 반사율(파장 300~1,200 nm)을 약 3%까지 감소시킬 수 있다.

2.3 스넬-데카르트의 법칙(Snell-Descartes)

굴절률이 n_1과 n_2인 서로 다른 두 매질이 맞닿아 있을 때 매질을 통과하는 빛은 굴절된 경로를 가진다. 이때 굴절의 정도는 입사각 및 두 매질의 굴절률에 의존하며, 정해진 매질의 경우 입사각에 따라 반사/굴절 경로가 결정된다. 이를 이용하여 공기(굴절률 1)에서 실리콘(굴절률 ~3.67)로 입사하는 빛의 입사각을 적절히 조절하여 표면에서의 반사를 최소화하고 실리콘 웨이퍼(태양전지)에서의 흡수를 극대화 할 수 있다. 이와 같이 매질의 계면에서 발생하는 빛의 굴절에 관한 물리 법칙은 네덜란드의 수학자 빌러브로어트 스넬리우스(Willebrord Snellius)와 프랑스의 물리학자이자 철학자인 데카르트에 의해 독립적으로 발표되었으며, 국가별로 각각 스넬의 법칙(Snell's law), 데카르트의 법칙(la loi de Descartes) 또는 스넬-데카르트의 법칙(la loi de Snell-Descartes)이라고 부른다.

그림 4.2에서 두 매질의 계면을 빛의 입사 평면으로 고려하고, 입사각 및 굴절된 각도를 표시하면 θ_1과 θ_2가 된다. 이때 스넬의 법칙은 다음과 같이 정의된다.

$$\frac{\sin\theta_1}{\sin\theta_2} = \frac{v_1}{v_2} = \frac{\lambda_1}{\lambda_2} = \frac{n_2}{n_1}$$

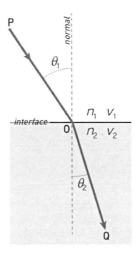

그림 4.2 굴절률이 n_1과 n_2인 두 매질의 계면으로 입사하는 빛의 경로 변화

실리콘 웨이퍼에 입사하는 빛의 비율을 증가하고 반사를 저감하기 위해서는 입사각을 증가시켜야 하는데, 이와 같이 입사각을 증가시키는 광학구조를 실리콘 기판 표면에 구현하는 공정을 표면 조직화(surface texture)라고 한다.

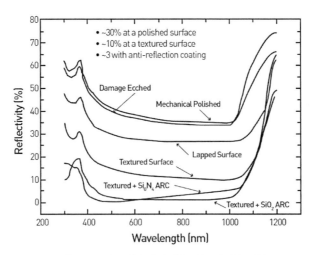

그림 4.3 실리콘 기판의 상태에 따른 반사율 변화

그림 4.3에는 표면 조직화 공정화에 의한 실리콘 표면 반사율 변화와 반사방지막(antireflection coating) 공정까지 진행한 후의 반사율 저감을 보여준다. 일반적으로 표면 식각을 통해 요철(피라미드 모양 등) 구조를 하여 표면 조직화를 수행한다.

2.4 단결정 실리콘 표면 조직화

단결정 실리콘 표면은 (100)기판의 결정방향에 따라 알칼리 용액에 식각되는 속도의 차이를 이용하여 요철을 형성하는 비등방성 식각(anisotropic etch)을 진행한다. 결정의 특정 면을 다른 면에 비해 빨리 식각시키는 것을 비등방성 또는 방향성 식각이라고 한다. 다이아몬드 격자 구조에서는 (111)면이 (100)면보다 원자가 훨씬 조밀하게 밀집되어 있으므로 (111)면의 식각 속도가 더 느리다. 실리콘 결정구조에서는 (111)방향 식각속도와 (100)방향의 식각속도가 100배 이상 차이가 발생되는 것을 이용하여 구현한다.

전술한 바와 같이 (100)방향의 결정질 실리콘 표면에 있는 원자는 두 개의 원자와 공유결합을 이루고 표면 방향으로 두 개의 댕글링 본드를 노출하고 있으나, (111)방향의 결정질 실리콘 표면에는 1개의 댕글링 본드만이 존재하며, (111)방향의 결정질 실리콘 표면에

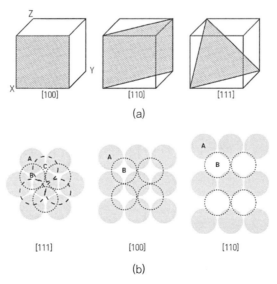

그림 4.4 (a) 결정질 실리콘의 세 가지 대표적인 결정방향 (111), (100), (110) 및 (b) 각 결정방향으로의 원자적층 구조 모식도. 점선으로 표시한 원자들이 표면층에 있음

있는 원자는 3개의 이웃한 실리콘 원자들과 공유결합을 이루고 있다. 또한, 면심입방 (Face Centered Cubic, FCC)구조 격자의 특성상 결정방향에 따라 충밀도(packing density)가 순차적으로 (111) > (100) > (110) 순으로 감소하게 되며, 위와 같은 특성으로 인해 (111)표면의 실리콘 원자를 제거하는 것이 상대적으로 더 힘들다. 실험적으로도, 고농도의 KOH 또는 TMAH 용액에 결정실 실리콘을 식각할 경우 결정방향에 따라 표면 식각률이 (110) > (100) > (111) 순으로 증가하게 된다.

결정질 실리콘 격자는 8개의 (111)결정면만으로 구성할 수 있으며, 실리콘 기판의 표면에는 4개의 (111)결정면이 54.7°의 각도로 구성된 피라미드 형태의 표면을 구현할 수 있다.

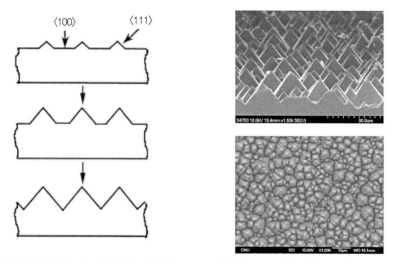

그림 4.5 (좌) 실리콘 결정면의 식각 속도 차이 (우) 알칼리(KOH-IPA) 용액으로 표면조직화된 실리콘 기판 표면

실리콘 표면에 임의로 생성되는 기포가 식각이 느리게 되는 특성을 이용하여 KOH나 NaOH와 같은 염기성 용액으로 실리콘 표면을 텍스처링할 수 있다. 단결정 실리콘 기판의 경우 KOH보다 가격 측면에서 유리한 NaOH를 이용하여 수행한다. NaOH를 기반으로 한 표면 조직화는 수용액이 대부분 초순수 물이므로 실리콘 표면장력이 커서, 표면장력을 낮게 하는 표면적심(surface wetting) 개선용으로 IPA(isopropyl alcohol)를 10% 이상 사용한다. 온도 70°에서 80° 사이에는 IPA가 휘발하여 주기적으로 보충하지 않으면 표면

조직화에 균일성이 떨어지고 난락전류의 저하를 가져온다. NaOH가 해리되어 OH 음이온 실리콘 표면을 산화 촉진시키는 과정에서 물에 포함된 수소 분자가 생성되어 다수의 기포를 생성한다($Si + 2OH^- + H_2O \rightarrow SiO_3^{2-} + 2H_2$).

기포가 발생되어 실리콘 표면에 장시간 존재하면 표면이 피라미드 형태보다는 표면이 평탄한 피라미드가 형성되어 반사도를 증가하고 이는 다시 단락전류의 하락을 가져온다. 이를 방지하기 위해서는 기포를 터뜨려 소멸시키기 위한 고체 형태의 실리케이트가 10% 이상 용액 내에 필요하다. 이는 Na_2SiO_3 형태로 실리콘 표면 조직화 과정에서 다수 생성되므로 기존에 사용하던 에칭용액을 10% 이상 사용함이 바람직하다. 전형적으로 2~10%의 알칼리 용액에 80°C대의 온도에서 약 15분 정도 진행한다.

형성된 피라미드 구조물의 각도가 클수록 표면에서 광 흡수 할 수 있는 기회가 증가한다. 그림 4.6에는 평평한 실리콘 기판과 피라미드 구조의 기판에서의 빛의 경로를 보여준다. 피라미드가 형성되면 반사된 빛이 다시 실리콘 표면과 작용하여 흡수할 수 있도록 한 번의 기회를 더 가질 수 있게 된다. 따라서 피라미드 각도가 빛의 진행 방향에 중요한 역할을 수행한다. 그림 4.7에서 입사각도가 53.7° 이상에서 태양전지의 광전류가 급격하게 상승함을 볼 수 있다.

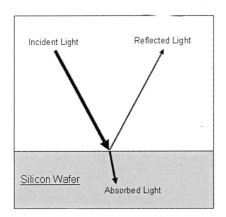
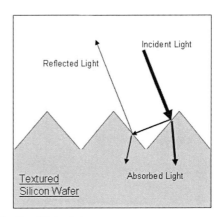

그림 4.6 표면 조직화에 따른 광흡수 증가

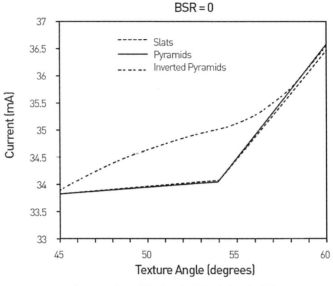

그림 4.7 표면 조직화 각도에 따른 광전류의 변화

피라미드 사면체의 크기는 약 10 μm가 광학적으로 우수하나, 양산 시에 큰 피라미드 는 파손 증가와 직렬저항 상승으로 FF 감소를 발생하기 때문에 1~4 μm가 생산에 가장 유리하다. 식각조건은 용액의 구성, 농도, 온도 및 식각 시간에 따라서 좌우된다. 또한 용액 내 생성되는 기포의 밀도, 실리케이트(silicate) 생성량, 식각 중의 기포 발생 정도, 증발 정도, 배기속도 등의 조건을 최적화하여야 한다.

2.5 다결정 실리콘 표면 조직화

다결정 실리콘 기판의 경우 각기 다른 결정방향이 존재하고 다른 결정립은 서로 식각 속도가 다르기 때문에, 균일한 표면 조직화가 어렵고 결정립에서 식각 속도가 빨라 기판 이 깨질 수 있다. 알칼리 용액보다는 산 용액을 이용한 등방성 식각(isotropic etch)이 효과 적인 방법이다. 이때 고려해야 할 사항으로는 결정방향에 무관한 균일한 식각, 상업적인 생산에 이용 가능한 공정, 짧은 공정시간, 대량의 웨이퍼에서 재현성 등이다. 산 용액의 기본구성은 HF : HNO_3 : H2O + 표면 활성화제(surfactant) + 촉매이다. HNO_3는 실리콘 표 면을 산화시키고, HF는 산화된 표면을 제거한다.

$$3Si + 4HNO_3 + 18HF \rightarrow 3H_2SiFe_6 + 4NO + 8H_2O$$

CH₃COOH와 같은 표면 활성제와 촉매는 텍스처링이 효과적으로 생성될 수 있게 한다. 다결정의 경우 의도적으로 결함밀도가 많은 결정립계를 제거하여 관찰할 필요가 있는데 이때에 사용 가능한 용액을 표 4.2에 정리하였다. 이 중에서도 Schimmel계의 용액은 표면에 텍스처링 효과가 우수하게 나타나면서도 결정립계를 우선적으로 제거하는 데 효과적이다.

다결정 실리콘 기판은 결정방향이 서로 다른 여러 개의 결정립으로 구성되어 있기 때문에 결정방향을 이용한 습식 식각보다는 물리적 방법을 이용한 건식 식각법이 널리 사용되고 있다. 비등방성 식각을 이용한 표면 조직화는 (111) 방향 식각속도와 (100) 방향의 식각속도 차이를 이용해서 얻어진다. 하지만 다결정 실리콘 기판의 경우 각기 다른 결정방향이 존재하고 다른 결정립은 서로 식각속도가 다르기 때문에, 균일한 표면 조직화를 구현하는 것이 어렵다. 다결정 실리콘 기판에 알칼리 용액을 이용한 표면 조직화를 시도

표 4.2 실리콘 기판의 결함을 우선적으로 제거하는 식각 용액 조성 및 특성

용액명	조성	특성
Dash	1HF : 3HNO₃ : 10 acetic acid	(110) silicon 기판의 결함 식각이 용액교반 없이 사용 가능
Sityl	1HF : 1(5M CrO₃)	(111) silicon 결함 식각 용액교반 (100) silicon 결함 식각이 어려움
Seeco	2HF : 1(0.15M K₂Cr₂O₇)	(100) silicon 기판의 결함 식각, 용액교반 시에 식각을 하강
Wright-Jenkins	60ml HF : 30ml HNO₃ : 30ml(5M CrO₃) : 2g Cu(NO₃)₂ : 60ml acetic acid : 60ml H₂O	(100)와 (111) silicon 기판의 결함 식각이 용액교반 필요
Schimmel	2HF : 1(1M CrO₃)	(100) silicon 기판의 결함 식각이 용액교반 없이 사용가능. 비저항 0.6~15.0 ohm-cm인 n, p-형 실리콘 기판에 결함 식각에 우수
Modified Schimmel	2HF : 1(1M CrO₃) : 1.5H₂O	고농도 도핑된 (100) silicon에 효과적
Yang	1HF : 1(1.5M CrO₃)	(111), (110), (100) silicon 기판의 결함 식각이 용액교반 없이 사용가능
P1	1HF : 26HNO₃ : 33CH₃COOH	다결정 실리콘 : 진성, B-doped
P2	1HF : 40HNO₃ : 15CH₃COOH	(111) etch rate : ~0.15mm/min (100) etch rate : ~0.2mm/min

하면 무작위로 혼합 배열된 상태 (100) 방위 결정립과 (111) 방위의 결정립 사이에는 계단과 같은 식각단차가 발생하게 되는데, 이와 같은 급격한 단차를 방치한 채 태양전지 공정을 진행하게 되면 접합의 깊이가 얇아지고, 반사방지막 또한 균일한 증착이 이루어지지 못하고 다른 부분과 급격한 차이를 형성하며, 금속전극 또한 단차를 따라 단락되어 형성되면 누설전류 증가와 개방전압 감소로 효율 상승이 어려워진다.

이와 같은 이유로, 다결정 실리콘 기판에서 알칼리 용액의 표면 조직화 한계를 극복하기 위해서 산 용액을 이용하는 방법으로 $HNO_3 : HF : CH_3COOH$(또는 초순수)를 $4 : 1 : 1$ 비율로 경면 처리하는 방법과 $2 : 15 : 5$ 비율로 다공성 표면처리하는 방법이 2000년대 초반부터 사용되기 시작하였다. 가격이 비교적 고가이고 반응 시에 자체 발열 반응이 발생하므로 온도를 냉각하고 식각과정에서 발생하는 독성증기를 배기시키기 위한 설비가 필요하다. 그림 4.8에 식각조건에 따른 다결정 실리콘의 표면식각 결과를 도시하였다. 장비와 시설에 따른 최적시간과 비율은 별도의 공정최적화 과정이 필요하다.

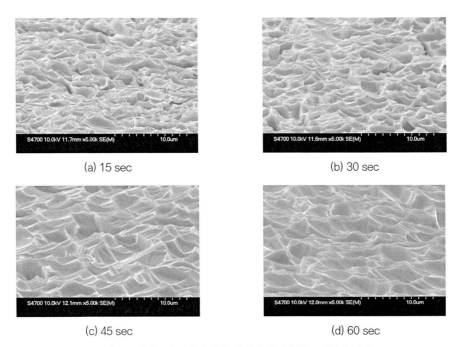

(a) 15 sec

(b) 30 sec

(c) 45 sec

(d) 60 sec

그림 4.8 식각조건 변화에 따른 다결정 실리콘의 표면식각 결과

이러한 습식 세정들은 wet station이라 불리는 세정장비에서 진행되며, 진행 방식에 따라 배치(bath) 방식과 연속공정(inline) 방식으로 크게 나눌 수 있다. 배치 방식은 그림 4.9에서 보여주는 것처럼 웨이퍼를 카세트(cassette)라는 통에 수십장 이상을 모아서 한 번에 처리하는 방식이고, 연속 방식인 인라인 방식은 웨이퍼가 롤러나 벨트를 타고 지속적으로 이동되면서 공정되는 방식이다.

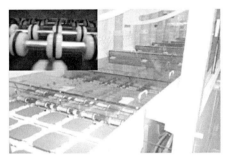

(a) Wet station(batch)　　　　　　　　　(b) Wet station(inline)

그림 4.9 습식 세정의 웨이퍼 공정 처리방식

2.6 플라즈마 식각에 의한 표면 조직화

용액을 이용한 다결정 실리콘 기판의 습식식각은 반사도 측면에서 한계가 있기 때문에 플라즈마를 이용한 건식식각 표면조직화 기술도 널리 이용되고 있다. 플라즈마를 이용한 건식 식각은 다결정 실리콘의 평균 반사도를 3% 이하로 낮출 수 있어 18%대의 다결정 태양전지 제조가 가능하다. 반응성 플라즈마 이온을 이용한 식각(reactive ion etching, RIE) 시스템은 일반적으로 플라즈마 식각보다 더 높은 에너지의 이온 가격이 웨이퍼에 가해지는데, 이는 접지된 전극에 비해 더 높은 음 전위가 전극에 형성되기 때문이다. 따라서 일반적으로 100 mTorr 이하에서 공정이 진행되고, 반면에 플라즈마 식각은 표면에서의 이온 포격 평균 에너지를 감소시키도록 더 높은 공정 압력에서 진행한다. 플라즈마 식각은 크게 4단계로 이루어진다. 먼저 식각 가스를 선택하고, 플라즈마(glow discharge)를 형성하여 반응종(reactive species)을 만든다. 반응종과 식각하고자 하는 기판과의 반응에 의해 휘발성 반응물(volatile product)을 형성한 다음 이 휘발성 반응물을 펌핑(pumping)해서 반응기(chamber) 밖으로 빼내면 일련의 식각이 완료된다. 이 반응처럼 순수하게 라디칼(radical)의 화학적 효과만을 이용할 경우는 등방성 식각 특성을 갖는다. 식각 속도는 낮지만 화학적 반응을 수행하는 라디칼과 더불어 플라즈마 내에서 형성된 이온 및 이온을 가속화시킬 수 있는 전계를 이용할 경우, 전계에 의해 가속된 이온은 식각층의 표면에 충돌하게 되고, 이온충격에 의해 표면 원자 간 결합에너지가 약화되면서 식각반응이 촉진된다. 이온은 또한 식각 생성물을 이온 충격에 의해 제거하여 식각반응이 원활히 진행되도록 하거나, 이온이 직접 식각층과도 반응하여 식각이 진행되도록 한다.

건식식각에 의한 표면조직화 공정은 주로 SF_6가스를 이용하며, 진공상태에서 반응기 안에 SF_6가스와 O_2가스를 주입시킨 후 플라즈마를 형성한다. SF_6 플라즈마는 F^+, SF^+, SF_3^+, SF_5^+ 등의 이온으로 분해되고, O_2 첨가로 플라즈마는 O^* 라디칼이 형성된다. O^* 라디칼이 초기 실리콘 표면에 산화막을 형성하고, Si-O 결합력(88.2 kcal/mol)보다 Si-F 결합력(129.3 kcal/mol)이 더 크기 때문에 F^+ 이온이 SiO_xF_y형태로 polymer화 된다. 화학 반응식은 아래와 같다.

$$Si + 4F \rightarrow SiF_4 \tag{1}$$

$$Si + 2O \rightarrow SiO_2 \tag{2}$$

$$Si + F + O \rightarrow SiO_xF_y \tag{3}$$

$$SiO_2 + 4F \rightarrow SiF_4 + O_2 \tag{4}$$

플라즈마의 이온 충격이 계속 진행되면서, 불소 이온(SF_x^+, F^+)들에 의해 SiO_xF_y 패시베이션의 얇은 부분이 식각되면서 SiF_4 형태로 휘발되어 펌핑(pumpin out)된다. 결국 불소 이온의 식각 효과, SiO_xF_y 패시베이션과 이온 충격의 비율에 의해 식각이 이루어지고 식각 모양도 달라지게 된다. 식각의 종횡비를 높게 하기 위해서는 보호막인 polymerization을 통한 측면(sidewall) 패시베이션이 두꺼워야 한다. 식각을 조절하기 위해 Cl, CHF_x 등과 같은 가스를 추가하여 플라즈마 조건을 조절하며, 기판의 온도 조절과 기판 전압을 인가할 수 있다. 플라즈마 식각 과정을 그림 4.10에서 나타내고 있다.

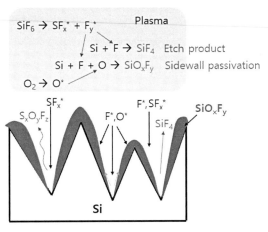

그림 4.10 건식 식각을 이용한 다결정 실리콘 기판의 식각 메커니즘

건식 식각된 다결정 실리콘 기판의 표면은 그림 4.11과 같이 표면에 침상 구조가 생기고 반사도가 저감되는 효과를 보인다.

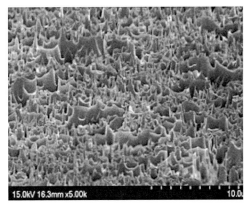

그림 4.11 플라즈마로 건식 식각된 다결정 실리콘의 표면식각 모습

플라즈마를 이용해서 2% 이하의 평균 반사도인 '블랙(black) 실리콘' 달성이 가능하나, 광학적 반사도 저감이 표면 손상에 의한 전기적인 손실이 없도록 처리해야 하는 것이 태양전지 효율 향상의 핵심 기술이다. RIE에 의한 표면 손상은 전류가 표면재결합으로 저하하고, 표면손상에 기인하여 낮은 Voc와 FF를 만든다. 따라서 표면 손상 제거를 위한

추가적인 표면 처리를 진행하기도 한다. 고효율 다결정 실리콘 태양전지의 구현을 위해서는 표면 손상이 없는 고품질 저반사 표면 조직화가 중요하다.

3. pn접합

결정질 실리콘 태양전지의 pn접합을 만들기 위해서는 기판의 도핑상태와 반대되는 도핑을 표면에 만들어야 한다. 태양전지의 pn접합을 제조방법으로는 열확산법, 이온주입법(ion implantation) 등이 있다. 산업에서 가장 많이 사용하는 도핑방법은 n형 도핑의 경우 $POCl_3$을 이용한 열확산법이며, p형 도핑의 경우 BBr_3를 이용한 열확산법이 있다.

그림 4.12는 $POCl_3$을 이용한 도핑 퍼니스의 개략도와 장비 사진이다. 열확산법을 이용한 도핑 공정은 크게 선증착(pre-deposition) 공정과 확산주입(drive-in) 공정으로 나눌 수 있다. 선증착 공정은 웨이퍼 표면에 도펀트인 실리콘 산화물과 인산화물의 혼합물을 형

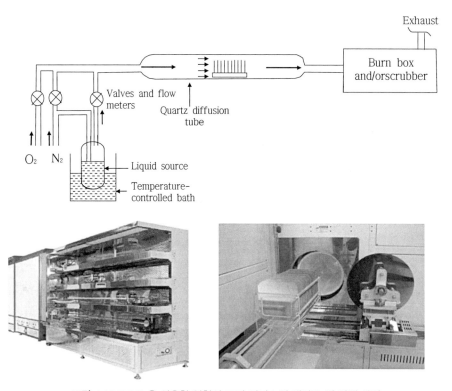

그림 4.12 $POCl_3$을 이용한 열확산 도핑 퍼니스의 개략도 및 장비 사진

성시켜주는 공정이고 이때 온도는 800~850℃이며 분위기 가스로 산소와 질소가 이용되며 도핑 소스로는 $POCl_3$ 이 사용된다. $POCl_3$은 상온에서 액체로 존재하기 때문에 질소 버블링을 통해 $POCl_3$ 증기압만큼의 기체가 도핑 퍼니스로 주입되게 된다. 이때 실리콘 표면에서 일어나는 화학반응은 다음과 같다.

$$4POCl_3 + 3O_2 \rightarrow 2P_2O_5 + 6Cl_2$$

$$2P_2O_5 + 5Si \rightarrow 4P + 5SiO_2$$

이때 실리콘 표면에 생성되는 실리콘과 인 산화물의 혼합물을 phosphosilicate glass(PSG)라고 부른다. 이렇게 생성된 인산화물은 웨이퍼 표면에서 약 1×10^{22} cm^{-3} 이상의 농도를 가지고 있으며 이 산화물이 도펀트 소스가 된다. 확산주입 과정에서는 도펀트 소스가 더이상 주입되지 않으며 질소와 산소를 분위기 가스로 이용하고, 선증착 온도와 같거나 더 높은 850~900℃ 정도에서 실리콘 표면에 존재하는 고농도의 도펀트가 농도차에 의해 웨이퍼 내로 확산해간다. 이때 확산되는 도펀트의 프로파일은 가우시안(Gaussian) 분포나 에러(error) 함수의 형상을 갖는다. 열확산법에서 도핑프로파일의 형상은 PSG에서 인의 농도와 열처리 온도, 열처리 시간에 따라 바뀔 수 있으며, 분위기 가스인 산소에 의한 실리콘 표면 산화 등에 의해서도 바뀔 수 있다.

도핑공정이 끝나고 나면 PSG는 도핑공정 중 웨이퍼 내에서 확산되어 나온 금속 불순물 등이 포함되어 있고 향후 전극공정에서 실리콘과 전극이 직접 접합(contact)되는 것을 막기 때문에 PSG 제거 공정을 하게 된다. PSG 제거 공정은 희석된 HF 용액 안에 웨이퍼를 넣어 실리콘과 인 산화물을 제거하게 되며 이후 증류수에서 세정한다.

도핑공정 후에는 실리콘 표면에 $10^{20} \sim 10^{21}/cm^3$ 정도의 도펀트가 존재하며 조건에 따라 도핑공정에 의해 생성된 에미터의 깊이가 100 nm에서 500 nm까지 형성된다. 웨이퍼의 도핑 균일도는 약 3% 이내이다. 도핑 프로파일은 태양전지의 특성에 큰 영향을 미치게 된다. 도펀트도 실리콘에서는 불순물이기 때문에 너무 많은 도펀트는 실리콘에서 도펀트로 작용하지 않고 trap site를 생성할 수 있는 결함으로 작용한다. 또한 고농도의 도핑영역이 깊게 형성되어 있을 경우 오제 재결합률이 빨라져 도핑영역에서 생성되는 광전류가 작아지게 된다. 표면 농도의 경우에는 스크린프린팅으로 생성된 전극과 Ohmic 접촉을 이뤄야하기 때문에 $10^{20}/cm^3$ 이상의 도핑농도를 유지하는 것이 좋기 때문에 표면에는 전극과의 접촉저항이 낮아질 수 있을 정도의 높은 도핑농도를 유지하면서 전극 공정 윈도우가 너무 좁지 않도록 적절한 접합 깊이를 유지하는 것이 좋다.

이러한 인 확산공정에서는 게터링(gettering) 효과가 수반된다. 게터링은 실리콘 웨이퍼에 어떤 종류의 처리를 하여 결함이나 바람직하지 않은 불순물을 불활성화되도록 제거하는 공정이다. 일반적으로 오염 금속 원자는 확산계수가 커서 900~1000°C의 열처리를 하면 금속원자들이 상당한 거리를 이동한다. 인이 확산할 때에 형성된 PSG층으로 금속 원자를 흡수하고, 이 층을 제거하게 되면 실리콘의 순도가 향상되고 전하수명도 향상된다. 인 게터링 공정은 다음 그림 4.13과 같이 세 과정으로 나눌 수 있다. 먼저 오염 금속 원자를 움직일 수 있게 만들고, 이 원자들은 포획 자리로 이동(migration)시킨다. 마지막으로 이 원자들을 포획하는 과정으로 구성된다.

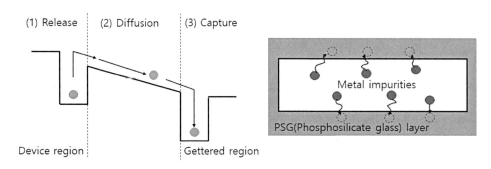

그림 4.13 PSG층에 의한 오염 금속 원자의 확산 기반 게터링 원리

상업용으로 많이 사용되는 p형 기판보다 기판의 금속 오염이 덜 민감하고 LID(Light Induced Degradation) 현상이 없으며, 더 고효율 달성이 가능한 n형 기판이 점점 많이 사용되고 있다. PN접합을 위한 BBr₃ 도핑도 퍼니스에서 공정을 진행한다. POCl₃와 같이 BBr₃를 질소 캐리어 가스에 의해 퍼니스에 공급하게 되고, 반응은 다음과 같이 일어난다.

$$4BBr_3(l) + 3O_2(g) \rightarrow 2B_2O_3(l) + 6Br_2(g)$$

$$2B_2O_3(l) + 3Si(s) \rightarrow 3SiO_2(s) + 4B(s)$$

붕소 도핑을 통한 붕소 에미터(boron emitter) 형성 기술이 중요하다. B_2O_3는 액체 상태로 가스 상태인 P_2O_5보다 웨이퍼 내의 균일한 도핑이 어렵고, 낮은 붕소 용해도로 인해 더 고온의 공정이 필요하여 900℃ 이상의 확산 공정이 필요하다. 이때 실리콘 내부의 고용한계치를 넘은 붕소가 표면에 축적되게 되면서 Boron Rich Layer(BRL)층이 실리콘과 BSG(Borosilicate glass)층 사이에 자연스럽게 생성된다. BRL은 실리콘과 붕소의 화합물(SiBx)로 수십에서 수백 nm 두께를 가지며 비정질 매트릭스 내에서 결정상으로 존재한다. BRL은 저항이 낮은 특성을 보이나, 단파장대의 반사도가 높고, 전하 수명을 감소시키기 때문에 BRL층을 제거해야 한다. PGS 제거와 달리 BRL층을 제거하는 데 어려움이 있다.

		850℃		880℃	880℃	880℃	920℃	920℃		
Standby 600℃	600℃			stable	Depo	temp up	Drive-in			600℃
	Loading	ramp up	Ramp-up					Ramp down	Boat out
N_2[LSM]	15	15	15	15	15	15	15	15	15
O_2[sccm]					50	50	50		
$_{BBr_3}$[sccm]					175				
time(min)	10	30	10	10	20	10	10	55	10

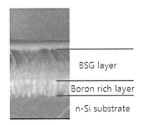
BSG layer
Boron rich layer
n-Si substrate

그림 4.14 BBr_3를 이용한 열확산 도핑 공정 프로파일 예시와 BRL층

BRL층을 제거하는 데는 두 가지 방법이 주요하게 사용된다. 첫 번째는 산화 공정을 진행하여 제거하는 방법이다. 도핑 공정 후에 추가적인 산화 공정을 진행하여 불산 용액으로 BSG와 같이 제거하였으나, 추가적인 공정 스텝과 공정 시간 추가로 인하여 in-situ

산화법이 제시되었다. 이 방법은 그림 4.14의 도핑 공정 프로파일에서 확산주입 공정 후 온도 하강(ramp down) 시에 산소를 수 SLM(standard liter per minute)을 흘려주게 되면, 유지되고 있는 온도와 산소 반응으로 산화 공정을 진행할 수 있다. 산화 공정에 의한 제거는 산화 공정의 시간에 의해 도핑 면저항이 결정된다. 다른 방법은 화학용액에 의해 제거(chemical etching)하는 방법이다. 앞의 다결정 실리콘 식각의 방법과 같이 $HF : HNO_3 : CH_3COOH$ 산 혼합 용액을 주로 사용하여 $1 : 100 : 25$ 정도의 비율에서 수십초 식각을 하는 방법이다. 고면저항에 해당하는 전극 페이스트가 개발되면서, n형 기판의 태양전지는 주로 $100 \sim 150\,\Omega$ 정도의 면저항을 형성시켜서 사용하고 있다. 그림 4.15에는 n형 태양전지의 장단점을 정리하였다.

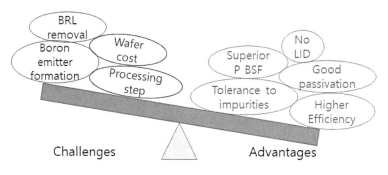

그림 4.15 n형 태양전지 기술의 장단점

열확산법은 반도체의 오래된 기술이고, 현재 반도체에서 사용되고 있는 이온주입(ion implantation)을 이용한 형성 방법도 있다. 이온주입 장비는 그림 4.16과 같이 구성되어 있으며 고진공으로 유지된다. 이온 소스부는 주로 필라멘트 가열에 의한 열전자와 주입된 도펀트 가스와 충돌하여 이온을 발생시키며, 전압을 가하여 이온들을 추출한다. 이온빔은 자석의 자장 세기를 조절하게 되고, 질량에 따른 반경 궤도 차이를 이용하여 원하는 이온의 질량을 선택한다. 선택된 이온들은 정해진 에너지로 가속되며 이온빔을 최종적으로 집속하여 웨이퍼에 주입하게 된다. 최종단에는 이온전류를 측정할 수 있는 패러데이컵(Faraday cup)과 같은 검출기를 두어 이온 주입량을 측정할 수 있다.

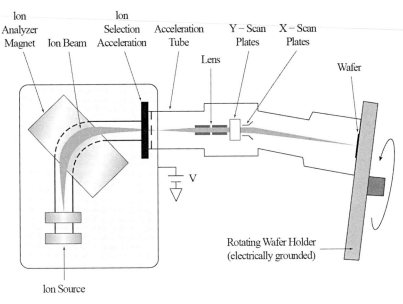

그림 4.16 이온 주입 장비 구성도

이온은 에너지에 따라서 여러 응용을 할 수 있는데, 수십 eV 정도의 에너지에서는 이온빔 증착을 할 수 있고, 수 keV 정도 수준에서는 스퍼터링 증착에 활용되며, 백 keV에너지 수준에서는 이온 주입을, 수백 keV에서 MeV에너지에서는 이온 분석에 활용한다.

이온의 에너지에 의하여 실리콘 내부에 들어가 원자들과 충돌하면서 점점 에너지를 잃고 멈추게 된다. 따라서 실리콘에 충돌 손상을 유발한다. 이온 주입된 도판트 물질은 도판트로 활성화시키기 위한 추가적인 열처리(activation annealing)가 필요하고, 이때 실리콘의 손상이 같이 회복(curing)된다.

태양전지용 이온주입장비는 저렴하고 고생산성으로 개조되어 생산되며, 선택적 에미터 패턴을 효과적으로 형성할 수 있는 장점을 보여주고 있다. 그러나, 장비의 가동시간 및 유지관리에 어려움을 나타내고 있다. 이온주입 공정은 그림 4.17처럼 일직선으로 도핑을 하고 열처리 공정을 진행하면, 가우시안 분포의 도핑 프로파일이 확산하여 이온주입된 양쪽 라인으로부터 확산된 도판트들이 겹치게 되면서 도핑이 없었던 영역도 도핑이 된다. 이러한 방법으로 이온주입된 영역은 낮은 면저항을 확산이 되어 도핑된 영역은 높은 면저항을 나타내어 선택적 에미터를 형성할 수 있다. 이온주입된 낮은 면저항의 라인은 금속 인쇄 공정에서 그 부분 위에 정확하게 전극을 형성하여서 접촉 저항을 낮출 수 있으며, 높은 면저항의 에미터는 암전류(dark current)를 줄일 수 있다. 예를 들면, 선택적 에미터에서 전극 형성 부위는 면저항이 40 Ω이고, 에미터는 100 Ω으로 형성되어 high-low junction이라고도 부른다. 고효율 태양전지 에미터 저항이 130 Ω 이상의 고면저항으로 형성되는 추세이기 때문에 전극 형성 부위는 80 Ω 정도의 면저항이 형성된다. 이온주입 후 열처리 공정이 추가되지만, 한쪽 면만 도핑하여 엣지 분리 공정을 생략 가능하여 공정 스텝 하나를 감소시킬 수 있다. 이온주입 후 산소의 분위기에서 열처리를 진행하면 도판트 활성화와 함께 산화막 성장으로 표면 패시베이션을 같이 할 수 있는 장점이 있다.

그림 4.17 이온주입된 웨이퍼의 표면(좌)과 이온주입을 이용한 태양전지 제조공정순서(우)(출처: Varian)

4. 엣지 분리

도핑공정은 일반적으로 POCl₃을 이용한 열확산 공정을 이용하게 되는데 이 POCl₃ 열확산 공정에서 도핑은 웨이퍼 전체 영역에서 이뤄지기 때문에 태양전지 구조 완성을 위해서 후면에 존재하는 n형 실리콘 지역을 제거하거나 전면부와 후면부를 분리하여 전기적으로 연결되지 않도록 하는 공정이 엣지 분리(edge isolation)이다. 이를 위해서는 화학약품을 이용하여 습식으로 후면의 도핑층을 제거하는 방법과 레이저를 이용하여 전후면 도핑층을 전기적으로 분리하는 방법이 있다.

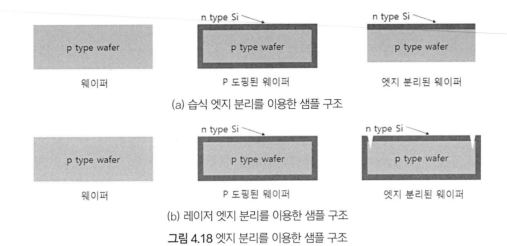

(a) 습식 엣지 분리를 이용한 샘플 구조

(b) 레이저 엣지 분리를 이용한 샘플 구조

그림 4.18 엣지 분리를 이용한 샘플 구조

화학약품을 이용하여 습식으로 후면 도핑층을 제거하는 방법은 그림과 같이 용액의 표면장력을 이용하여 웨이퍼의 한쪽면만 에칭용액과 맞닿게 이송하면 용액과 맞닿지 않는 부분은 에미터 층이 유지되며 용액과 닿는 부분은 실리콘이 식각되어 전후면을 전기적으로 절연할 수 있게 된다. 다른 방법으로는 웨이퍼의 한쪽 면에 보호층을 쌓은 뒤 에칭용액에 넣어 보호되지 않은 층을 식각하는 방법도 있다.

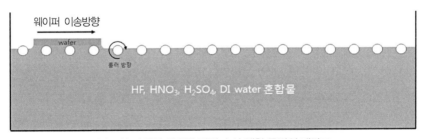

(a) 이송장치를 이용한 단면 습식 에칭 공정의 개략도

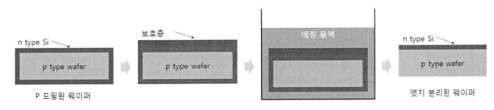

(b) 보호층을 이용한 습식 에칭 공정의 개략도

그림 4.19 에칭 공정의 개략도

레이저 엣지 분리의 경우는 후면에 존재하는 n형 도핑층을 제거하지 않고 전면에 레이저를 조사하여 전면과 후면의 n형 도핑지역을 분리하는 방법이다. 레이저를 이용하여 약 20 μm 이내의 깊이와 폭 60 μm 이내로 형성한다. 이 방법은 습식 엣지 분리와 비교하였을 때 레이저가 조사된 웨이퍼의 가장자리 부분은 태양전지로써 작동하지 않는 영역이 되어 태양전지의 출력감소의 원인이 되는 단점이 있다. 레이저 엣지 분리 공정은 제조 공정의 특성에 따라 마지막 공정에서 진행하기도 한다. Al-BSF 구조의 태양전지에서는 후면 실리콘 영역이 Al 페이스트와 반응하여 Al-Si alloy가 형성하기 때문에 후면에 존재하는 n형 도핑층이 문제가 되지 않으나, PERC(Passivated Emitter & Rear Contact) 태양전지와 같이 후면 패시베이션을 형성하는 구조의 경우에는 n형 도핑층에 의해 발생하는 전계에 의해 태양전지 특성이 저하될 수 있다.

5. 표면 패시베이션

사용하는 실리콘에서 결정 격자의 대칭에 가장 큰 방해물로, 표면에 포화되지 않은 댕글링 본드(dangling bond)가 형성된다는 것이다. 댕글링 본드는 결합을 충분히 이루지 못한 실리콘에 의한 불포화 결합 때문에 존재하게 된다. 부가적으로 표면 결함은 전위 또는 화학적 잔류물 및 표면상의 금속 침착으로부터 발생할 수 있다. 이러한 결함은 광생성 캐리어의 재결합 위치가 된다. 표면 재결합은 에너지 밴드갭 사이에 존재하는 결함에서 발생한다. 즉, 이러한 결함들이 많이 존재할수록 빛에 의해 생성된 과잉 전하들이 수집되지 못하고 결함영역에 갇혀 재결합하게 된다. 이는 태양전지의 효율과 연관이 되며, 고효율 태양전지를 위해서는 표면에서의 전하 농도를 줄이고 댕글링 본드를 감소시켜 낮은 표면 재결합 속도와 높은 전하수명을 가지는 것이 매우 중요하다.

태양전지가 고효율로 갈수록 표면 패시베이션의 중요성은 더욱 증대되고 있다. 표면 패시베이션은 크게 표면 결함 상태인 실리콘 댕글링 본드의 화학적(chemical) 패시베이션과 전자와 홀의 재결합을 감소시키는 방법으로 나눌 수 있다. 화학적 패시베이션은 주로 수소에 의한 실리콘 댕글링 본드의 결합이 주로 활용되며, 분석 측정용으로는 표면에 요오드를 사용하여 손쉽게 진행한다. 실리콘의 패시베이션 막은 주로 SiNx, SiO$_2$, Al$_2$O$_3$, 비정질 실리콘(a-Si : H) 박막이 사용되며, 표면재결합속도가 10 cm/s 이하로 우수한 패시베이션 특성을 나타낸다.

5.1 수소화된 질화막(SiNx : H)

상업용 결정질 실리콘에서 가장 널리 쓰이고 있는 수소화된 질화막(SiNx : H)박막은 패시베이션과 반사방지막 역할로 사용한다. 그림 4.20은 실리콘 질화막이 가지는 고정 양전하((Qf)_positive fixed charge)를 나타낸 그림이다. 보통 PECVD(Plasma Enhanced Chemical Vapor Deposition) 시스템을 이용하여 증착되는 실리콘 질화막은 양성의 고정전하를 나타내며 이는 계면으로부터 약 20 nm 부근까지 존재하게 된다. 그림 4.20에서 나타낸 것처럼 p형 웨이퍼를 이용한 태양전지에서 전면 패시베이션층으로 사용되는 실리콘 질화막의 고정양전하(positive fixed charge)는 다수 전하인 정공을 표면으로부터 밀어내고 소수 전하인 전자를 끌어당겨 태양전지의 전류의 수집에 기여를 하며 이 효과를 전계효과(field effect)라고 부른다. 실리콘 질화막의 고정전하양은 일반적으로 C-V(Capacitance-Voltage) 측정 방법으로 계산되며, 약 ~10^{12}/cm^2 정도의 높은 고정양전하를 나타낸다. 이 전하의 크기는 PECVD를 통한 공정 조건에 따라 다양하게 달라질 수 있다. PECVD SiNx막은 PERC셀의 후면 패시베이션층으로 사용 시에, 단락전류밀도가 이 고정양전하에 의해 감소된다. PECVD SiNx박막 아래 실리콘 기판에 반전층(inversion layer)을 형성하여서 베이스 접촉에 대한

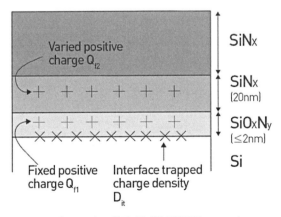

그림 4.20 수소화된 실리콘 질화막(SiNx : H)

커플링(coupling) 때문에 parasitic shunting을 만들어 전류를 감소시킨다. 이를 'parasitic shunting effect' 또는 'inversion layer shunting effect'라고 부른다. 이런 parasitic shunting을 방지하는 방법은 p형 실리콘과 SiNx박막 사이에 SiO_2를 형성시키는 것이다.

앞선 절에서 설명하였듯 실리콘 표면에는 결합을 충분히 이루지 못한 댕글링 본드가 많이 존재한다. 패시베이션의 주된 목적은 실리콘 표면에 나타나는 댕글링 본드의 수를 최소로 만들어 실리콘 계면에서 발생되는 재결합을 줄이기 위함이나. PECVD를 이용하여 플라즈마 상태 내에서 증착된 실리콘 질화막은 열 확산로를 통하여 형성된 실리콘 질화막(Si_3N_4)과는 화학식량(stoichiometry)이 조금 달라지며 막질 내에 많은 수소(약 10~20%)를 포함하고 있다. 따라서 실리콘 질화막을 수소화된 실리콘 질화막 또는 비정질 실리콘 질화막(amorphous SiNx)으로도 표현한다. 여기에서는 실리콘 질화막이라 하며 SiNx : H로 표현하였다. 이 질화막은 수소(hydrogen)에 의한 결정 결함 감소로 벌크 패시베이션 효과를 나타낸다. PECVD 시스템에서는 플라즈마 공정을 사용하여 실리콘 질화막을 형성한다. 이를 위해 사용된 가스(SiH_4, NH_3, N_2/Ar)들에서 발생된 수소이온(H^+)들은 실리콘 질화막이 형성되는 동안 자연적으로 실리콘 표면에 존재하는 댕글링 본드와 결합하여 계면의 결합을 줄여준다. 또한 비정질층으로 형성된 실리콘 질화막 내에 존재하고 있는 수소는 후공정인 소성공정의 짧지만 고온의 공정 동안 밖으로 방산(diffuse out)되거나 실리콘 계면 쪽으로 확산(diffuse in)되어 패시베이션한다. 그림 4.20에는 보여주지 않았지만, 질화막과 실리콘 계면에 매우 얇은 SiOx막도 존재하여서 계면 결합 밀도(Dit_interface defect density)를 줄여준다. 계면 사이의 결함밀도는 낮을수록 좋으며 실리콘 질화막의 경우 약 10^{11}~10^{12} $eV^{-1} \cdot cm^{-2}$ 정도의 값을 나타낼 때 아주 우수한 막질이라고 할 수 있다. 1990년대에 수많은 연구가 SiNx 박막의 굴절률과 두께 등을 조절하여 우수한 패시베이션과 반사방지막으로써의 역할을 한다는 것이 밝혀졌다. SiON 박막의 조성 형태로도 사용하기도 한다.

5.2 실리콘 산화막(SiO₂)

실리콘 산화막(SiO₂)은 계면 결합밀도를 $\sim 10^9\,eV^{-1}\cdot cm^{-2}$ 수준의 가장 낮은 값을 나타내는데, 이는 100개의 실리콘 원자당 하나의 표면 결함 상태만이 존재하는 것으로 매우 우수한 패시베이션 특성을 보여준다. 실리콘 산화막은 실리콘 기판에 절연막 형성 시에 매우 유용하게 사용할 수 있으며, 다양한 방법에 의해 형성될 수 있다. 가장 일반적인 방법은 열산화법에 의해 열처리로에서 산소 분위기에서 형성하는 방법이다. 실리콘 산화막은 'alnealed SiO₂'라는 공정을 통해 전계 효과와 화학적 패시베이션 효과에 의한 것으로 밝혀졌다. 이 alneal 공정은 열산화막에 약 0.1~1 μm의 알루미늄을 열증착법(thermal evaporation)으로 증착한 후에, forming 가스(< 5% H₂) 분위기에서 400~450℃의 후열처리(Post-metallization anneal, PMA)를 하는 것을 말한다. 이러한 공정을 forming gas anneal(FGA) 또는 PMA라고 하며, 주 효과는 수소화(hydrogenation)이다.

고품질의 산화막을 형성하기 위해서는 800℃가 넘는 고온 열공정이 필요하여 도핑 프로파일이 변화할 수 있고 실리콘 기판을 소모하기 때문에 이에 대한 주의가 요구된다. 고온 열공정 산화막은 수증기를 퍼니스에 공급하여 산화막을 성장하는 'wet' 방식과 산소 가스를 이용하여 성장하는 'dry' 방식이 있다. 산화막 성장 속도는 wet 방식이 dry 방식보다 더 빠르다. 고온 열산화성장법은 태양광 산업에 비싼 공정이며, p형 실리콘의 패시베이션 특성의 불전안정성(instability) 문제가 존재한다. 즉, 고온 열산화막은 응력, UV영역, damp-heat 테스트(85% 상대습도 85℃ 조건)에서의 패시베이션 열화를 나타낸다. 이를 해결하기 위해 700~800℃에서 열산화 공정을 진행하거나 저온 산화막 공정들이 개발되고 있으며, PECVD를 이용한 SiOx : H막이 대표적이다. 열산화막과 함께 SiO₂/SiOx 적층 사용하거나 PECVD SiNx층과 SiO₂/SiNx 적층으로 이중층으로 적용되고 있다. 저온 산화막으로 태양전지에 많이 이용되는 방법으로 화학적 산화법(chemical oxidation)이 있다. 화학적 산화법은 200℃ 이하에서 매우 얇은 산화막을 형성시킬 수 있는 방법으로써, 주로 n형 기판의 패시베이션과 전자 터널링(tunneling)을 통한 전자 선택 접합(electron selective contact)으로 적용되고 있으며 TOPCon(tunnel oxide passivated contact) 태양전지 공정에 활용되기도 한다. 화학적 산화법은 주로 오염을 제거하는 세정에 사용되던 것으로, 과산화수소

(H₂O₂), 황산(H₂SO₄), 질산(HNO₃) 등의 산화제 용액을 이용하여 200℃ 이하의 저온에서 실리콘 웨이퍼를 담그어 반응을 시키게 된다. 저온 성장된 화학적 산화막은 계면 결합 밀도가 ~10^{12} eV^{-1}·cm^{-2} 수준으로 낮아서 capping layer를 적층한 후에 후열처리를 진행해야만 좋은 특성을 나타낼 수 있다. 적층은 주로 PECVD SiNx를 증착하여 사용한다. 마지막으로 저온 산화막은 원자층 증착법(ALD), UV, 오존(O₃)을 사용하여 진행하기도 한다.

실리콘 산화막은 그림 4.21에서처럼 실리콘 기판과 산화막 사이에 조성적으로니 구조적으로 다른 계면층이 존재하게 되고, 이 SiOx 계면층에 의한 결함들을 제어해야 좋은 특성을 얻을 수 있다.

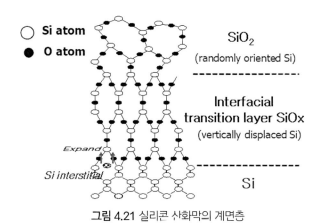

그림 4.21 실리콘 사화막의 계면층

5.3 알루미나(Al₂O₃)

저온에서 간편하게 증착할 수 있는 원자층 증착법(atomic layer deposition, ALD)이 반도체 기술로부터 태양전지 기술에 응용되어 2000년대 중반에 알려졌다. 원자층 증착법의 원리를 그림 4.22에 간단하게 정리하였다. 반응기체 소스를 동시에 주입하여 반응하는 화학기상반응법(CVD)과는 달리, 원자층 증착법은 반응 기체를 따로 하나씩 주입하고 빼내면서 표면의 화학 반응을 이용하는 박막 증착법이다. 따라서 표면의 모양을 따라서 균일하게 증착하도록 좋은 단차피복성(step coverage)을 보유하고 있다. 이런 증착법은 저온에서 반응하며 균일하게 층을 증착할 수 있는 장점이 있지만, 그림 4.22에서처럼 A소스

주입과 퍼지, B소스 주입과 퍼지로 구성된 한 주기(cycle)가 한 층을 형성하는 시간으로써 박막의 두께를 증착하기 위해서는 많은 시간이 걸린다.

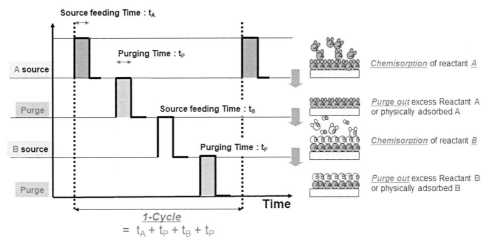

그림 4.22 원자층 증착법 원리

반도체용과는 달리 태양전지용 원자층 증착법은 낮은 생산성(throughput)을 개선하여서, 5 nm Al_2O_3 박막 두께 기준으로 시간당 5,000장 이상을 생산할 수 있는 장비들이 개발되었다. 실리콘 표면 패시베이션으로 주로 Al_2O_3 박막이 5~20 nm 두께로 증착하여 사용되고 있으며, 증착온도는 150~300℃ 정도이다. 알루미늄 소스는 주로 TMAl(Trimethylalluminum)로 사용하고, 산화제는 물 또는 활성화된 산소를 사용한다. 이때 산화를 플라즈마를 사용하게 되면서 플라즈마 원자층 증착법(PEALD)이 된다. 일반적으로 TMAl으로 얻어진 Al_2O_3 박막은 한 주기당 약 0.1 nm대이다. 물과 오존을 이용한 Al_2O_3 박막의 반응식은 다음과 같다.

$$2Al(CH_3)_3 + 3H_2O \rightarrow Al_2O_3 + 6CH_4$$

$$2Al(CH_3)_3 + O_3 \rightarrow Al_2O_3 + 3C_2H_6$$

TMAl 소스를 사용하여 PECVD에서도 증착할 수 있으며, 온도는 원자층 증착법보다 높은 300~400℃ 정도에서 증착하고 Ar, N_2O 가스를 이용하여 플라즈마를 형성하여 30 nm

정도로 증착하여 사용한다. Al_2O_3 박막들의 굴절률은 조성비에 달라지지만 약 1.6 전후를 나타낸다. ALD나 PECVD로 증착된 Al_2O_3 박막은 증착 상태에서 낮은 패시베이션 특성을 나타내어 전하수명은 수십 μs 정도의 특성을 나타내며, 활성화 열처리를 350~450℃에서 진행하면 수백 μs 이상의 전하수명을 나타낸다. 그림 4.23은 태양전지용 웨이퍼에 20 nm Al_2O_3박막을 300℃에서 원자층 증착법으로 증착한 시료와 이 시료를 450℃ 열처리 진행에 따른 microwave-PCD(Photo Conductivity Decay) 전하수명 맵핑(mapping)을 보여준다. 요오드에 의한 화학적 패시베이션보다 더 높은 패시베이션 효과를 얻을 수 있는데, 이는 앞에서 설명한 전계 효과로 설명할 수 있다. 박막에 다량($-1×10^{13}/cm^2$ 수준)의 음전하(negative fixed charge)가 존재하게 되어서, 같은 전하인 음전하 전자를 밀어내고 양전하인 정공을 끌어당기게 되어 재결합을 낮출 수 있다. 또한 그림 4.24에서와 같이 BSF효과도 나타내며, 열처리 후에는 계면의 재구성으로 인한 계면 결합 밀도 감소가 $\sim1×10^{11}\,eV^{-1}\cdot cm^{-2}$

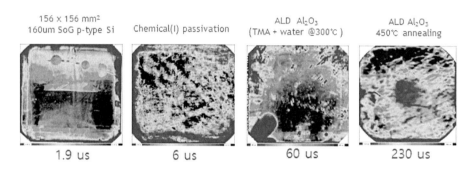

156 x 156 mm²   Chemical(I) passivation   ALD Al_2O_3 ALD Al_2O_3
160um SoG p-type Si   (TMA + water @300℃)   450℃ annealing

1.9 us   6 us   60 us   230 us

그림 4.23 원자층 증착법에 의한 Al_2O_3 박막의 전하수명 측정을 통한 패시베이션 특성 향상

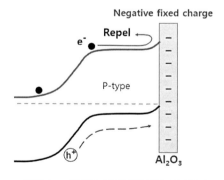

Negative fixed charge

Repel

e^-

P-type

h^+

Al_2O_3

그림 4.24 원자층 증착법에 의한 전계효과

까지 낮아지면서 패시베이션 효과가 우수하다.

그림 4.25처럼, 원자층 증착법은 표면 반응으로 피라미드 모양을 따라 균일하게 증착되어 우수한 패시베이션 효과를 더한다. 열에 의한 원자층 증착법(Thermal ALD)은 표면 처리가 매우 중요하게 되며, 표면 세정과 처리에 따라 패시베이션 특성이 달라진다. 또한 Al_2O_3 박막 증착 후에 후속 공정인 SiON 또는 SiN_x 박막의 적층 증착 방식과 소성에 따른 열처리 공정에도 영향을 받는다.

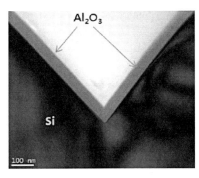

그림 4.25 실리콘 피라미드 구조에서의 원자층 증착법에 의한 균일한 Al_2O_3 박막 증착

5.4 비정질 실리콘(a-Si : H)

1975년 Brodsky에 의해 비정질 실리콘의 전류이동기구, 밴드오프셋이 연구되었다. 그 후, 플라즈마 공정에 의한 실리콘 표면 손상과 수소화된 실리콘의 패시베이션을 관찰하였고, in-situ transient microwave conductance(TRMC) 측정으로 수소화된 비정질 실리콘이 실리콘 산화막만큼 표면 패시베이션에 효과적이라는 것을 알게 되었다. 산업적으로는 PECVD 방법을 이용한 수소화된 비정질 실리콘(a-Si : H) 박막에 의한 표면 패시베이션 방법을 사용하고 있다. 얇은 산화막(SiO_2) 또는 질화막(SiN_x)과 같은 고 밴드갭 물질은 장벽 전위를 야기하고, 이어서 캐리어 수송을 차단하여 전류-전압(I-V) 특성에서 곡선 S 자형을 만든다. 따라서 intrinsic a-Si : H에 의한 패시베이션이 충분하고 밴드 오프셋이 적당하다면, 광생성 전하 캐리어가 분리되어서 표면 재결합을 낮추고 개방전압 특성이 높아진다. 수소화된 비정질 실리콘층은 주로 이종접합 태양전지에서 표면 패시베이션 역

할을 한다. 비정질 실리콘은 abrupt interface가 형성되면, 전도대와 가전자대 가장자리 (edge) 모두에서 sharp energy step을 가지게 되어 전하가 비정질 실리콘 벌크에서 trap되는 것을 방지한다. 수소화된 비정질 실리콘(a-Si : H)의 패시베이션은 수소가 실리콘의 댕글링 본드에 결합하여 계면을 포함한 결합들을 줄여주며, p-i-n구조의 전계효과에 의하여 한쪽의 전하를 줄임(전하 선택)으로써 달성된다. 최적의 표면 패시베이션 특성 확보를 위해서는 PECVD에서 최적화 된 수소 희석(H_2/SiH_4 비율)이 필요하다. 수소 희석의 한세 아래에서 a-Si : H(i) 박막은 성장 중에 실리콘의 댕글링 결합에의 불충분한 결함 패시베이션 특성으로 인해 더 많은 결함을 얻을 수 있으며, 이 값을 초과하면 재료가 에피탁시 (epitaxy) 성장을 나타내고 이는 이종접합 태양전지 특성에 바람직하지 못한 결과를 초래한다. 증착온도 또한 중요하며, 200℃ 이상에서는 에피탁시 성장이 나타난다. 우수한 패시베이션 효과를 얻기 위해서는 플라즈마 조건들을 잘 조절하여서 SiH_3의 라디칼을 형성하는 것이 중요하다고 알려졌으며, 720 mV 이상의 높은 Voc를 달성할 수 있다. 5장 2절에 수소화된 비정질 실리콘을 이용한 이종접합 태양전지에서 좀 더 자세하게 기술하였다.

패시베이션의 특성은 주로 전하수명, implied Voc와 함께 재결합 전류 밀도 매개변수 J_o (단위: fA/cm^2 또는 포화전류밀도(saturation current density))로 평가한다. J_o는 에미터의 벌크 내부와 표면에서의 재결합 모두를 포함한다. 에미터 포화전류밀도 J_{oe}는 고농도 도핑된 표면 상태의 재결합 특성에 일반석으로 사용한다. 포화전류밀도 J_o는 에미터에서 SRH와 오제 재결합이 무시할 수 있을 때 J_{oe}와 직접 관련 있으며, 전계효과 패시베이션이 중요할 때 에미터가 없는 시편에서 패시베이션 특성을 잘 나타낼 수 있다.

6. 반사방지막

태양전지에 사용되는 반사방지막은 광학장비의 카메라 렌즈와 유사한 역할을 한다. 얇은 유전체 막으로 태양전지 웨이퍼에 증착하는 방법으로 형성하며 이 물질은 선택된 일정 두께와 굴절률의 차이를 이용하여 표면에서 입사광의 반사 또는 흡수가 없이 더욱 많은 태양광이 입사되도록 한다. 입사광의 반사는 상층과 하층에서 반사된 빛이 서로 상쇄간섭(destructive interference)을 일으키도록 하여 태양전지의 표면에서의 빛 반사를 줄여야 한다. 그림 4.26에서와 같이 빛이 서로 상쇄되어 실리콘 기판으로 투과되기 위해서는 180°의 위상 변화가 발생하거나 경로차가 파장의 절반이 되는 조건이 되어야 한다. 상쇄 간섭은 반사방지막의 두께와 굴절률 값에 따라 제한적으로 정해진다. 따라서 상쇄 간섭을 위해 반사방지막의 두께는 유전체 재료의 파장에서 들어오는 파장이 1/4이 되도록 선택한다. 굴절률 n_1과 코팅된 필름으로 들어오는 빛의 모든 파장 중 태양광 에너지가 가장 큰 파장을 λ_0 그리고 두께를 d_1이라 가정한 물질 내에 1/4의 파장이 투과된다고 가정하면 최소 반사에 대한 계산은 다음과 같이 할 수 있다.

$$d_1 = \frac{\lambda_0}{4n_1}$$

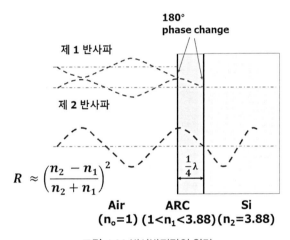

그림 4.26 반사방지막의 원리

반사방지막의 굴절률을 조정하여 표면의 반사도를 최소화하기 위한 기하학적 의미로써 공기, 반사방지막 그리고 반도체를 표현한다면 다음과 같다.

$$n_1 = \sqrt{n_0 n_2}$$

여기서 n_0은 물질을 둘러싸고 있는 굴절률, n_1은 반사방지막의 최적 굴절률 그리고 n_2는 반도체 물질의 굴절률이다. 그림 4.26에서의 표면반사율(R)을 최소로 만드는 반사 방지막의 굴절률 n_1과 두께 d_1이 된다. 이론적으로 반사율을 0으로 만들 수 있지만 태양 광은 스펙트럼을 가지기 때문에 하나의 파장인 600 nm 근처에서 반사율이 최소가 되도 록 선택한다. 실제로 반사방지막을 제작할 경우 이론적인 두께와 굴절률을 최적화하는 선행공정이 수행되어야만 최적의 반사방지막을 얻을 수 있다. 또한 SiNx : H 또는 SiO₂ 같은 경우 필름의 색상으로도 간단히 두께를 파악할 수 있다. 실리콘 태양전지에서의 SiNx : H 반사방지막은 2~2.1 정도의 굴절률과 80~90 nm 두께를 사용하며, 이때 검푸른 색을 띤다. 반사방지막의 두께와 굴절률을 측정하는 방법에는 편광에 반사가 되어 나타 나는 엘립소미터(ellipsometer)를 사용하여 측정하는 방법이 널리 사용된다.

이상적인 반사방지막은 입사되는 빛의 손실을 최소화해야 할 뿐만 아니라 동시에 실 리콘의 표면을 패시베이션하여 광에 의해 생성된 전하의 수명을 길게 하여 태양전지 효 율 향상에 기여해야 한다. 상업용으로 사용되는 반사방지막으로는, PECVD장비를 이용 하여 낮은 온도(250~450℃)에서 형성되는 수소화된 질화막(SiNx : H)이 많이 사용되고 있다. 그림 4.27은 SiNx : H를 증착하는 장비의 외부 및 내부 모습이다. 반사방지막 증착 시 두께가 균일하지 못하면, 태양전지 효율의 저하가 나타나기 때문에 균일도는 3% 이내 를 요구하며, 상부 진극(cathode)과 기판(anode) 간의 거리, 그리고 공정 압력이 중요하다. 플라즈마를 이용하여 형성된 수소화된 질화막은 결정질 실리콘 태양전지에 사용되는 표 면과 벌크 패시베이션 및 반사방지막으로서의 역할을 동시에 수행한다. 초기 태양전지 의 표면 코팅필름은 열산화막(thermal SiO₂) 또는 CVD 장비를 이용한 티타늄 산화막 (TiOx)로 형성하였다. 이 물질들은 수소를 포함하고 있지 않기 때문에 벌크 패시베이션 효과를 기대할 수 없었다. 실리콘 산화막은 너무 낮은 굴절률을 가지므로 반사방지막의 기능으로서 사용될 수 없었고, 공정온도가 매우 높았으므로 낮은 생산량(throughput)과 열 적안정성(thermal stability)의 문제가 나타내었다. 반면, 티타늄 산화막은 전기적인 표면 패 시베이션의 기능을 하지 못한다. 수소화된 질화막의 화학적(chemical), 기계적(mechanical), 전기적(electrical) 그리고 광학적(optical) 특성들은 필름의 공정변수 및 진행방법에 크게 의존된다. 표 4.3에는 반사방지막에 사용되는 재료들과 굴절률을 표시하였다.

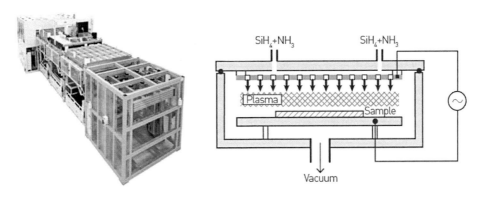

그림 4.27 PECVD 설비의 외부 및 내부 모습

표 4.3 반사방지막의 재료들과 굴절률

재료	굴절률(R.I)	재료	굴절률(R.I)
Si_3N_4	~1.9	TiO_2	~2.30
SiNx	2~2.30	Ta_2O_5	2.1~2.3
SiO_2	~1.46	ZnS	~2.33
SiON	~1.78	CeO	~1.95
Al_2O_3	1.6~1.8	CeO_2	~2.40
MgF_2	~1.38	MgO	~1.74

SiNx : H를 증착하는 장비는 플라즈마 화학기상증착장치(PECVD)로 감압상태의 분위기에서 글로우 방전을 이용하여 고에너지의 전자를 반응가스(SiH_4, NH_3)와 충돌시켜 해리시키고 그 과정에서 생산되는 반응기(radical)나 이온을 통해 원료를 기판에 증착하는 방식이다. 이렇게 PECVD장비를 이용한 증착법은 낮은 온도(< 400°C)에서 빠르게 대량 증착을 할 수 있다는 장점이 있다. 일반적으로 실리콘 질화막증착은 실란(SiH_4)과 암모니아(NH_3)의 두 전구체(precursor) 가스를 사용한다. 시스템의 디자인, 플라즈마 특성, 박막 물성의 최적조건을 위하여 불활성(inert) 가스인 질소(N_2)나 아르곤(Ar) 가스를 사용한다. PECVD SiNx막은 두 전구체 가스의 비율을 조절하여 박막의 조성을 조절할 수 있다.

Si-rich 박막은 비정질 실리콘과 유사한 수소의 화학적 패시베이션 효과를 나타낸다. 박막 내 수소의 함량은 기판 증착온도, 플라즈마 파워, N_2/NH_3 가스 비율에 영향을 받는다. 증착온도가 높아지거나 암모니아(NH_3) 가스 비율이 낮아지면서 박막 내의 수소 함량이 감소된다. 상대적으로 질소 함량이 높은 N-rich박막은 Si-rich 박막보다 조밀(dense)하고 열적 안정성이 좋다. N-rich 박막은 굴절률은 대략 2이고, 하나의 실리콘과 세 개의 질소가 결합한 댕글링 본드($-Si\equiv N_3$) 형성에 의해서 화학적 패시베이션 효과는 감소되고 전계 효과가 증대된다. 이 댕글링 본드는 'K-center'로 알려져 있으며 양쪽성 성격(amphoteric nature)을 나타낸다. 즉, 페르미 준위에 의존하여 전하 상태(charge state)가 음성, 중성, 양성으로 변할 수 있다. 태양전지에 사용되는 PECVD SiNx의 일반적으로 K-center는 양전하 상태를 나타낸다. 그림 4.28에 PECVD로 증착된 SiNx : H 박막의 성분비와 굴절률의 관계를 나타내고 있다. 현재 상업용 태양전지는 SiNx막의 단독 사용보다는 SiOx(1 < x < 2), Al_2O_3, SiON막들과 다양하게 적층하여 사용되고 있다. 특히, SiON(oxynitride)막은 소성 공정에서의 안정성과 패시베이션도 좋고, 모듈에서의 PID(potential induced degradation) 특성도 우수한 것으로 알려져 사용이 증대되고 있다. 표면패시베이션과 반사방지막은 자외선에 대한 안정성과 고온의 전극 소성 공정 시의 영향성을 같이 고려해야 한다.

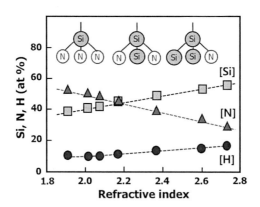

그림 4.28 마이크로웨이브 PECVD를 이용한 a-SiNx : H 박막의 굴절률과 성분 비율 관계(출처: G. Dingemans & W.M.M.Kessels, J.Vac.Sci.Techol.A30(2012))

7. 전극 형성

전면 전극은 낮은 비저항 전극 재료, 실리콘과의 낮은 접촉저항, 미세선폭의 고종횡비, 높은 접착력, 모듈 encapsulation공정에서의 호환성(compatibility)과 납땜성(solderability)이 요구된다. 저항, 가격, 활용도 측면에서 은(Ag)이 많이 사용되고, 구리(Cu)도 사용 가능하나 Si과의 반응문제와 전극 산화 문제 등을 고려해야 한다.

후면 전극은 p형 실리콘과의 오믹 접촉을 위해 알루미늄을 사용하고, Al-Si의 577°C인 낮은 공융점(eutectic point) 온도로 인하여 Al이 도핑된 실리콘이 형성되면서 p^+ 후면전계 (Back Surface Field, BSF)층을 형성한다. Al 후면 전계층 형성은 Al 전극이 충분한 두께로 인쇄되어야 하고, 너무 두꺼운 두께는 웨이퍼의 휨(bowing)이 발생한다. 후면의 Ag 전극은 Al이 미량 함유되어 있으며, 모듈 제조 시 리본이 부착되기 때문에 납땜의 부착력을 유지하는 것이 중요하다.

7.1 스크린 프린팅법

결정질 실리콘 태양전지의 전극 형성방법 중 가장 대표적인 스크린 프린팅(screen printing)법은 공정이 용이하고 빠른 속도로 전극을 형성할 수 있는 방법이다. 스크린 프린팅법은 스크린 프린터로 형성된 전면 전극을 최적화시킴으로써 태양전지가 받는 빛의 면적을 최대화할 수 있고, 기판과의 접촉저항을 최소화하여 직렬저항을 감소시킬 뿐만 아니라, FF를 낮춰서 태양전지의 변환효율을 증가시킬 수 있다. 스크린 프린팅은 패터닝 되어 있는 스크린을 이용하여 인쇄하고자 하는 금속 물질의 페이스트(paste)를 스퀴지 (squeegee)로 밀어내어 기판 위에 정확하게 토출시키는 인쇄 방식이다. 실크스크린 인쇄와 원리가 같다. 그림 4.29와 같은 일반적인 실리콘 태양전지의 전극형성을 위해서는 전면 전극과 후면 버스 바에 Ag 페이스트가 사용되고, 후면 전극에는 Al 페이스트가 사용되며 인쇄된 페이스트는 고온의 소성 공정을 거치게 된다. 따라서 태양전지 기판에 전극을 형성하기 위해서는 스크린 프린팅 시 페이스트, 스크린, 스퀴지 등으로 결정되는 인쇄 품질뿐만 아니라 소성 공정 시 열처리 온도나 시간 등이 매우 중요한 인자로 작용한다.

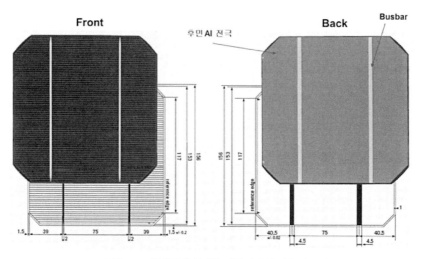

그림 4.29 일반적인 실리콘 태양전지의 전후면 모습

스크린 프린팅은 그림 4.30과 같이 충전, 토출, 판분리 과정으로 이루어진다. 스퀴지가 페이스트를 가압하여 밀면서 패터닝된 마스크에 페이스트가 채워지는 것을 충전이라 하고, 마스크에서 기판으로 페이스트가 옮겨가는 것을 토출, 그리고 스퀴지가 지나가면서 마스크가 기판으로부터 떨어지는 것을 판 분리라고 한다. 판 분리 후 시간에 따라 페이스트 점도에 의해 퍼짐이 발생하는 이것을 레벨링(leveling)이라고 한다. 태양전지의 전극은 충전과 판 분리가 얼마나 잘 이루어지느냐에 따라 그 품질이 결정되므로, 여러 공성 조건을 통해 스크린 인쇄 공정을 최적화해야 한다.

스크린 프린팅 공정을 조절하는 방법에는 스퀴지의 각도, 속도, 압력에 따라 공정 조절이 가능하다. 스퀴지로 페이스트를 가압하여 밀어낼 때 스퀴지를 스크린에 비스듬하게 세워서 하게 되는데, 스크린과 스퀴지의 각도에 따라 인쇄 공정이 달라진다. 각도가 작으면, 스퀴지가 페이스트를 가압하는 힘이 강해져 충전이 잘 이루어지는 반면, 스퀴지가 패터닝된 마스크 부분을 누르기도 전에 페이스트가 기판으로 토출되어 종횡비(aspect ratio)가 작아질 가능성이 크다. 스퀴지 각도가 크면, 페이스트를 누르는 힘이 약해져 충전이 잘 이루어지지 않는다. 스퀴지의 속도 또한 인쇄 공정에 영향을 끼친다. 스퀴지의 속도가 너무 빠르면 페이스트의 이동성이 강해져 충전이 저하되고, 속도가 느리면 페이스트에 가해지는 힘이 약해져 충전이 덜 될 뿐만 아니라 공정 속도가 감소하여 웨이퍼의 처리량이 떨어진다. 또한, 스퀴지의 압력에 따라서도 인쇄 공정 조절이 가능한데 압력이 커지면 인쇄가 원활하게 이루어지도록 적절한 속도 조절이 필요하다. 실제 공정에서는 이러한 특성 외에도 금속 페이스트의 특성이나 스크린의 재질, 메쉬 등 또한 인쇄 품질에 영향을 끼친다. 따라서 스크린 프린팅의 인쇄 품질을 향상시키기 위해서는 ① 스크린 패턴과 스크린 장력(tension)의 설정, ② 금속 페이스트 설계, ③ 기판, 스크린, 스퀴지, 페이스트의 물리적 특성 파악, ④ 인쇄기 조건 제어(압력, 속도) 등이 고려되어야 한다.

스크린 마스크는 탄성이 있는 메쉬(mesh)와 유제(emusion)로 구성되어 있으며, 유제의 패터닝으로 전극 형성 폭이 결정된다. 인쇄된 페이스트 두께는 유제 두께, snap-off 거리, 레벨링에 영향 받는다. snap-off 거리는 기판과 스크린 마스크 사이의 거리이다. 메쉬는 SUS와 같은 금속 와이어를 이용하며 각도들 조절하여 형성하면서 장력을 조절하여야 한다. 틱소트로피(thixotropy)라는 것은 힘을 가해주면 정지하는 것을 움직이는 것에 의해 응집과 분산, 겔과 졸을 반복하여 점도가 변화하는 것을 말한다. 이 틱소트로피성은 충전, 판분리, 레벨링에 영향을 준다. 속도, 시간, 압력, 온도 등에 있어서 특성이 변하게 되는데, 인쇄 시에 페이스트는 이러한 항목에서 변화가 발생하게 되고, 이는 페이스트의 특성에 변화를 유발하여 인쇄품질에 영향을 주게 된다.

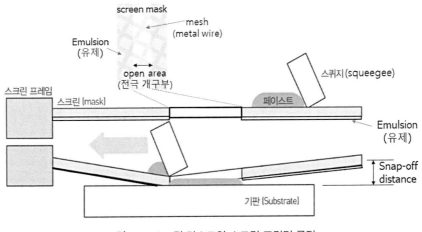

그림 4.30 스크린 마스크와 스크린 프린팅 공정

스크린 프린팅 공정에 사용되는 금속 분말이 섞인 페이스트는 주로 전도성 분말, 유리 분말(glass frit), 유기 비히클(vehicle), 첨가제(additives)로 구성된다. 전도성 분말은 도전성을 가지는 유기물이나 무기물로 금, 은, 팔라듐, 백금, 구리, 알루미늄, 주석, 니켈 등이 사용된다. 전면 전극 재료로는 Ag, 후면 전극 재료로 Al이 주로 사용되며 태양전지에서 생성되는 전자-정공을 수집하여 전류 흐름에 주된 역할을 한다. 페이스트에 함유된 전도성 Ag 분말은 수 μm 크기의 파우더 형태로 첨가를 하는데, 일반저으로 구형괴 플래이크(flake) 형태를 섞어서 사용한다. 이는 소성 공정 중에 소결도를 높여 전극의 저항을 줄이고, 기판과의 표면적을 증가시켜 접촉 저항을 줄이고자 하는 목적이 있다. 전도성 분말은 페이스트 함량 중 약 70~90 wt%를 차지하며 너무 함량이 적은 경우 직렬 저항 증가 및 FF 저하를 보이고 함량이 너무 많은 경우에는 페이스트화가 어려운 점이 있다. 유리 분말은 고온의 소성 공정 동안 페이스트를 유체화(fluid)하여 기판과 전극의 접착성(adhesion)을 높여주고 전도성 분말 간의 소결화에 도움을 주는 역할을 하며 균일한 유리 층의 형성을 위하여 금속 산화물과 실리콘 산화물의 혼합물로 만들어진다. 전면 전극과 후면 전극의 유리 분말의 역할은 확연히 차이가 난다. 후면 전극의 유리 분말은 앞서 언급하였듯이 기판과의 접착성 향상에 주된 목적이 있지만, 전면 전극의 유리 분말은 소성 공정 중 태양전지 전면부의 반사방지막을 식각하여 에미터 층과의 오믹 접촉을 형성하는 것에 주된 목적이 있다. 일반적으로 유리 분말(Glass frit)은 산화납(PbO), 산화비스무트(Bi_2O_3), 산화보론(B_2O_3)과 산화아연(ZnO) 등의 결정화 유리 분말과 비정질 실리콘산화물을 혼합하여 사용하고 페이스트 함량 중 약 10 wt% 내로 사용된다. 환경적인 이슈로 산화납을 제거한 유리 분말 조성을 사용하기도 한다. 유리 분말의 함량이 너무 적은 경우 반사방지막이 에칭되지 못하여 오믹 접촉을 형성에 어려움이 있고 함량이 너무 많은 경우 전극의 비저항을 높이거나 과다한 식각으로 션트(shunt)가 발생할 수 있으며 모듈 제조 중 리본과의 접착성 문제가 발생할 수 있다. 한편, 유기 비히클은 휘발성 용매와 비휘발성 고분자를 혼합한 물질로 페이스트에 액상 성질을 갖게 하여 스크린 프린팅을 용이하게 하는 물질로, 가장 중요한 특징은 페이스트의 유사소성(pseudoplastic) 거동이다. 이는 페이스트에 전단응력(shear stress)을 가했을 때 점도가 낮아지는 현상으로 페이스트의 인쇄성에 영향을 준다. 유사소성 거동이 제대로 형성되지 않으면 스퀴지에 의한 전단 응력이 페이스트의 점도를 낮추지 못하고 스크린의 개구부 영역에 페이스트가 통과되지 못하여 인쇄가 되지 않거나 스크린이 막히는 현상이 발생한다. 페이스트에 함유된 휘발성 용매는 주로 메틸 셀로솔브(methyl cellosolve), 에틸 셀로솔브(ethyl cellosolve), 터핀올(terpineol)과 에틸렌 글리콜(ethylene glycol) 등이 있고, 비휘발성 고분자는 에틸 셀룰로오스(ethyl cellulose)나 히드록시에틸 셀룰로오스(hydroxyethyl cellulose) 등이 사용된다. 휘발성 용매는 전체 페이스트 함량 중 약 20 wt% 이하이며, 함량이 매우 적은 경우 페이스트의 점도가 너무 높아지게 되어 인쇄 품질을 저하시키거나 기판과의 접착력을 떨어뜨린다. 반대로 함량이 매우 높은 경우 점도가 매우 낮아져 인쇄 후 퍼짐 현상으로 인해 원하는 선폭보다 넓은 선폭이 인쇄되어 입사 광량을 저하시키는 문제가 발생한다. 마지막으로 첨가제는 페이스트의 특성에 따라 매우 적은 양(~5 wt%)이 포함되며 재료에 따라 다양한 특성을 보인다. 주로 접촉저항을 향상시키거나 유동 및 공정 특성의 개선을 위해 첨가되며 전기적 특성을 저하시키는 범위 내의 양이 포함된다. 첨가제는 분산제, 점도 안정화제, 자외선 안정제, 산화방지제 등도 포함되며 Pb, Bi, Cu, Zn, Te 등의 금속이나 이들의 산화물 형태로 첨가된다.

실리콘 태양전지의 전면 전극은 일반적으로 은 파우더(Ag powder)가 혼합되어 있는 태양전지용 페이스트(paste)를 이용하여 스크린 프린팅에 의해 실리콘 기판의 전면에 형성된다. 전면 전극을 형성할 때의 인쇄조건, 열처리 온도와 시간을 고려해야 한다. 열처리 온도와 시간은 일반적으로 후면 알루미늄 후면전계층 형성의 소성조건에 따라 정해진다. 통상 태양전지 입사면적에 대한 전극의 태양광 방해면적은 5% 이내로 제어되어야만 하는 것으로 나타나있다. 스크린 프린트법에 의한 전면 전극 면적 비율은 약 4% 정도일 때가 최고 효율을 보이나 일반적인 상업용에서 태양전지 강도와 공정상의 문제로 6~8% 정도로 적용하여 생산하고 있다. 인쇄된 페이스트를 150~400℃ 온도에서 건조시켜 용매(solvent)를 제거하게 된다. 태양전지를 뒤집어서 후면 전극을 인쇄하고 건조시킨다. 후면 전극 버스 바(bus bar)도 인쇄하고 건조시킨다. 마지막으로 고온에서 페이스트에 남아 있는 유기성분들을 없애고, 금속 결정이 소결(sintering)되면서 실리콘과 전기 전도가 좋게 되도록 만든다. 이 과정을 소성(firing)공정이라 하고, 전면 전극과 후면 전극 형성이 같이 되어 co-firing이라고도 한다.

그림 4.31 선극 형성을 위한 스크린 프린트와 열처리 공정

페이스트의 열처리는 주로 벨트 퍼니스(belt furnace)에서 처리되며, 그림 4.32에 벨트 퍼니스의 태양전지 도입부와 열처리를 위한 heating zone을 보여준다. 열처리는 온도파일을 조절하기 위하여 여러 지역(zone)으로 나누어지고 단열 세라믹재료로 둘려 싸여 있으며 머플(muffle)과 가스 순환 배기 시스템이 구성된다. 금속전극이 태양전지면 위에 인쇄되어 소성되는 동안 웨이퍼 표면 혹은 웨이퍼 기판과 금속 전극간의 열팽창률이 달라 전극과 웨이퍼 접촉면에서의 구조의 뒤틀림 현상이 수반되기도 하므로 반드시 열처리 온도와 시간을 최적화해야 할 필요가 있다. 그림 4.32 오른쪽에는 소성 온도 프로파일의 예를 보여준다. 소성 공정은 일반적으로 네 가지 과정으로 구성되었다. 첫 번째 과정은 100~200℃ 영역에서 용매를 휘발시키고, 300~400℃에서는 페이스트에 함유된 유기물 (organic binder)들을 모두 태운다(burnout). 세 번째로 중요한 과정으로 700~800℃에서 소결되는 소성공정이 진행되어 Ag 전극이 실리콘과 접촉된다. 마지막 과정은 웨이퍼의 빠른 냉각 과정이다.

소성 공정은 최고치(peak) 온도로 급격하게 승온되어야 하고, 냉각도 빨리 진행되어야 정확한 전극 형성 위치에 형성된다. 벨트 퍼니스의 성능은 이 온도 조절에 달려 있다. 보통 최고치 온도의 반폭치(PWHM)가 2~3초 이내를 요구한다. 소성 과정이 짧으면(underfired) Ag와 실리콘 에미터와 접촉하지 못하여 전기를 통할 수 없게 되고, 소성 과정이 길게 되면(overfired) Ag의 침투가 에미터를 지나 베이스까지 접촉되어 션트(shunt)되어 태양전지 작동을 할 수 없다. 이 과정이 태양전지의 작동 유무를 가름하는 중요한 공정이다. 벨트 퍼니스 조건에 의해서 태양전지의 효율이 영향을 받는다. 벨트 퍼니스 내의 청정이

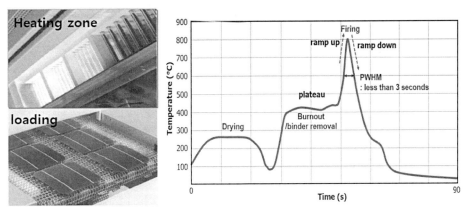

그림 4.32 벨트 퍼니스(좌)와 소성 온도 프로파일(우)

유지되어야 하는데, 탄소 잔류물(carbon residue)과 공기 유입에 의한 불순물과 니크롬 (nichrome) 벨트 접촉부에서 불순물들이 발생할 수 있다. 벨트 이동 스피드도 태양전지의 효율에 영향을 준다.

소성 과정을 온도별로 좀 더 설명하면, 400~600°C에서 유리 분말이 녹으며, Ag 금속 입자가 소결이 일어난다. 600~800°C 용해된 일부 Ag를 포함한 용융된 유리 성분들이 SiNx 반사방지막을 식각하여 실리콘과 반응한다. 이때 아주 얇은 실리콘 에미터층을 식 각하면서 반응을 한다. 이런 과정을 fire-through contact이라고 부른다. 용융된 유리에서의 은이 실리콘에 침전되고 그림 4.33과 같이 재결정화된다.

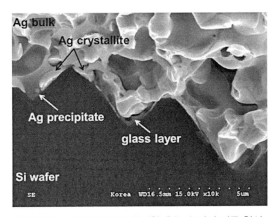

그림 4.33 스크린 프린팅에 의한 은(Ag) 전면 전극 형성

고온의 소성 공정 중 전면 전극이 형성되는 메커니즘은 명확하지는 않으나, 여러 모델로 제시되고 있다. 하나는 페이스트 내의 유리질 분말이 함유하고 있는 PbO나 Bi_2O_3가 실리콘(또는 $SiNx$)과 산화환원 반응을 통해 패시베이션층을 뚫고 들어가 전극이 형성되는 것이고, 다른 하나는 페이스트 내의 Ag 입자가 이온화되어 Ag 이온이 패시베이션층과 반응하여 전극이 형성되는 메커니즘이다. 최근에는 이 두 가지를 혼합하여 설명한다. 쟁점은 $SiNx$ 반사방지막의 식각 작용과 Ag 침전 과정이다. 용융된 유리질 분말의 PbO와 실리콘 질화막과 식 (4.1)의 산화환원 반응을 하는 것과 식 (4.2)의 유리질층 내에 용해되어 있는 Ag 이온이 소성 공정 중 실리콘 질화막과 반응이 일어나는 것이다.

$$2PbO_{(glass)} + SiNx_{(s)} \rightarrow 2Pb_{(l)} + 2SiO_{2(glass)} + \frac{x}{2} N_{2(g)} \tag{4.1}$$

$$2AgO_{(glass)} + SiNx_{(s)} \rightarrow 4Ag_{(glass)} + SiO_{2(glass)} + \frac{x}{2} N_{2(g)} \tag{4.2}$$

2016년 보고된 in-situ X-ray 연구에 의하면, 기존에 알려진 온도보다 높은 $500\sim650°C$에서 유리분말의 PbO가 $SiNx$ 반사방지막을 식각하고, $650°C$ 이상에서 Ag^+는 용융된 유리 분말에 용해되면서 에미터 표면에 Ag 나노결정이 침전되어 형성된다고 보고하였다. 즉, 먼저 식 (4.1)에 실리콘 질화막에 의해 식각되면서 식 (4.3)과 같이 PbO가 실리콘을 산화시킨다.

$$2PbO_{(glass)} + Si_{(s)} \rightarrow 2Pb_{(l)} + SiO_{2(glass)} \tag{4.3}$$

공기분위기에서 지속적으로 산소가 공급되면서 식 (4.4) 또는 식 (4.5)에 의해 PbO가 재생성된다. 이는 유리 분말에 적은 양의 PbO가 질화막을 식각할 수 있게 해주는 역할을 하게 된다. Pb는 Ag의 액상형을 통한 소결과 합금되는 것을 도와주게 된다.

$$Pb + \frac{1}{2}O_2 \rightarrow PbO \tag{4.4}$$

$$Ag_2O + Pb \rightarrow 2Ag + PbO \tag{4.5}$$

$$2Ag + \frac{1}{2}O_2 \rightarrow Ag_2O \tag{4.6}$$

650℃ 이상에서는 식 (4.6)에 의해 Ag가 용융된 유리분말에 용해되고 실리콘 에미터로 향하게 된다. 에미터 근처에서 Ag 이온이 식 (4.7)의 환원 반응에 의해 Ag로 침전되고, 이때 발생한 SiO_2는 용융된 유리분말에 함유된다.

$$2Ag_2O_{(glass)} + Si_{(s)} \rightarrow 4Ag_{(glass)} + SiO_{2(glass)} \tag{4.7}$$

마지막으로 온도를 냉각키면 용융 유리분말에서의 Ag의 용해도가 감소하여 나노 결정으로 침전된다고 설명한다(J.D.Fields et al., nature commination 7(2016)).

이때 후면에서도 같이 열처리 공정이 진행되어 Al이 Si과 반응한다. 약 660℃에서 Al이 녹으면서 실리콘과 혼합상 형성이 일어나고, 소성온도 근처에서는 Al과 실리콘 표면에 액상으로 형성되면서 실리콘의 농도가 Al안에서 12.6%의 공융(eutectic) 농도를 넘게 된다. 냉각되면서 공융 농도를 초과한 Si이 Al을 함유(고체용해도 $5 \times 10^{18}/cm^3$)하여 실리콘 표면에서 에피 성장과 같은 재결정화되어 p^+ 후면전계층이 형성된다고 알려졌다.

결정질 실리콘 태양전지는 전면에 Ag, 후면에 Al를 스크린 프린팅한 후 고온에서 소성과정을 거치면 그림 4.34에서 보는 바와 같이 웨이퍼의 휨(bow) 현상이 발생할 수 있다.

그림 4.34 실리콘 태양전지의 휨 현상

기판의 휨 현상은 고온에서 진행되는 소성 과정에서 알루미늄($\alpha = 23 \times 10^{-6}$ K^{-1})과 실리콘($\alpha = 7.6 \times 10^{-6}$ K^{-1})의 열팽창 계수의 차이로 인해 알루미늄이 실리콘보다 더 많은 팽창을 하기 때문에 발생한다. 고온 열처리 과정 중 알루미늄은 용융온도($\sim$577℃)에서 녹아 액체 상태로 존재하게 되어 stress에 영향을 주지 않아 bowing 현상에 영향을 주지 않는다. 하지만 그림 4.35에서 볼 수 있듯이 냉각 과정에서 발생되는 stress는 웨이퍼에 휨 현상을 일으킬 수 있다. 냉각 과정에서 알루미늄-실리콘 합금층은 열 수축단계를 거치며, 이 단계에서 Si-Al 합금영역은 탄성한계보다 더 큰 stress를 받아 실리콘 기판에 bowing 현상을 야기한다.

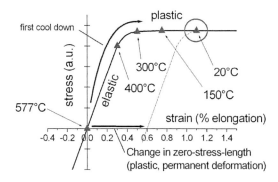

그림 4.35 고온 열처리 공정 중 냉각 과정에서 후면 AlSi층의 stress-strain 다이어그램

이러한 기판의 휨 현상은 기판의 두께가 박형화되면 중요해지기 때문에 휨현상의 개선이 필요하다. 휨 현상을 개선하기 위한 노력으로는 후면 알루미늄층의 두께 감소, 소성 후 AlSi층 제거, 소성 후 저온처리, 낮은 열팽창계수 물질 첨가 등이 있다. 식 (4.8)을 보면 후면 Al층의 두께(d_{Al})가 감소할수록 휨 정도(δ)도 감소하는 것을 알 수 있다. 하지만 후면 Al층의 감소는 후면 전계층의 감소를 유발하여 태양전지 변환효율을 저하시킬 수 있다.

$$\delta = \frac{\frac{3}{4}L^2(\alpha_{Al} - \alpha_{Si})(577℃ - 20℃)(d_{Al} + d_{Si})}{d_{Al}^2\left(4 + \frac{6d_{si}}{d_{Al}} + 4\left(R\frac{d_{si}}{d_{Al}}\right)^2 + \left(\frac{E_{Si}}{E_{Al}}\right)\left(\frac{d_{Si}}{d_{Al}}\right)^3 + \frac{E_{Al}}{E_{Si}}\frac{t_{Al}}{t_{Si}}\right)} \tag{4.8}$$

여기서, δ : bowing, L : 태양전지 길이, α_x : TCE 열팽창계수, d_x : 층두께, E_x : 탄성계수

전극 형성 시에는 에미터 저항에 맞는 전극 페이스트를 선택하여 접촉저항을 고려해야 한다. 고효율을 위하여 에미터 면 저항은 높아지고 있어, 실리콘에 도핑양이 적어지고 있다. 그 결과 그림 4.36에서 보는 것처럼 공핍층을 증가시켜서, 전자의 터널링이 감소하고 접촉저항을 증가시키게 된다. 이러한 기술과 미세선폭화로 인하여 페이스트 성분 중에 금속 입자인 Ag 함량이 90% 이상으로 높아지게 되었고, 스크린 메쉬를 통해 인쇄된 선저항(line resistivity)과 인쇄 균일도가 중요해졌다.

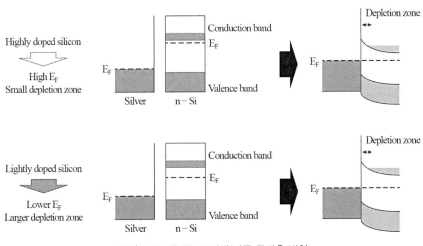

그림 4.36 실리콘 도핑에 따른 공핍층 변화

7.2 도금법

태양전지의 저항 성분은 직렬저항과 병렬저항으로 나눌 수 있는데, 직렬저항은 전면 전극에서부터 후면 전극 사이의 수직 저항 성분을 나타내며, 병렬저항은 이상적인 경우 큰 값을 가져야 하지만 태양전지 제조 공정에 따라서는 일정한 저항으로 표시되는 누설저항을 나타낸다. 이는 태양전지의 측면 테두리를 따라 형성되는 결정결함(defect)이나 전위차 등의 미세한 누설 원인들에 의해 나타난다. 따라서 이러한 저항성분 중 태양전지에서 가장 큰 비중을 차지하는 것은 전면 전극으로 인한 직렬저항이라고 할 수 있다.

스크린 프린팅법의 전면 전극을 개선하기 위한 연구는 도금, 잉크젯 프린팅, 매립형

구조, 선택적 에미터(emitter)층을 이용한 방법 등으로 이루어지고 있다. 그중에서도 도금은 순수한 금속을 이용하기 때문에 태양전지의 직렬저항을 낮출 수 있다는 장점을 가지고 있다. 기존의 스크린 프린팅의 경우, 사용되는 금속 페이스트가 소성을 거쳐 기판과 저항성 접촉(ohmic contact)을 형성하게 되는데, 이 과정에서 페이스트의 성분들이 burn-out 된 후, 재결정 과정에서 다공성(porous) 구조가 생성되고 이는 태양전지의 직렬저항을 증가시켜 태양전지의 변환 효율을 저하시키는 원인이 된다. 반면, 도금을 이용하여 형성된 전극은 스크린 프린팅과 비교하여 훨씬 치밀한 구조를 가져 직렬저항을 낮추고 전기적 손실을 줄일 수 있다.

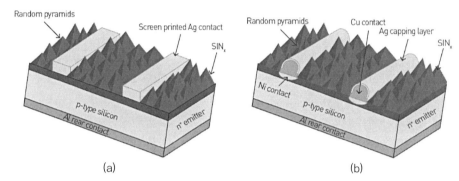

그림 4.37 (a) 스크린 프린팅된 Ag 페이스트와 (b) Ni/Cu/Ag가 도금된 전극을 가지는 태양전지의 구조

표 4.4 스크린 프린팅과 도금 공정 비교

전극 형성 방법	장점	단점
스크린 프린팅	• 간단한 공정 • 빠른 공정 속도 • 대량생산 가능	• 고비용 • 상대적으로 낮은 효율 • 높은 접촉 저항 • 낮은 종횡비(low aspect ratio)
도금	• 저비용 • 높은 종횡비(shading loss 감소) • 낮은 접촉 저항 • 상대적으로 높은 효율	• 전극의 접착력 문제 • 전극 이외 부분에서의 도금(Back ground plating) 공정 추가

그중에서도 Ni/Cu 도금법은 태양전지 시장에서 상용화 가능성이 높고 가장 각광받고 있는 기술로서, 기본적인 공정은 두 단계로 나누어지는데 (i) Ni 씨드층(seed layer)의 형성

과 (ii) Ni 씨드층 위에서의 Cu 형성 과정이다. Ni/Cu로 이루어진 전극은 스크린 프린팅으로 형성된 전극에 비해 FF와 효율이 높다는 장점을 가진다. 특히, Cu는 스크린 프린팅에 사용되는 Ag 페이스트와 전도도는 비슷하면서 단가가 훨씬 저렴할 뿐만 아니라, Ni/Cu 전극은 Ag 전극과 비교하여 2.5배 이상 높은 전도도와 낮은 접촉 저항을 가진다. 도금의 기본적인 원리는 양극(anode)에서 금속이 산화되고 음극(cathode)에서 금속이 환원되면서 석출(도금)되는 것으로, 도금 기술에는 진공도금, 용융도금, 전착 도금 등 여러 가지가 있다. 이러한 도금 기술 중 태양전지에 사용되는 도금 기술은 무전해 도금(electroless plating)과 전해 도금(electro plating)이며, 무전해 도금 시 도금 속도를 증가시키기 위해 그림 4.38과 같은 광유도 도금(Light-induced plating, LIP)법이 사용된다. 이러한 도금 기술은 n형으로 도핑된 물질 위에 균일한 두께의 금속을 증착하기 위해 사용되었다.

전해 도금은 양극과 음극을 나누어 전기를 지속적으로 공급함으로써 도금이 되는 방법이다. 이 방법은 무전해 도금에 비해 용액관리가 쉽고 속도가 빠르다는 장점을 가지고 있으나, 지속적인 전기의 공급과 피도금체의 특성 및 모양에 따라 도금의 두께가 다르다는 단점이 있다.

반면, 무전해 도금은 도금용액 속의 환원제에 의하여 금속 이온이 환원되면서 석출(도금)되는 방법으로 태양전지에서는 광기전력 효과에 의해 생성된 전하를 이용하여 도금용액 속의 금속 이온이 환원되면서 도금이 된다. 이러한 원리로 인해 전해 도금과는 달리 태양전지와의 전기적 접촉 방식 없이도 전극을 형성시킬 수 있으며 도금의 두께가 일정하다는 장점이 있다. 그러나 증착속도가 낮고 화학제품의 소비가 높아 적절한 pH와 온도의 조절이 필요하다.

Cu를 기본으로 하는 전극은 전기저항이 낮다는 장점을 가지고 있는 반면, Cu 원자가 실리콘 기판의 실리콘 산화막까지 침투하여 불순물 역할을 함으로써 전기적 특성을 방해할 수 있다. 따라서 Cu가 실리콘 기판에 침투하는 것을 막기 위해서는 확산 방지막(diffusion barrier) 역할을 하는 물질이 필요한데, Ni 씨드층이 Cu와 실리콘 사이의 확산 방지막 역할뿐만 아니라 계면의 접착력을 향상시킨다. 무전해 도금법 중에서도 Ni 무전해 도금은 도금 용액 내의 산화·환원 반응을 이용하여 Cu 전극을 도금하기 전에 씨드층

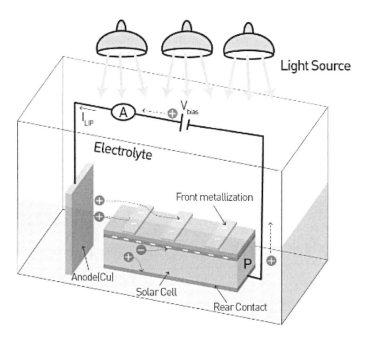

그림 4.38 Cu 도금을 기본으로 한 광유도 도금(light induced plating, LIP)

을 형성하는 공정이다. 이때 도금 수용액은 금속염 및 환원제를 주성분으로 하며 착화제 및 pH 조절제 등이 혼합되어 있는데, 주성분으로는 염화니켈(Nickel Chloride, $NaCl_2 \cdot 6H_2O$), 환원제로는 치아인산나트륨(Sodium hypophosphite, $NaH_2PO_2 \cdot H_2O$), pH 조절을 위해 수산화암모늄(Ammonium hydroxide, NH_4OH)을 사용한다. 화학 반응은 2단계로 이루어지며 최종 반응식은 아래와 같다.

$$H_2PO_2^- + H_2O \rightarrow HPO_3^{2-} + 2H^+ + H^-$$

$$\underline{2H^- + Ni^{2+} \rightarrow Ni + H_2}$$

$$2H_2PO_2^- + 2H_2O + Ni^{2+} \rightarrow Ni + H_2 + 4H^+ + 2HPO_3^{2-}$$

도금 용액의 pH 조절 시 부분적인 과잉석출을 막기 위해서는 암모니아와 Ni 도금액의 혼합이 잘 되도록 해야 한다. 또한 공정 중 H_2 기포가 발생하게 되는데 이는 실리콘 기판에 Ni이 증착되는 것을 방해하여 부착력을 감소시키는 원인이 되므로 적절한 교반(stirring)

이 필요하다. Ni 무전해 도금에서 환원제 내의 인(phosphorous)의 함량은 도금된 Ni의 화학적·물리적 특성에 많은 영향을 준다. 비저항, 경도, 내식성, 저항 등의 특성을 조절하기 위해서는 인 함량 조절이 중요한데, 이때 인의 함량은 환원제의 농도가 증가함에 따라 그리고 pH가 감소함에 따라 증가한다.

무전해 도금 전극 형성 시 Ni은 구리가 실리콘 내부로 확산되는 것을 막아주고, 실리콘 기판과 구리 사이에서 부착력을 증가시킨다. 또한, 열처리를 통하여 NiSi(nickel silicide)를 형성하여 접촉저항을 감소시키는 역할을 한다. NiSi는 후 열처리 온도에 따라 $Ni_2Si(200\sim300℃)$, $NiSi(300\sim700℃)$, $NiSi_2(700\sim900℃)$의 세 가지 상으로 나타난다. 이 중에 NiSi상이 $14\ \mu\Omega\cdot cm$로 가장 좋은 비저항을 가진다.

Ni은 고효율 태양전지에 사용되는 티타늄(Ti, $13\sim16\ \mu\Omega\cdot cm$)이나 코발트(Co, $16\sim18\ \mu\Omega\cdot cm$)보다 우수한 전도성을 가지며, 보다 낮은 온도에서의 공정과 막의 스트레스가 적다는 장점을 가지고 있다. 또한, 그림 4.39에서처럼 Ni은 열처리 공정 시 실리콘을 소비하면서 실리콘 안으로 파고드는 성질을 가지고 있는데, 도금의 경우 열처리 과정에서 소모되는 실리콘의 양이 적어 저도핑 영역(shallow emitter)에도 적용이 가능하다. 그러나 잘못된 열처리 공정은 Ni이 pn접합 부분으로 확산되는 현상을 일으키며, 이는 Ni이 태양전지 내부에서 결함으로 작용하고 재결합속도를 증가시켜 개방전압을 낮추고 효율을 감소시키는 원인이 되므로 에미터 층의 깊이를 고려하여 열처리 공정을 진행해야 한다. 또한, 반사방지막의 핀 홀(pin-hole) 부분이나 손상이 있는 부분에 Ni이 도금되어 전극 이외의 부분에 도금이 되는 Ghost plating 현상이 발생하기도 한다. 이는 태양전지의 그림자 손실을

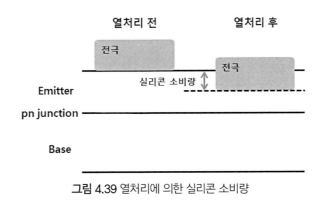

그림 4.39 열처리에 의한 실리콘 소비량

증가시키고, 쇼트키 접합(schottky contact)을 유도하여 태양전지 특성 저하의 원인이 되므로, 이러한 원인을 제거하기 위해서는 치밀(dense)한 반사방지막의 증착이 중요하다.

구리 전해 도금은 Ag와 비슷한 전도성과 훨씬 낮은 가격을 가져 전면 전극에 사용되는 Ag 페이스트를 대체하기에 적합하다. 또한, 도금으로 형성된 Cu 전극은 태양전지의 직렬저항을 낮추고, 충실률을 향상시켜 태양전지의 효율을 증가시킨다. Ag 페이스트를 이용한 스크린 프린팅으로 형성된 전면 전극의 단면은 그림 4.40의 왼쪽처럼 고온의 소성과정을 거치면 전극 내부가 다공성 구조를 갖게 된다. 이러한 다공성 구조는 태양전지의 직렬저항을 높이고, 충실률을 낮추어 고효율 태양전지를 제작하는데 좋지 않은 요소이다. 반면, 도금으로 형성된 Cu 도금은 다공성 구조를 거의 갖지 않으므로 직렬저항을 낮추고 충실률을 향상시켜 고효율 태양전지를 제작하는 데 적합하다.

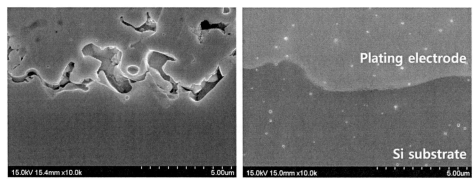

그림 4.40 스크린 프린팅으로 형성된 Ag 전극(좌)과 도금으로 형성된 Cu 전극(우)의 단면 SEM 이미지

구리 전해 도금은 도금 두께가 일정하지 않은 전해 도금의 단점을 보완하기 위해 광유도 도금법과 같이 진행된다. 이때, 생성된 전자·정공쌍 중 전자는 전면 전극으로 이동하여 Cu 이온이 환원되는 것을 도와주는데, 그림 4.41에서처럼 정공은 후면 전극으로 이동하여 알루미늄을 손상시키는 원인이 된다. 이를 보완하기 위해서는 Cu 전해 도금액 속의 Cu 금속(anode)에 양극전류를 흘려주어 Cu^{2+} 이온을 공급하고, 태양전지 후면(cathode)에 음극전류를 흘려주어 태양전지 후면 전극이 손상되는 것을 방지한다.

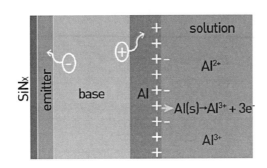

그림 4.41 후면 전극에서 정공(hole)의 이동

Cu 전해 도금액은 황산구리(Cupric sulfate, $CuSO_4 \cdot H_2O$)와 황산(Sulfuric acid, H_2SO_4)으로 이루어져 있다. 황산구리는 도금에 필요한 Cu^{2+} 이온을 공급하는 역할을 하며, 황산은 도금액의 전도도를 향상시킴으로써 낮은 전압에서도 충분한 전류밀도를 얻을 수 있게 하는 역할을 한다.

표 4.5는 Cu 도금이 진행되는 동안 음극, 양극 및 도금액에서의 화학반응식을 나타내는데, 이에 따르면 Cu는 전도성이 있는 표면에만 증착되어 반사방지막이 있는 부분에는 도금이 되지 않는다. 그러나 그림 4.42에서처럼 반사방지막의 증착 결과에 따라 Ghost plating이 발생할 수 있고, 이를 막지 못하면 태양전지 특성 저하에 원인이 되어 고효율 태양전지를 제작하는 데 적합하지 않다. 따라서 치밀한 반사방지막의 증착을 통해 Ghost plating 현상을 막는 것이 매우 중요하다. 마지막으로, Cu 도금 후 Cu의 산화 방지와 모듈 제작 시 리본과의 부착력을 위해 Sn 또는 Ag 도금을 진행하여야 한다.

표 4.5 Cu 도금 시 음극, 양극 및 도금액에서의 화학반응식

반응 위치	반응식
구리 금속(anode)	$Cu + 2e^+ \rightarrow Cu^{2+}$
도금액(solution)	$CuSO_4 \rightarrow Cu^{2+} + SO_4^{2-}$
	$H_2SO_4 \rightarrow 2H^+ + SO_4^{2-}$
태양전지(cathode)	$Cu^{2+} + 2e^- \rightarrow Cu$

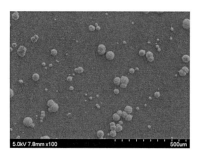

그림 4.42 Ghost plating이 발생한 표면의 SEM 이미지

전극 형성이 모두 완료되면 솔라 시뮬레이터(solar simulator)로 태양전지의 성능인 셀 효율을 측정하여 효율별로 태양전지를 분류한다. 그림 4.43에는 완성된 스크린 프린팅 실리콘 태양전지의 도식도와 명칭을 보여준다. 실리콘 태양전지는 얇은 직사각형 모양의 스트립(strip)이 태양전지의 앞면과 뒷면에 인쇄되어 금속 접촉이 있다. 이러한 금속 접촉은 버스 바라고 불리며, 핑거 그리드에서 생성된 전류를 버스 바에 전달한다. 버스 바는 모듈 제조 시 솔더링(납땜)되어 태양전지 간의 전극 연결을 하고 스트링 연결하여 하나의 셀 스트링의 전류를 수집한다.

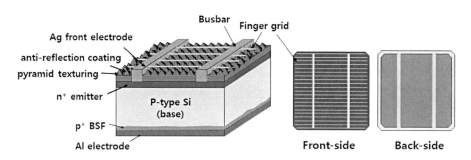

그림 4.43 스크린프린팅 실리콘 태양전지의 모습과 명칭

05

고효율 실리콘 태양전지

05 고효율 실리콘 태양전지

상업용 결정질 실리콘 태양전지는 주로 p형의 실리콘 기판에 전극이 스크린 프린트된 형태로 단결정 태양전지의 평균 효율은 19~20%, 다결정은 16~19%의 효율을 보이고 있다. 앞에서 언급한 바와 같이 실리콘 태양전지의 성능을 저하시키는 요소들이 있고, 이를 개선하여 효율 향상이 진행되면서 제조단가를 낮추고 있다. 대표적인 개선 기술 요소들은 광흡수, 광생성된 전류의 효과적인 수집, 광생성 전하의 재결합 손실 방지, 전극저항과 전극면적 감소이다. 처음으로 호주의 UNSW 대학(University of New South Wales)에서 PERL(Passivated Emitter Rear Localized) 구조로 소면적에서 24.7%의 변환효율을 기록하였다. 효율은 높으나 태양전지 복합한 구조와 많은 공정순서에 따른 장기간 공정시간이 생산을 어렵게 하였고, 고비용의 공정에 따른 저가화가 불가하였다. 효율 개선 요소들을 반영한 다양한 고효율 구조들이 개발되었다. PERL 구조의 재결합 손실 방지 요소들을 반영하여 상업용 PERC(Passivated Emitter and Rear Contact)나 PERT(Passivated Emitter Rear Total Diffused) 구조들로 개발하였다. TOPCon(Tunnel Oxide Passivated Contact) 구조, 이종접합 태양전지인 HIT(Heterojunction with Intrinsic Thinlayer) 구조, 전면 전극을 없앤 후면 전극형 IBC(Interdigitated Back Contact) 구조들도 상업용으로 개발되었다. 최근에는 이런 구조들에 전면 전극을 제거한 후면 전극형 태양전지와 결합된 형태들을 개발하고 있고, 양쪽에서 빛을 흡수할 수 있는 양면수광형 태양전지도 출시되었다.

기존의 후면 전체의 Al BSF의 한계를 극복하기 위해, 패시베이션 접합구조인 passivated emitter rear contact(PERC), 패시베이션된 에미터 후면의 국부적으로 확산된 구조인 passivated emitter rear locally diffused(PERL) 구조 개념 및 패시베이션된 에미터 후면 전체적으로 확산된 구조 passivated emitter rear totally diffused(PERT) 구조 등이 연구개발 및 양산화되고 있으며, 이에 따라 구조 이름 앞에 양산형(industrial)을 붙여서 호칭하고 있다.

1. PERL(Passivated emitter rear locally diffused) 구조 태양전지

1999년 호주의 UNSW 대학에서 PERL 구조로 24.7%의 변환효율을 달성하였다. PERL 구조 태양전지는 기판 전후면의 패시베이션과 함께 태양전지로 입사하는 외부 빛의 손실을 최소화하는 구조를 가짐으로써 최고의 효율을 얻었다. PERL 태양전지는 역피라미드(inverted pyramid) 구조 텍스쳐링과 두 층으로 구성된 이중반사방지막을 형성하였으며, 포토리소그래피 기술을 이용하여 핑거 그리드의 선폭을 최소화하여 태양전지로 들어오는 빛의 반사 손실을 최소화시키고, 기판 내부에서 후면에 도달하는 빛도 후면 산화막과 Al 전극을 이용하여 효율적으로 내부 반사가 되도록 하여 전체적인 빛의 손실을 5% 이하가 되도록 하였다. 광학적 손실을 최소화하여 높은 단락 전류 특성 확보가 가능하였다. 고농도 인(heavily phosphorus)이 금속 접촉 아래로 확산되는 동안 선택적 에미터(selective emitter)가 나머지 부분에서 저농도(lightly) 확산됨으로써 우수한 단파장 분광특성 확보가 가능케 하며, 이것은 접촉저항과 접촉 면적에서의 재겹합을 낮출 수 있게 해준다. 실리콘 표면 패시베이션으로 trichloroethane(TCA) 분위기에서 형성한 열 산화막을 이용하여 표면 재결합을 낮추었다. 이를 통하여 에미터 포화 전류밀도의 감소와 700 mV 이상의 높은 개방전압 특성이 달성되었다. 후면의 전극 비접촉 영역에서는 열 산화막으로 패시베이션되어 있으며, 국부적으로 알루미늄 전극과 접촉될 지역에 붕소 확산이 되어 있다. 이 부분에 후면 전극 알루미늄 전극 형성하기 위해서 열처리를 진행하였고, Al과 p-Si 웨이퍼 사이의 일함수 차이로 인한 밴드 휘어짐(band bending)으로 후면전계를 형성하여 표면재결합을 줄였다. PERL 구조 태양전지는 태양전지 효율의 손실 요인을 최소화하기 위한 요소들을 정리하면, 다음과 같은 특징을 구현하였다. 고품질의 p형 FZ 단결정 웨이퍼($4\ cm^2$, $1\ \Omega cm$)를 사용하였고, 태양전지 전면의 역피라미드 구조 텍스처링, 1000℃에 성장된 열 산화막 패시베이션의 사진식각 공정을 통한 국부적인 전극 형성 지역 형성, 전면 전극 아래 영역을 고농도 도핑하여 접촉 저항의 감소와 전류포화밀도 감소, 에미터 패시베이션, ZnS/MgF₂를 이용한 이중반사방지막 형성, 전면 전극의 Ti/Pd/Al 진공 증착으로 전극 접촉 형성, 국부적으로 diffused back contact 형성으로 셀 효율 24.7%(Voc: 706 mV, Jsc: $42.4\ mA/cm^2$, FF: 82.8%)를 달성하였다.

그러나 고효율 PERL 구조는 여러 번의 사진 식각(photolithography) 공정을 수행해야 하기 때문에 공정 비용 증가를 가져오고, 복잡하고 많은 공정순서로 인하여 저가화 및 생산에 단점을 가지고 있다.

PERL구조의 태양전지는 단결정 실리콘 태양전지에서 최고의 효율을 달성한 구조로써, 초고효율 태양전지를 달성하기 위한 결정질 실리콘 태양전지의 대표적인 구조이다.

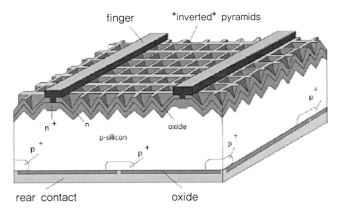

그림 5.1 24.7%의 변환효율을 기록한 PERL 구조 실리콘 태양전지

2. PERC(Passivated emitter rear contact) 구조 태양전지

1980년대에 금속전극과 웨이퍼 사이에 실리콘 산화막을 얇게 사용한 표면 패시베이션 적용으로 효율이 향상되기 시작하였다. 이러한 특징을 적용한 MIS(metal-insulator-semiconductor) 구조 기반으로 저농도 인 확산 공정을 추가하여 1981년 MINP(metal-insulator-N-P)셀이 높은 개방전압을 기록하였다. 1983년에 ZnS/MgF₂를 이중반사방지막, Ti/Pd/Al로 전면 전극을 4.6%로 축소, Al alloying을 통한 게터링과 BSF효과로 표면재결합을 줄인 Al선극을 산화믹 패시베이션에 추가하여 18%대 효율을 기록하였다. MINP는 5 nm 정도의 두께를 가진 산화막의 터널링을 이용한 전면 전극을 활용하였다. 이와 유사한 구조에 패시베이션 산화막 두께를 증가시키고 아주 좁은 전극 접촉 면적을 통하여 전면 전극을 직접적으로 연결한 PESC(passivated emitter solar cell) 구조로 변형하였고, 그 다음해인 1986년에 표면에 사진식각을 통한 micro grooving을 적용하여 표면반사를 줄임으로써 처음으로 20%의 셀효율을 달성하였다. 여기에서 알루미늄 후면 전극은 게터링과 BSF 형성으로 표면재결합을 이전보다는 낮출 수 있었지만, 낮은 후면 반사율과 높은 재결합속도 때문에, 개방전압을 670 mV 이하로 제한하고 단락전류밀도도 이론값보다 낮게 하여 고효율에 대한 제한으로 인식되기 시작하였다.

PESE의 후면 전극에서 발생하는 문제점을 개선하기 위해서, 후면 패시베이션 접촉 구조를 갖는 PERC 태양전지를 1988년 UNSW 대학 블레이커스(Blakers) 등이 개발하였다. PERC 구조 태양전지는 인이 저농도 도핑된 에미터와 전면 전극 접촉에서 고농도 도핑함으로써 10 mV의 개방전압 상승을 나타내었으며, 전면의 역 피라미드 구조와 이중반사방지막, 염소 성분(HCl)이 포함되어 개선된 산화막 패시베이션이 특징이다. PERC구조의 후면에서 실리콘과 알루미늄 전극 접촉은 사진식각공정을 이용해 1 mm 간격으로 산화막의 작은 구멍 배열로 이루어졌다. 전·후면 산화막 패시베이션은 진공증착된 알루미늄 전극을 약 400℃ 15분 정도의 후열처리(forming gas anneal, FGA)에 의해 향상되어 705 mV의 개방전압이 달성되었다. 또한 600℃ 이상 열처리를 진행하지 않음으로써, 후면에서 실리콘과 합금을 형성하지 않은 알루미늄은 산화막과 작용하여 후면에서 빛을 최대 97% 이상 반사시킬 수 있다. 후면접촉 비율과 간격은 전기적 저항과 재결합 손실 간의 서로

trade-off 관계이다.

PERC구조는 후면 금속 전극이 직접 실리콘에 접촉하기 때문에 전극에서의 재결합속도가 크고, 접촉저항도 실리콘의 도핑농도가 작은 경우에는 커지기 때문에 접촉저항을 낮추기 위해 비저항이 낮은 웨이퍼를 사용해야 한다. 후면의 붕소 도핑은 효율 향상이 가능하지만 공정이 복잡해진다. 전극 부근의 실리콘을 붕소로 국부적으로 고농도 도핑을 하여 접촉저항을 낮추는 PERL구조와 전체적으로 한면을 도핑하는 PERT구조가 함께 연구되기 시작하였다. PERC구조는 앞서 설명한 PERL 구조 태양전지에 비해 공정이 덜 복잡하지만, PERL 구조보다 약간 낮은 효율 잠재력을 가지고 있다. 웨이퍼의 두께보다 작은 소수 전하 확산거리는 후면 패시베이션의 장점을 나타내지 못하기 때문에, 웨이퍼의 두께가 얇아지고 Cz 웨이퍼 품질도 향상되었다. 이런 웨이퍼 기술의 발달과 함께 후면 패시베이션과 후면 광학 반사 기술을 사용하게 되면 PERC구조의 태양전지는 최대 1.5%의 효율 향상을 기대할 수 있다.

스크린프린팅 Al-BSF셀에 의한 양산 셀효율이 ~20%대를 넘기 위해서, 후면 전체를 접촉하고 있는 알루미늄 전극의 후면 재결합을 줄이고 후면에서의 적외선 흡수를 증가시켜야 한다. 기존 스크린프린팅 Al-BSF셀 생산라인에 PERC 구조 개념을 접목하여 양산형(commercial)으로 i-PERC 태양전지가 2010년경부터 생산되기 시작하였다. 2020년에서 전체 태양광 산업의 50% 정도를 차지하였으며 효율은 21~24%를 나타내고 있다.

PERC셀의 원래 후면 패시베이션 막은 SiO_2 절연막을 사용하였다. 실리콘 산화막은 일반적으로 양전하 특성을 나타내어 후면에 공핍층을 유발하거나 n형 반전층(inversion layer)을 만들어 후면 재결합을 증가시키는 문제점을 나타낸다. 또한, 알루미늄 전극의 고온 소성 공정을 견디지 못하며, 고온 실리콘 산화막은 기판의 전하수명을 저하시키도 하여 양산 시에 이런 문제점이 드러나기도 한다. 이런 점들을 극복하기 위하여 Al_2O_3/SiNx 구조 사용이 확대되었다.

그림 5.2에서 보여주는 상업용 i-PERC 구조 태양전지는 스크린 프린팅 Al-BSF셀의 공정을 사용하면서 후면에서 Al_2O_3나 SiO_2 절연막의 패시베이션층과 SiN층의 보호막을 형성하여 알루미늄 전극이 점접촉(point contact)하도록 구성된다. 상업용 PERC셀의 공정

방법과 순서는 다양하여, 대표적인 공정도를 그림 5.3에 정리하였다. PERC셀 공정은 전면 부분만 텍스처링을 하고 전면에만 pn접합을 만드는 방식과 양면 텍스처링 후에 pn접합을 형성하고 후면은 식각을 통하여 평탄화

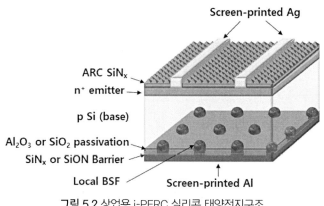

그림 5.2 상업용 i-PERC 실리콘 태양전지구조

과정을 거치면서 엣지 분리가 같이 되도록 하는 공정 방식으로 진행할 수 있다. 후면의 식각은 불산과 질산 용액을 이용하여 습식 식각(wet chemical etching)을 진행하는데, 전면부의 에미터가 식각액 가스(fume)에 손상되지 않도록 진행하여야 한다. Al_2O_3/SiN_x 적층 구조는 후면 거칠기(roughness)에 대한 셀효율의 영향이 적다는 것이 알려지면서 후면 식각을 적게 적용하여 에미터의 손상을 없앨 수 있었다. 후면부는 붕소를 도핑할 수도 있다. 전면부의 단면 텍스처링 구조와 pn접합 형성후 PSG를 제거한 다음에 패시베이션 공정을 진행한다. 패시베이션은 5~30 nm Al_2O_3 박막이나 2~10 nm SiO_2 박막을 사용한다. 실리콘 산화막은 700~800℃ 정도에서 질소와 산소분위기를 조절하면서 성장되고, SiO_2/SiN_x 적층 구조를 사용한다. 적층 구조 두께는 300 nm 이하이고, PECVD로 증착된 SiN_x는 SiO_2 박막의 보호막 역할을 하며, 전면은 반사방지막 역할을 한다. 특히, 후면의 PECVD SiN_x막은 소성 공정에서 알루미늄 전극으로부터 보호하면서 표면재결합속도를 줄이고, 후면의 반사도를 증가시키는 역할을 한다. SiN_x 박막들의 굴절률은 주로 2~2.2 정도이나 다층 조성 조절을 통하여 2.3대도 사용하기도 한다. 또한, SiON(굴절률 1.5~1.7)으로 조성을 조절하여 사용하기도 하며 Al_2O_3/SiN_x 적층 구조에 사용하는 질화막도 이와 유사하다.

알루미나(Al_2O_3)는 약 8.8 eV의 밴드갭을 갖고 있으나, 패시베이션으로 사용되는 비정질 Al_2O_3 막은 약 6.4 eV의 밴드갭을 나타내고, 굴절률은 약 1.65 정도이다. 앞의 패시베이션공정에서 설명한 것처럼 TMAl를 이용하여 ALD나 PECVD로 주로 형성되며, 박막의 두께 균일도(within wafer < 3%, wafer-to-wafer < 3%)와 굴절률 균일도(wiw < 1%, wtw < 1.5%)

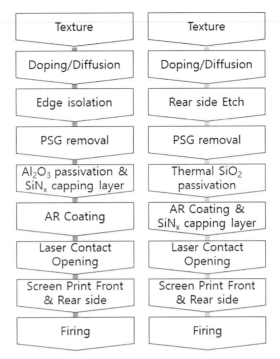

그림 5.3 대표적인 PERC 구조 실리콘 태양전지 공정 순서도

가 요구된다. 적층 구조이기 때문에 보호막과의 스트레스와 소성공정 후의 인장(tensile), 압축(compressive) 스트레스 변화를 고려해야 한다. 패시베이션을 향상시키는 활성화 열처리가 수반되어야 하며, 적층막의 공정과 종류, 소성온도 조건들을 최적화하여야 한다.

국부적인 후면 전극 접촉과 함께 PERC셀은 유전층에 의해 계면 결함 밀도가 감소되어 후면 재결합속도 감소와 후면 반사도 증가에 따른 장파장 영역의 광이용이 증가된다. 그림 5.4에서처럼 PERC셀이 Al-BSF셀 대비 900 nm 파장보다 큰 장파장에서의 내부양자효율(Internal Quantum Efficiency, IQE)과 반사율이 증가됨을 알 수 있다. 유전체 패시베이션 박막은 평면 기판에서 표면재결합속도를 10 cm/s 이하까지 줄일 수 있으나, PERC셀 구조에서는 50~80 cm/s 정도의 표면재결합속도를 보여준다. 적절한 후열처리를 통하여서 표면재결합속도를 10 cm/s 정도를 더 줄일 수도 있다.

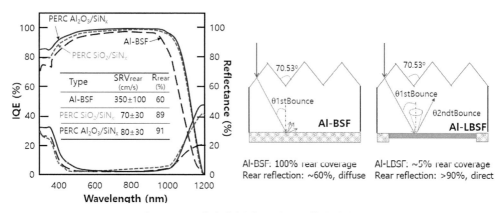

그림 5.4 PERC셀의 양자효율 그래프 및 후면 반사 효과

PERC셀의 전극은 Al LBSF(Local BSF) 구조로 약 후면의 5% 정도 면적을 접촉하고, 후면 반사율은 90% 이상을 나타낸다. 후면 LBSF 전극 구조는 주로 LFC(Laser-fired contact), LCO(Laser contact opening), Ni/Cu도금에 의해 형성된다. 2001년 개발된 LFC공정은 국부적인 Al-BSF가 인쇄된 Al을 레이저의 짧은 펄스(pulse)에 의해 녹고 소성되면서 패시베이션 박막이 제거되고 Al-Si 전극 접촉이 형성되는 공정이다. 도금 방식은 스크린프린팅 기반의 공정 장비보다 복잡한 편이고, LFC는 LBSF 두께가 약간 얇은 편이다. LCO공정은 한 장의 웨이퍼를 수초에 공정을 진행할 수 있어 상업용으로 가장 많이 사용된다. LCO방식은 레이저 융삭(ablation)에 의해 선 형태(line shape)나 점선 형태(dash line shape)의 국부적인 후면 접촉 모양을 형성하고, Al 스크린 프린팅으로 후면 전체를 인쇄하는 공정이다. 소성 동안에 레이저에 의해 패시베이션막이 없어진 부분에서 LBSF가 형성된다. 한 번의 레이저 펄스는 약 30 μm 직경의 원형이며, 레이저 진행에 의해 선 모양(line-shaped contact)으로 융삭된다. LBSF는 레이저 융삭의 형태에 따라 영향을 받는다. 점 모양(point-shaped contact)은 많은 void를 형성하며, 선 모양은 void 형성이 줄어들어 점모양 접촉보다 효율이 향상된다. 이런 void 형성에 관한 여러 이유들이 제시되었는데, 그중 실험적으로 입증된 표면 에너지로 설명을 하고 있다. 스크린 인쇄된 Al 입자의 표면 에너지는 소성 동안 액상의 Al-Si 용융물을 실리콘 웨이퍼 표면에 인접한 영역 밖으로 끌어내어 Al 입자의 큰 표면을 wetting하여 최소화한다는 것이다. 즉, void 형성은 실리콘 웨이퍼 표면, 스

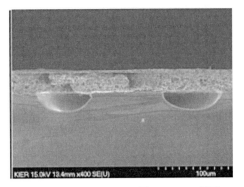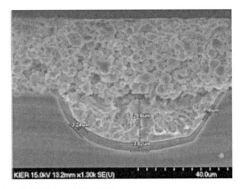

그림 5.5 PERC셀의 Al LBSF 형성 및 Void 형성(좌)

크린 프린트된 Al 입자 표면과 액상 Al의 표면에너지를 줄이기 위한 관계에서 발생한다.

Al 후면 접촉에서 표면재결합속도를 줄이기 위해서 넓은 선 모양의 접촉 또는 매우 큰 직경의 점 모양 접촉을 선택하여 깊은 Al-BSF를 제조하여야 한다. 하지만 PERC셀의 효율 향상을 위해서는 접촉 재결합을 최소화해야 하기 때문에 전극 면적 비율이 최소화되어야 한다. 게다가 접촉 간격이 넓을수록 웨이퍼 벌크 확산 저항(spreading resistance)이 증가한다. 그러므로 가능한 한 작은 접촉 영역으로 충분히 깊은 Al-BSF를 달성하는 후면 접촉 형상을 만들어야 한다. 따라서 점 모양의 접촉 패턴과 유사한 점선(dash line) 배열로 인한 낮은 벌크 저항과 작은 금속화 면적 비율을 만족하면서, 선 모양의 국부 접촉으로 인해 깊은 Al-BSF를 달성할 수 있는 점선 후면 접촉 형상이 선호된다.

LCO 접촉 모양 이외에도 Al 페이스트 조성은 합금 공정에 영향을 주어 Al-BSF 형성에 영향을 준다. 핵심 사항은 소성 동안에 후면 패시베이션 층의 식각을 방지하기 위해 Al 페이스트에 낮은 함량의 유리 분말(frit)을 사용하는 것이다. 모듈 제조 시 구리 리본 접합을 하기 위해 형성하는 Ag 패드의 Ag 페이스트도 낮은 유리 분말 함량을 사용해야 한다. PERC셀용 Al 페이스트는 조성에 의해 Al-BSF 형성에 영향을 주기 때문에, 소량의 실리콘을 첨가하기도 하고 첨가물(additive)들을 최적화하여야 한다. 고효율 달성을 위해서는 선폭에 따른 비접촉저항(specific contact resistance)과 접촉 저항을 고려해야 하고, Al 직렬저항은 $0.05\ \Omega cm^2$ 미만을 유지해야 한다.

PERC셀은 선택적 에미터, 다선 버스 바(Multiple-Bus Bar, MBB)와 같은 요소들과 함께

23%대 효율까지 기록하였고, 양면 PERC셀로 24%대의 효율까지 보고되고 있다. 양면 PERC셀은 단면 PERC공정 과정과 유사하며, 후면에서 빛을 흡수할 수 있도록 전극을 패터닝을 한다. 단면과 양면 PERC의 구조 차이와 대표적인 공정 순서 예를 그림 5.6에서 보여주고 있다. 양면 PERC셀과 단면 PERC셀의 가장 큰 차이점은 후면의 Al 전극이 전체적으로 인쇄되지 않고 패터닝된 전극 영역에만 형성된다는 것이다. 따라서 Al 페이스트의 사용량도 약 1 g대에서 0.2 g 이하로 줄어든다. 이외에도 같은 공정에서 공정 조절들이 필요하다. 텍스처링 공정 후 후면의 식각이 달라지고, 후면의 질화막 적층 패시베이션에 따른 굴절률, 두께도 조절해야 되며, LCO 패턴도 다르다. 최종적으로 전면의 광열화 현상과 후면의 효율을 위하여 수소 처리를 진행한다. 모듈에서 PID 방지를 위한 SiO_2 박막을 패시베이션막 공정 전에 형성한다. 그림 5.7은 단면과 양면 PERC셀의 태양전지 사진이다. 다음에 언급될 PERT(Passivated emitter rear totally diffused) 태양전지도 양면형 PERC셀과 유사한 전극구조의 태양전지 모습을 보인다. 양면 PERC셀의 특성들은 뒤에서 설명하는 양면 태양전지에서 언급될 것이다.

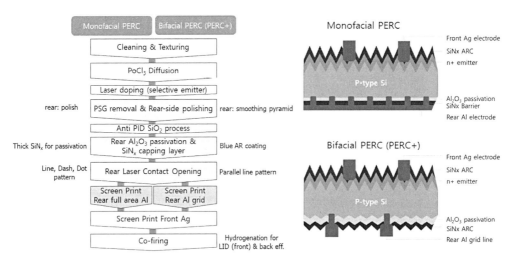

그림 5.6 단면 및 양면 PERC셀의 공정 차이

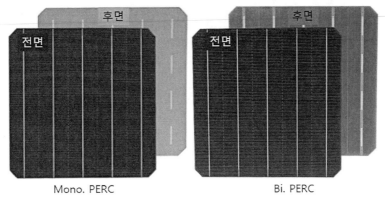

전면 후면 전면 후면

Mono. PERC   Bi. PERC

그림 5.7 단면 및 양면 PERC셀 태양전지

3. PERT(Passivated emitter rear totally diffused) 구조 태양전지

PERL구조 태양전지는 FZ웨이퍼(1 Ωcm)에서 24.7% 태양전지의 효율을 기록하였으나, Cz웨이퍼(~5 Ωcm)에서는 23.5%의 효율을 나타내었다. 약간의 효율 차이는 기판의 높은 비저항과 관련되어 있는데, 작은 후면 접촉 면적에서 전류 밀집 효과(current crowding effect)에 의해 높은 비저항 웨이퍼에서 상대적으로 FF가 낮아지게 된다. 이런 전류 밀집 효과를 감소시켜 FF를 증가시키기 위해 p형 PERT(Passivated emitter rear totally diffused)구조가 제시되었다. pPERT셀은 p형 기판의 후면 전체에 저농도 붕소를 확산시키는 공정을 추가한다. 후면 전체에 p형 전도층을 추가하여 저저항을 형성하여 손실 없이 정공이 후면 접촉 전극에 도달할 수 있게 된다.

기존의 p형 기반 양산 공정을 기반으로 25% 효율을 달성하기 위하여 n형 웨이퍼 기반의 PERT셀이 연구되었다. 에미터가 후면 또는 전면에 형성될 수 있으며, rear 또는 front 에미터(또는 junction)라고 명칭하기도 한다. nPERT셀은 광열화가 없는 n형 웨이퍼의 장점으로 단면과 양면 PERT셀 형태로 높고 안정적인 셀 효율을 낸다. nPERT 태양전지는 BBr_3를 이용하여 붕소 에미터를 형성하며, 인을 이용하여 전계층을 형성한다. 저농도 붕소 확산으로 셀 직렬저항을 감소시키고 Voc를 개선시켰으며, 전형적인 nPERT셀은 p-PERC 셀과 유사한 제조단가를 나타낼 수 있다. 양면 태양전지에서는 p-PERC셀보다 높은 양면 계수를 나타낸다. 그림 5.8에서는 후면 에미터(RE 또는 RJ)구조로 전면에 n^+도핑으로

FSF(Front surface field)를 형성하였다. Ag전극 형성 부위에 PSG의 레이저 도핑으로 선택적 FSF를 채택하여 전면의 재결합 손실을 줄일 수 있다.

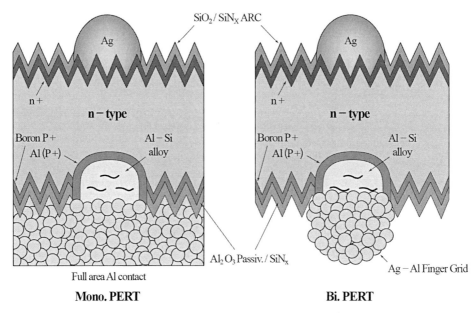

그림 5.8 RE nPERT 구조의 단면/양면 실리콘 태양전지

그림 5.9는 양산용으로 전형적인 FE nPERT셀의 공정순서와 태양전지를 보여주고 있다. 붕소 에미터에 Al을 함유한 Ag 페이스트를 사용하여 에미터에 Al 스파이크(spike) 없이 형성하였다. 이로 인하여 금속전극 부분에서의 포화전류밀도를 줄이고 접촉 비저항이 감소되었다. 또한, 다음에 설명할 TOPCon(Tunnel Oxide Passivated Contacts) 구조와 결합한 PERT 구조로 변경되고 있다. 후면에 Poly-Si을 사용하여 Poly n^+ BSF라고 불리기도 한다. 이 공정은 후면 PSG의 레이저 도핑을 적용한 공정보다 높은 효율을 나타낸다. 이는 후면의 금속 전극 형성 부위와 패시베이션 영역에서의 재결합 손실을 낮추기 때문이다.

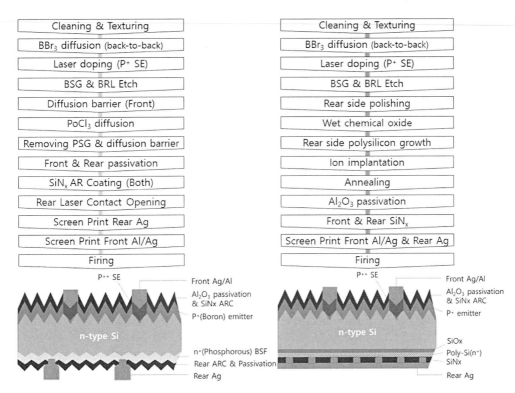

그림 5.9 전형적인 양면 FE nPERT 태양전지 공정 순서(좌)와 TOPCon 구조와 결합된 공정도(우)

4. TOPCon(tunnel oxide passivated contacts) 구조 태양전지

1970년대에 터널(tunnel) SiO_x/doped poly-Si이 바이폴라 트랜지스터(bipolar transistor)에서 연구되기 시작하였으며, 태양광에서는 1985년경 응용하여 연구하였다. 2009년쯤 'passivating contact'이라는 개념으로 태양광 산업에서 많은 연구들이 진행되었다. Passivating contact은 다양한 재료와 구조가 있으나, 산업적으로 크게 두 가지로 나누어 접근하였다. 하나는 다음 절에 설명할 저온기술로 비정질 박막 실리콘 패시베이션을 이용한 이종접합 태양전지이고, 다른 하나는 터널 SiO_x/doped poly-Si 적층을 이용한 고온 기술이다. 2013년에는 독일 프라운호퍼(Fraunhofer) 연구소에서 n형 기판을 이용한 TOPCon(tunnel oxide passivated contacts) 구조로 25% 이상의 셀효율을 보여주었고, 2015년부터 양산형 TOPCon 구조가 연구 개발되었다. PERC셀 태양전지 이후의 효율 향상과 PERC셀 라인을 활용을 위한 양산형

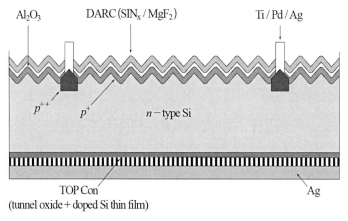

그림 5.10 프라운 호퍼 ISE에서 개발한 n형 TOPCon 태양전지

TOPCon셀을 지속적으로 개발 중이며 생산 비용적인 문제들을 더 해결해야 한다.

TOPCon 태양전지는 높은 Voc와 낮은 직렬저항 달성을 위한 구조로 볼 수 있으며, PERC셀보다 0.5% 이상의 셀효율을 더 향상시킬 수 있을 것으로 기대되고 있다. 대표적인 n형 양산형 TOPCon 태양전지 구조와 공정순서는 그림 5.9의 오른쪽 그림과 같다. 붕소 에미터 형성 시에 확산로에서 웨이퍼를 서로 맞대는 방식의 back-to-back에 의해 한쪽면만 형성할 수도 있고, 기존의 양면 도핑 후 한쪽을 식각(single side etching)하는 방법에 의해서 진행할 수도 있다. 그림 5.11에는 p형 웨이퍼를 이용한 TOPCon셀의 구조와 공정순서를 보여주고 있다. 기존 PERC셀의 생산 공정장비를 최대한 이용하면서 후면의 폴리실리콘 구조만 바꾸는 형태로 개발되었다. 도핑된 폴리실리콘은 광흡수에 의해 후면에 적용한다. 공정은 표면 평탄화, 세정, 터널 산화막, 붕소 도핑된 비정질 실리콘을 증착한 후에 열처리를 통하여 폴리실리콘을 형성한다. 약 80 nm 정도의 후면 질화막을 증착하고, 전면에 텍스처링, 인 에미터 형성, PSG 제거를 진행한다. 후면의 SiNx막은 전면 공정동안에 식각과 확산 배리어로 작용하면서 약간의 두께가 감소된다. 최종적으로 Ag 전극을 인쇄하고 소성 공정으로 마무리된다.

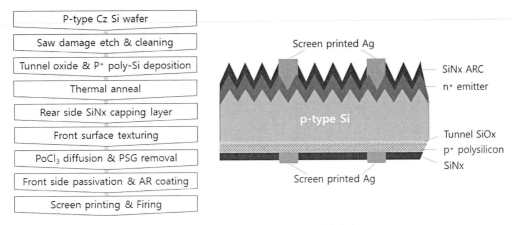

P-type Cz Si wafer
Saw damage etch & cleaning
Tunnel oxide & P⁺ poly-Si deposition
Thermal anneal
Rear side SiNx capping layer
Front surface texturing
PoCl₃ diffusion & PSG removal
Front side passivation & AR coating
Screen printing & Firing

그림 5.11 p형 양산형 TOPCon 태양전지

그림 5.12처럼 터널 산화막은 실리콘 산화막을 2 nm 이하의 두께를 사용하여서 전자가 매우 얇은 절연막을 직접 지나가도록 형성한다. 이런 전류를 'direct tunneling current'라고 한다. 산화막 두께가 두꺼워지면 전자가 터널링을 할 수 없다. 이런 산화막 형성은 건식 방법과 습식 방법이 있다. 습식 방법은 주로 질산을 이용하는 방식과 DI-O₃을 이용하는 방식이 있다. DI-O₃ 방식은 실리콘 표면 세정으로도 사용된다. 건식 방법은 열산화막, 플라즈마 산화막, 오존 산호막, UV-O₃ 방식 등이 있다. 터널 산화막은 조성과 두께가 열적 안정성에 영향을 주기 때문에 산화막 성장 방식을 선택해야 한다.

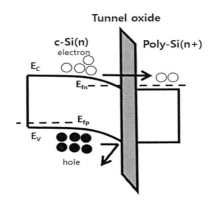

그림 5.12 실리콘 산화막의 전자 터널링

산업적으로는 건식 산화방식을 이용하여 후속공정의 폴리실리콘 증착 전에 산화막 형성하는 것을 선호하는 편이다. 예를 들면 폴리실리콘을 저압기상반응증착(Low-Pressure Chemical Vapor Deposition, LPCVD)을 사용하면, 건식 열산화막(dry thermal oxide)을 성장시키고 바로 폴리실리콘을 형성한다. 습식 산화막보다는 건식 산화막이 열적안정성이 우수한 편이다. UV-O_3 방식은 UV 광원에 의해 산소가 해리(dissociation)되어 오존 산화막을 형성하는 방식으로, 얇은 사화막의 조성비가 좋고 열적 안정성도 좋으나 비교적 고가의 공정 방식이다.

표 5.1 터널 산화막 형성 방법에 따른 특성

Characteristics/ Technology	Thermal oxide	Plasma oxide	UV-O_3 oxide	HNO$_3$ chemical oxide	DIW-O_3 oxide
Process(wet/dry)	Dry	Dry	Dry	Wet	Wet
In-situ growth with Poly-Si deposition	possible	possible	not possible	not possible	not possible
Thermal stability	very good	very good	very good	normal	good

폴리실리콘은 전형적으로 비정질 실리콘을 증착하고 고온 열처리를 통하여 폴리실리콘으로 결정화한다. 실리콘 증착할 때, 도핑을 증착 시 같이(in-situ)하는 방식과 증착(ex-situ) 후 후속 도핑을 하는 방식이 있다. 증착 방식은 산업적으로 한꺼번에 많은 웨이퍼를 증착할 수 있는 LPCVD 방식을 많이 사용한다. 600°C 정도의 비교적 낮은 온도에서 증착하여서 에미터의 도핑 프로파일 변화가 없고, 좋은 두께 균일도와 핀홀(pin-hole)이 없이 좋은 step coverage를 갖는다. 또한 증착 동안에 균일한 도핑을 할 수 있는 in-situ 도핑이 가능하다. LPCVD 장비는 웨이퍼 양면으로 증착되기 때문에, TOPCon 구조를 만들기 위해서는 전면부에 증착된 실리콘 부분을 식각(single side etch)하는 공정이 추가된다. LPCVD in-situ 방식은 비정질 실리콘을 증착한 다음에 습식 화학용액 공정(단면 식각-BSG 식각-오존 세정)을 진행하고, 고온 열처리를 진행하여 폴리실리콘을 형성한다. LPCVD ex-situ방식은 비정질 실리콘을 증착한 후에 PoCl$_3$ 도핑, 습식 화학용액 공정(PSG 식각-단면 식각-BSG 식각-오존 세정)을 진행하고, SiOx 패시베이션된 붕소 에미터 형성을

위한 저온 열산화막 공정을 진행한다. 비정질 실리콘을 폴리실리콘으로 결정화 열처리 온도가 중요하며 일반적으로 800~950℃ 사이로 알려져 있다. 이보다 높은 열처리 온도에서는 터널 산화막이 폴리실리콘에 의하여 손상된다. 일반적으로 폴리실리콘은 50~200 nm 두께를 증착하는데, 전극 스크린 프린팅 기술의 shunting loss를 줄이기 위해 150~200 nm의 두꺼운 두께를 많이 사용한다. 폴리실리콘의 증착 두께가 얇아질수록 총소요비용(cost of ownership, COO) 측면에서 LPCVD 방식보다 PECVD나 APCVD(Atmosphere-pressure CVD) 방식이 대안이 될 수 있다. 비정질 실리콘 박막의 패시베이션으로 사용하고 있는 PECVD는 LPCVD보다 높은 증착률을 나타내고, in-situ 도핑과 단면 증착이 용이하다는 장점을 가지고 있다. 단점으로는 TOPCon 구조에서 요구하는 100nm 이상의 두께에서는 높은 수소 함량에 의한 blistering이 발생되는 것이다. APCVD는 진공이 없이 대기압에서 증착하는 방식으로 높은 증착율을 가지고 PECVD처럼 단면만 증착이 가능하며, 증착 시 도핑도 가능하다. 폴리실리콘 형성 장비와 공정 방식에 대한 공정 순서의 대략적인 예를 그림 5.13에 정리하였다.

생산단가 측면에서 양면에 사용되는 Ag전극 사용량 감소와 LPCVD 폴리실리콘 증착

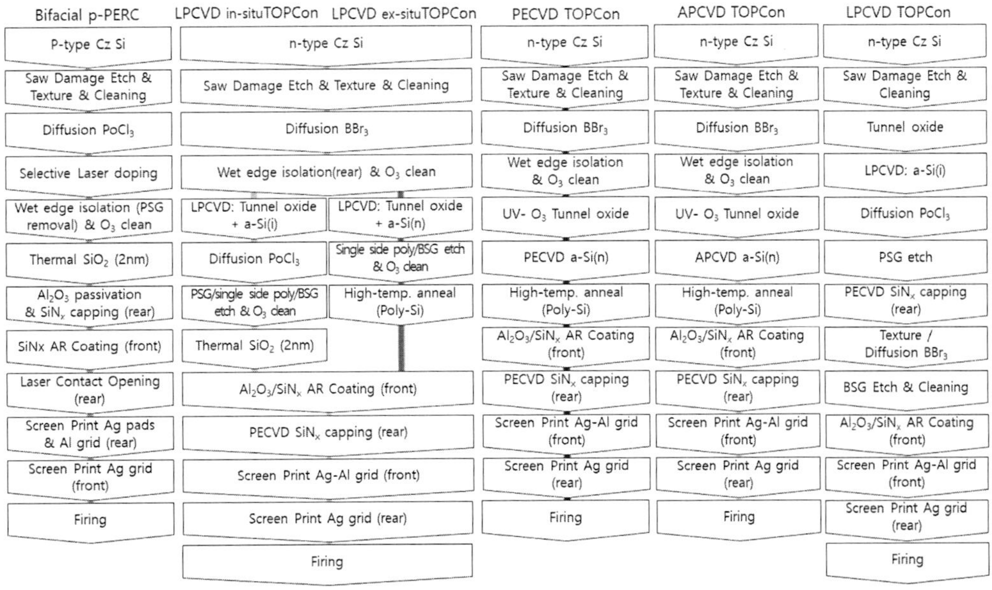

Bifacial p-PERC	LPCVD in-situTOPCon	LPCVD ex-situTOPCon	PECVD TOPCon	APCVD TOPCon	LPCVD TOPCon
P-type Cz Si	n-type Cz Si		n-type Cz Si	n-type Cz Si	n-type Cz Si
Saw Damage Etch & Texture & Cleaning	Saw Damage Etch & Texture & Cleaning		Saw Damage Etch & Texture & Cleaning	Saw Damage Etch & Texture & Cleaning	Saw Damage Etch & Cleaning
Diffusion PoCl3	Diffusion BBr3		Diffusion BBr3	Diffusion BBr3	Tunnel oxide
Selective Laser doping	Wet edge isolation(rear) & O3 clean		Wet edge isolation & O3 clean	Wet edge isolation & O3 clean	LPCVD: a-Si(i)
Wet edge isolation (PSG removal) & O3 clean	LPCVD: Tunnel oxide + a-Si(i)	LPCVD: Tunnel oxide + a-Si(n)	UV- O3 Tunnel oxide	UV- O3 Tunnel oxide	Diffusion PoCl3
Thermal SiO2 (2nm)	Diffusion PoCl3	Single side poly/BSG etch & O3 clean	PECVD a-Si(n)	APCVD a-Si(n)	PSG etch
Al2O3 passivation & SiNx capping (rear)	PSG/single side poly/BSG etch & O3 clean	High-temp. anneal (Poly-Si)	High-temp. anneal (Poly-Si)	High-temp. anneal (Poly-Si)	PECVD SiNx capping (rear)
SiNx AR Coating (front)	Thermal SiO2 (2nm)		Al2O3/SiNx AR Coating (front)	Al2O3/SiNx AR Coating (front)	Texture / Diffusion BBr3
Laser Contact Opening (rear)	Al2O3/SiNx AR Coating (front)		PECVD SiNx capping (rear)	PECVD SiNx capping (rear)	BSG Etch & Cleaning
Screen Print Ag pads & Al grid (rear)	PECVD SiNx capping (rear)		Screen Print Ag-Al grid (front)	Screen Print Ag-Al grid (front)	Al2O3/SiNx AR Coating (front)
Screen Print Ag grid (front)	Screen Print Ag-Al grid (front)		Screen Print Ag grid (rear)	Screen Print Ag grid (rear)	Screen Print Ag-Al grid (front)
Firing	Screen Print Ag grid (rear)		Firing	Firing	Screen Print Ag grid (rear)
	Firing				Firing

그림 5.13 TOPCon 태양전지의 제조 방법에 따른 다양한 공정도

기술의 진보가 필요하다. TOPCon 태양전지는 다양한 구조 변형이 가능한 장점을 가지고 있어서, 다음 절에서 설명할 이종접합 태양전지의 구조를 전면에 적용할 수 있다. 그림 5.14에서처럼, 후면 전극형 구조의 태양전지들을 통해 효율 향상 연구가 진행 중이다.

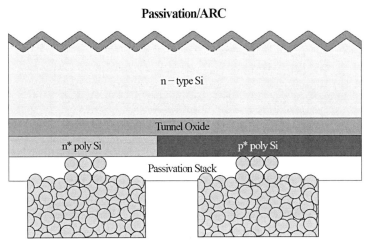

그림 5.14 후면 전극형 TOPCon 태양전지 구조

5. 전하선택접합

실리콘과의 접촉의 대부분 경우 금속과 반도체의 일함수(work function) 차이에 의하여 쇼키 배리어(schottky barrier)가 형성되고, 이로 인해 계면에서의 페르미 준위 고정 효과(E_F pinning effect)로 접촉 부근에서 공핍층이 생성된다. 따라서 실리콘 반도체에 있던 전자들은 금속 전극으로 이동할 수 없게 되는데, 이를 해결하기 위해서는 실리콘 반도체 접합부에 많은 도핑을 통하여 전하 농도를 증가시키는 방법이 있다. 도핑에 의한 접합 재결합(contact recombination)을 최소화시키기 위해서는 패시베이션층을 추가하여서 전극과 실리콘을 물리적으로 분리시켜 페르미 준위 고정을 해제한다. 절연막을 사용한 패시베이션은 모든 전하가 이동하는 것을 차단하기 때문에, 원하지 않는 전하를 차단하면서 동시에 전극에서 수집되어야 할 전하의 선택적 이동을 가능하게 하는 전하선택접합(carrier selective contact) 방식을 사용한다. 전하선택접합구조는 앞에서 언급된 passivating contact과 같은 개

념으로 금속접촉영역에서 소수 전하의 재결합이 최소화되고 효과적으로 전하를 이동시킨다. 이 구조는 실리콘과 금속전극이 분리되어 재결합 전류가 매우 낮고, 높은 개방전압으로 고효율을 달성할 수 있다.

전하선택구조 태양전지는 앞에서 설명한 TOPCon 구조와 다음 절에 설명할 비정질 실리콘을 적용한 이종접합(heterojunction) 구조가 대표적이다. 이종접합구조 태양전지를 기반으로 천이금속산화물(Transition metal oxide, TMO)을 이용한 도판트 없는 구조들이 많이 연구되고 있다. 그림 5.15에서처럼, 전하선택구조는 전자 또는 정공 한쪽에 대해 장벽 높이(barrier height)의 움직임을 제어하여 차단 또는 터널링을 통해 선택적으로 전하를 수집하는데, 양쪽으로 전자 홀을 나누어 모두 할 수도 있고 전자만 선택하여 수집하는 전자 선택형(electron selective contact, ESC)과 홀만 선택하여 수집하는 홀 선택형(hole selective contact, HSC)으로 적용할 수 있다.

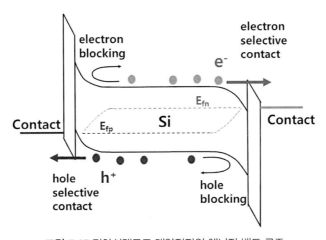

그림 5.15 전하선택구조 태양전지의 에너지 밴드 구조

전자선택형 물질은 LiF, SnO₂, TiO₂, ZnO, SnO₂들이 주로 사용되며, 홀선택형 물질은 MoO₃, Cu₂O, NiO, V₂O₅, WO₃들이 주로 사용된다.

고려해야 할 사항은 접촉 선택성(contact selectivity)이다. 접촉 선택성은 다수 전하와 소수 전하의 접촉 저항의 비율이다. 이 선택성은 전압에 독립적이고, 접촉 물질의 페르미 준위 변화에 의존된다. 그래서 이 구조는 그림 5.16에서 보여주는 비대칭 밴드 오프셋 (band offset)을 바탕으로 일함수, 전하의 이동성과 벌크-접합계면에서의 터널링 확률과 같은 특성을 이용한다. 전자 선택형은 전자를 수집하므로 이러한 층은 전자의 더 쉬운 이송을 위해 낮은 전도대 오프셋과 정공 이송을 차단하기 위해 높은 가전자대 오프셋을 가져야 한다. 홀 선택형은 전도대 오프셋은 커야 하고 가전자대 오프셋은 정공 이송과 수집을 용이하게 하기 위해 작아야 한다. 그림 5.15에서처럼 실리콘과 전하선택형 박막 사이의 일함수 차이에 의해 전자 수집을 용이하게 하는 하향 밴드 굽힘을 만든다. 전자 선택 접촉에서는 일함수 값으로 적합성을 평가할 수 있으며, 정공 선택성에서 높은 일함 수 값이 선호되고 전자 선택성 접촉에서는 낮은 일함수 값이 더 좋다.

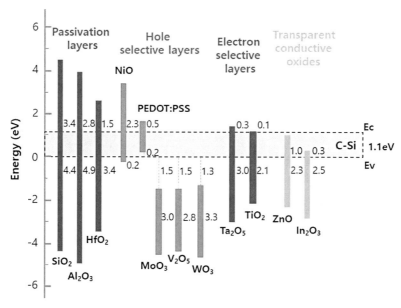

그림 5.16 결정질 실리콘의 패시베이션 및 전하선택 박막의 밴드 오프셋

02 이종접합 태양전지

실리콘 이종접합(Heterojunction, HJT) 태양전지도 패시베이션 접합구조의 한 종류로써, 대표적으로 HIT(Heterojunction with Intrinsic Thin-layer) 태양전지 구조가 있다. HIT 태양전지는 저온에서 진성 비정질 실리콘(intrinsic amorphous Si)의 패시베이션과 도핑된 비정질 실리콘 적층을 적용하여 750 mV대의 높은 Voc를 얻을 수 있다.

1968년 결정질 실리콘에 비정질 실리콘 증착은 상온에서 증발법(evaporation)에 의해 R. Grigorivici에 의해 연구되었으며, 1974년에 W. Fuhs에 의해 수소화된 비정질 실리콘 도핑에 의한 에미터가 결정질 실리콘에 증착된 이종접합 실리콘 태양전지가 보고되었다. 이러한 초기 이종접합 태양전지는 패시베이션이 되지 않은 실리콘 표면으로 인하여 효율이 매우 낮았다. 1990년에 일본 산요에서 얇은 비정질 실리콘을 결정질 실리콘 기판에 적층하여서, 이종접합 태양전지의 새로운 'HIT' 구조를 제안하였고 1997년에 상용화하였다. HIT 태양전지는 n형 c-Si 웨이퍼 위에 수소화된 비정질 실리콘 박막(a-Si : H(i))과 도핑된 비정질 실리콘 박막을 차례로 적층으로 에미터와 후면 전계층을 형성하는 구조로 2013년에 24.7%의 효율을 달성하였으며 후면 전극 구조와 결합하여 2014년에 25.6%, 2017년에 26.7%까지 기록하였다.

HIT 태양전지의 특성은 다음과 같다. 첫째, 비정질 실리콘을 형성하는 공정 온도가 200℃ 이하의 저온으로, 기존의 스크린 프린팅 태양전지의 온도와 비교하여 매우 낮기 때문에 에너지 절감형이다. 둘째, 실리콘 표면 기준으로 양쪽으로 대칭 구조이기 때문에 열팽창으로 인한 변형이 적고 100 μm 이하의 박형 기판을 사용할 수 있다.

마지막으로, HIT 태양전지의 온도계수는 약 $-0.26\%/℃$ 수준으로, 기존 결정질 실리콘 태양전지보다 온도계수가 작아서 온도 상승에 따른 실제 발전량이 많다.

1. 이종접합 태양전지

전형적인 HIT 태양전지 구조는 그림 5.17에 보여주고 있다. n형 실리콘 기판을 사용하여 기판을 세정하고 텍스처링 공정을 진행한다. PECVD장비를 이용하여 a-Si : H(i)를 증

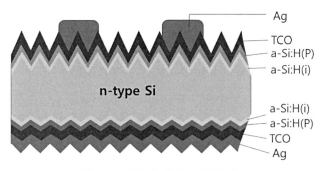

그림 5.17 이종접합 실리콘 태양전지 구조

착하고 p형 a-Si : H을 증착하여 p-n접합을 형성한다. 뒷면에도 a-Si : H(i)와 n형 a-Si : H을 증착하여 BSF구조가 형성된다. a-Si : H(i) 두께는 5~10 nm 정도이고, 도핑된 층은 약 10nm 정도의 두께를 사용하며 공정온도는 200℃ 이하에 진행된다. 도핑된 a-Si : H층의 수평방향의 전도도가 낮기 때문에 생성된 전하가 금속 전극으로 이동하지 못하여 캐리어를 이동하게 해주기 위한 투명전극(Transparent Conductive Oxide, TCO)이 필요하여 인듐주석산화물(In_2O_3 : Sn, ITO)층을 증착한다. 투명전극층은 물리적 증착 방법(Physical Vapor Deposition, PVD)인 스퍼터링(sputtering) 방식으로 증착한다. 투명전극층은 입사된 빛이 투과를 하면서 반사방지막 역할도 동시에 수행할 수 있도록 두께를 최적화해야 하며, 일반적으로 70~80 nm를 사용한다. 마지막으로 스크린프린팅으로 저온소성용 Ag전극을 인쇄하고 250℃ 미만에서 건조시키면 전극 형성이 완성된다.

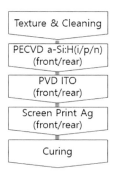

그림 5.18 이종접합 태양전지 공정 순서도

n형과 p형 기판의 양면에 a-Si : H을 증착한 이종접합 태양전지의 에너지 밴드 다이어그램을 그림 5.19에 나타내었다. 그림 5.19에서, p형, n형 및 i형 a-Si : H에 대한 밴드갭의 값은 동일하며 진공 레벨은 밴드 가장자리에 평행하고 연속적이므로, 전자 친화력 및 밴드갭은 계면에서의 밴드 불연속성이 발생하여 '밴드 오프셋'을 만든다. 밴드 오프셋은 전면과 후면 모두에 나타나며 HIT 태양전지에서 전하 수송에 중요한 역할을 한다. n형 기판의 HIT 태양전지는 소수전하인 정공이 전면 전극에서 수집되고, 다수전하인 전자가 후면 전극으로 이동된다. 전면의 가전자대의 큰 밴드 오프셋에서 정공의 이동이 방해되도록 포획되지만 터널링과 호핑(hopping)을 통하여 얇은 a-Si : H(i)을 지나 a-Si : H(p) 에미터로 이동할 수 있다. 후면에서는 가전자대 밴드 오프셋의 장벽이 커서 내부 전계 전위(built-in potential)가 증가되어 700 mV 이상의 개방전압을 얻을 수 있다. 이런 포텐셜이 전계효과를 만들어 후면의 표면 재결합을 줄인다. 전도대의 작은 밴드 오프셋은 전자의 후면 전극으로 이동을 쉽게 만든다. p형 기판의 태양전지는 소수전하인 전자가 전면에서 수집되고, 다수전하인 정공이 후면 전극에서 수집된다. 전자의 전면 전극 이동은 작은 밴드 오프셋으로 n형보다 쉽게 이동할 수 있지만 n형보다 작은 내부 전계 전위로 인해 개방전압이 낮아진다. 후면에서는 전도대의 작은 밴드 오프셋이 소수전하인 전자를 내쫓는 효과가 감소된다. 더욱이 후면 가전자대의 큰 밴드 오프셋은 다수전하인 정공의 후면 전극 이동에 큰 방해가 된다. a-Si : H(i)을 더 얇게 하여서 터널링으로 이동할 수 있으나 패시베이션 특성이 약화되어 740 mV 초과의 값을 얻기 힘들기 때문에 고효율 달성이 어렵다.

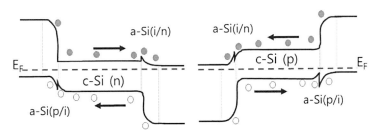

그림 5.19 n형 이종접합 태양전지(좌)와 p형 이종접합 태양전지(우) 밴드 구조

투명전극층의 일함수는 소자에서 전체 내부 전계 전위에 영향을 주기 때문에 이종접

합 태양전지 설계에서 또 다른 중요 인자이다. 투명전극층인 ITO 일함수가 적절하지 않은 경우, ITO/a-Si : H 접촉 및 a-Si : H/c-Si의 내부 전계 전위 접합부는 서로 반대 방향을 가진다. 예를 들어, n형 c-Si 기판을 사용하여 높은 일함수를 갖는 ITO가 있다면, 내부 전계 전위가 높기 때문에 개방전압이 상승하여 효율이 향상되기 때문에 바람직하다. 낮은 일함수를 갖는 ITO는 내부 전계 전위를 낮추고 ITO/에미터의 계면에서 역쇼키 접합(inverted schottky junction)을 형성하여 이종접합 태양전지 성능을 저하시킨다. ITO의 일함수는 보통 4.1~4.7 eV를 갖는데, ITO의 일함수가 4.7 eV 이상을 확보해야 개방전압의 감소를 막을 수 있다. 일함수는 ITO의 증착온도와 어닐링 조건에 따라 조절이 가능하다. ITO 증착 시 산소 분압이 증가하면 결정화도가 증가하여 인듐의 결합에너지가 증가하기 때문에 일함수가 증가한다. 일함수를 높이면 장벽 높이를 낮출 수 있어서 정공 주입을 원활하게 만들어 개방전압과 FF 값이 향상된다.

일반적으로 사용되는 ITO의 투과도는 85% 이상, 면저항값은 20~40 Ω/□, 전하 농도는 10^{19}~10^{21} cm^{-3} 정도를 사용하고 있다. 투명전극층은 물질에 따른 광학적, 전기적 특성에 의하여 전하 농도도 중요하다. 전하 농도가 높으면 전도도의 증가로 FF값의 향상되지만, 장파장 부근에서 FCA(free carrier absorption) 현상이 발생하여서 단락전류의 손실에 의해 상쇄되기 때문에 전하 농도를 감소가 필요하다.

2. 수소화 비정질 실리콘

결정질 실리콘과 달리 무질서한 실리콘 원자 네트워크 배열로 비정질 실리콘(a-Si)은 사면체 구조인 모든 원자가 4배위(4-fold coordination) 결합되지 않으며, 비정질 실리콘은 결합 길이와 결합 각도에서 다양한 분포를 나타낸다. 결합각도 변화는 ±10°이며, 어떤 원자는 이웃한 실리콘 원자와 결합을 하지 않아서 댕글링 본드를 가지고 극성을 가질 수 있다. 수소화되지 않은 비정질 실리콘의 결합밀도는 10^{20} cm^{-3} 정도로 매우 높지만 수소화된 비정질 실리콘 박막에서의 결함밀도는 10^{15} cm^{-3} 정도 수준으로 낮출 수 있다. 수소화된 비정질 실리콘은 보통 약 10 at.% 수소를 함유하며 Si-H 결합(a-Si : H)으로 댕글링 본드의 결함 밀도를 감소시킨다. 그림 5.20에서처럼 밴드갭으로 확장된 '밴드 테일(band tail)'

은 결합 장애(bonding disorder)로 나타나고, 상태 밀도의 지수적 기울기를 나타낸다. 밴드 테일은 실리콘 네트워크의 내부응력을 완화시키기 위한 댕글링 본드와 같은 구조적 결함에 의해 생긴다. 밴드 가장자리(edge)의 테일은 원자 장애(atomic disorder)에 의해 유도된다. 직접 천이

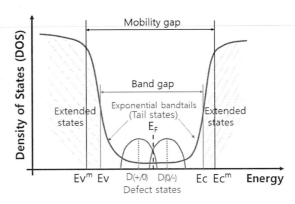

그림 5.20 비정질 실리콘 박막의 밴드 구조

형(direct band transition)의 광학적인 밴드갭은 통상 1.7~1.8 eV 값을 나타내며, 가전자대 및 전도대를 나누는 이동도 갭(mobility gap)과 대략적으로 동일하다. 이동도 갭은 넓은 파동 함수를 가진 밴드 상태와 밴드갭 안의 국부적(localized) 상태와의 경계를 말하고, 상온에서는 이 에너지 상태에서의 전하 수송이 재료의 전기적 특성을 결정한다.

p형 에미터와 n형 c-Si 사이 계면에서의 가전자대 불연속이 광생성 캐리어에서 상당한 손실을 초래함을 나타내는데, 수소화된 비정질 실리콘층은 이종접합 태양전지에서 최적의 표면 패시베이션 역할을 할 수 있다. 전형적으로 PECVD 장비를 이용하여 증착하는데, Si계 재료 가스인 실란(SiH₄)에 전기적 에너지를 인가해 플라즈마를 생성하고 수~수십 eV의 운동에너지를 갖는 전자의 충격으로 실란 가스가 여기 및 해리를 거쳐 반응된 SiHₙ(n ≤ 3) 결합이 생성된다. 다양한 Si-H 결합 형태 중에서 Si-H 결합이 상대적으로 큰 결합에너지를 가지기 때문에, Si-H₂ 결합과 같은 다른 결합들 보다 안정적이다. 수소와 실리콘의 다양한 Si-Hₙ 결합 유형과 이에 관련된 진동 모드 및 흡수 진동수를 그림 5.21에서 보여주고 있다. 플라즈마 조건에 최적화된 수소 희석(H₂/SiH₄ 비율)이 필요하다. 수소 희석 비율 아래에서 a-Si : H(i) 박막은 성장 중에 실리콘의 댕글링 결합에의 불충분한 결함 패시베이션 특성으로 인해 더 많은 결함을 얻을 수 있으며, 이 값을 초과하면 박막이 에피탁시(epitaxy) 형태로 성장하여서 댕글링 본드와 같은 결함을 나타내어 낮은 개방 전압 특성을 초래한다. 이러한 미세결정질(microcrystalline Si) 또는 에피탁시층은 더 높은 전도성을 갖지만 이종접합 태양전지는 더 낮은 효율을 보인다.

도핑은 실란 가스 증착 시에 PH_3나 B_2H_6가스를 주입하여 n형이나 p형으로 만든다. 도핑은 추가 전자를 만들어서 전도 특성이 향상되며, 페르미 준위를 밴드 가장자리(가전자대 혹은 전도대)로 이동시켜 개방전압 특성을 높인다. 그러나 매우 많은 양이 도핑된 층은 midgap 근처에 결함을 만들어 전하수명이 급격히 줄어든다. midgap 결함은 광 생성 및 재결합뿐만 아니라 광 흡수로도 작용하기 때문에 midgap 결함이 낮고 전도도 특성이 높은 에미터층의 연구는 이종접합 태양전지 효율 향상에 중요하다.

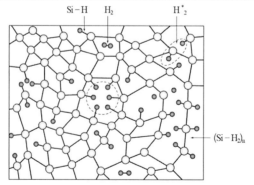

그림 5.21 비정질 실리콘의 Si-H 결합 형태

03 후면 전극 태양전지

후면 전극형 태양전지는 1977년에 제안되었으며, 고효율의 잠재성과 모듈에서의 간단한 전극 연결로 인하여 산업적인 측면에 관심이 높아지고 있다. 이런 구조는 전면 전극에 의한 음영 손실(shading loss)을 최소화하여 단락전류 상승을 통한 효율 향상을 가져온다. 후면 접촉형 태양전지에서 두 극성의 전극이 후면에 배치되어 전면의 금속 그리드에 의한 음영 손실을 제거한다. 이러한 후면 전극형 태양전지는 모듈 제조 시 셀 후면의 두 전극 회로 연결이 용이하며, 모듈의 집적도가 높아지므로 최적화된 모듈 효율을 얻을 수 있다. 이 후면 전극형 구조는 금속 그리드의 음영 손실과 저항 손실 약 5~10%를 크게 줄일 수 있고, 따라서 단락 전류 밀도 및 FF의 상대적 이득을 가져온다. 다양한 고효율 실리콘 태양전지 개념 중에서 가장 높은 효율은 후면 접촉형, 전극형 구조에서 구현된다. 후면 전극형 접합 태양전지에서, 전면 표면으로부터 생성된 소수 전하는 전체 웨이퍼 표면 영역을 통해 확산되어 후면에 위치한 전기적 접합부로 이동해야 하므로, 전체 표면 재결합 속도보다 좋은 수명의 베이스 실리콘으로 제조되어야 하며 후면 접합 태양전지 성능에 결정적인 역할을 한다. 따라서, 후면 전극형 실리콘 태양전지는 전하수명이 1 ms를 초과하는 우수한 특성을 갖고 높은 전하 확산 길이를 갖는 웨이퍼를 필요로 하여 n형 실리콘 웨이퍼가 장점을 나타낸다.

1. IBC 태양전지

1954년 Chapin 등에 의해 6.35% 효율을 갖는 n형 실리콘을 이용한 IBC(Interdigitated Back Contact) 구조 태양전지가 처음 소개되었고, 이후에 IBC 구조 실리콘 태양전지는 Lammert와 Schwartz에 의해 연구되었으며, 2004년경부터 미국 선파워(SunPower)사가 양산하고 있다. 선파워사는 2003년에 상용화 라인인 125 mm×125 mm 크기의 n형 단결정 IBC 태양전지에 대해 20.4%의 공인 효율을 인정받았고, 2007년에는 새로운 구조의 22% 효율을 가지는 Gen-2 태양전지 양산을 시작하여 2022년에는 Gen-7까지 생산하고 있다. 이러한 태양전지 구조는 실제 상용화한 태양전지 중에서는 최고의 태양전지로 간주될 수 있으며, 궁극적으로 고효율 태양전지 구조의 최종 목표가 될 것이다. IBC실리콘 태양전지 구조와 후면 전극 형태를 그림 5.22에 나타내었다.

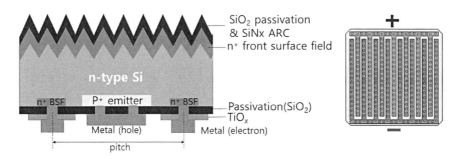

그림 5.22 IBC 실리콘 태양전지 구조(좌)와 후면 전극 패턴 모습

이 구조에서는 에미터와 후면 전계층, 양 전극이 깍지형(interdigitated grid) 형태로 모두 후면부에 있다. 광흡수 증가 특성과 함께 재결합 손실이 감소된 후면 전극 접촉, 최적화된 광 포획, 내부 후면 반사가 증가된 그리드가 없는 전면 및 적절한 후면 국부 접합 금속화 방법과 패시베이션 향상의 특성이 있다. 후면의 넓은 에미터 영역과 베이스 영역 금속 핑거는 금속 접합의 직렬 저항을 감소시키는 장점이 있다. 이러한 태양전지는 고품질의 단결정 n형 실리콘 기판의 사용을 통해 전하 수명을 1 ms 이상으로 유지함으로써, 빛이 입사되는 전면부에서 발생한 소수 전하가 접합 및 금속 전극이 위치한 후면부까지 도달할 수 있는 충분한 확산 거리를 가지도록 해준다. 태양전지 전면에서의 재결합 손실도 전면을 n^+로 도핑하고 SiO_2 패시베이션층을 형성하여 충분히 줄일 수 있다. IBC 구조의 실리콘 태양전지 제조 과정은 다음과 같다. n형 실리콘 단결정 웨이퍼를 사용하여 피라미드 텍스처링을 하고 후면은 평탄화 공정을 진행한다. $POCl_3$를 이용하여 전면 전계 (FSF)와 후면 전계(BSF)에 별도로 확산하여 형성한다. 그런 다음에 후면에 붕소 확산과 패터닝 공정을 통해서 p^+에미터가 형성된다. 전면부 패시베이션과 반사방지막층으로 $SiNx$을 사용하였으나 패시베이션 특성 향상을 위해 $SiO_2/SiNx$, $Al_2O_3/SiNx$ 적층막이 적용되고 있다. 후면에도 같은 적층막 패시베이션층으로 증착한다. 마지막으로 후면 접촉 구멍이 패터닝 공정으로 형성되고, 스크린 프링팅에 의해 전극을 형성한다. 전극 형성은

레이저를 이용하거나 도금 형태의 증착으로 진행하기도 한다. 도금은 Al/TiW층을 씨드층으로 하며, Cu전극 도금 후 Sn도금으로 마무리한다. 씨드층은 Ni을 사용하기도 한다. 개발 중인 다양한 IBC 태양전지 제조공정순서가 존재하며, 그림 5.23에는 미국과 중국의 회사에서 양산화된 두 가지 IBC 태양전지의 기본 제조공정도를 보여준다.

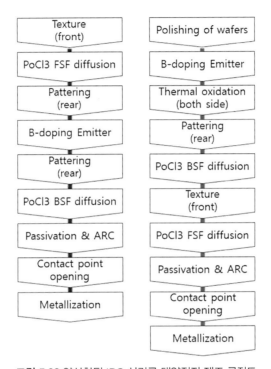

그림 5.23 양산화된 IBC 실리콘 태양전지 제조 공정도

IBC 태양전지로 전면과 후면의 거의 완벽한 패시베이션이 가능해짐으로써 700 mV이상의 개방전압을 얻을 수 있고, 최적의 금속전극 형성으로 FF를 80% 이상으로 증가시킬 수 있었다. 스크린 프린팅 결정질 실리콘 태양전지에 비하여 온도 계수가 0.38%/°C 수준으로 감소함으로써 고온에서도 상대적으로 높은 출력을 유지할 수 있다. IBC 태양전지는 실리콘 태양광 모듈 효율을 처음으로 20% 이상을 넘었으며, Gen-7기술을 적용한 IBC 구조 실리콘 태양전지는 효율 26%를 나타내고 있다.

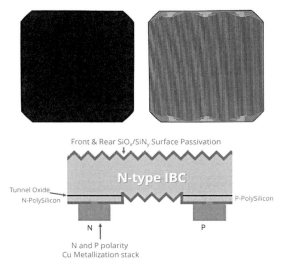

그림 5.24 후면 전극 실리콘 태양전지 모습(상)과 Gen-7기술의 선파워 IBC 태양전지 구조(하)(출처: 선파워)

　IBC 구조의 태양전지는 후면의 접합부에서 전하를 수집하기 때문에 고품질의 기판을 필요로 한다. 하지만 낮은 품질의 실리콘 기판을 이용하여 후면 전극형 태양전지를 제조하기 위해서는 많은 경우에 에미터층을 전면과 후면 모두에 형성을 한다. 전면의 에미터층과 후면의 에미터층을 연결하기 위해 기판에 다수의 구멍(hole)을 뚫고 이러한 구멍을 통해 연결하는 태양전지가 EWT(Emitter-Wrap-Through) 태양전지이고, 전면에 핑거 전극을 형성하고 이를 후면의 버스 바에 연결하는 태양전지를 MWT(Metallization-Wrap-Trough) 태양전지라 부른다.

2. EWT 태양전지

　EWT(Emitter-Wrap-Through) 실리콘 태양전지는 1993년 M. Gee가 개발하였고, 그림 5.25에 EWT 태양전지의 기판에 형성한 구멍과 EWT 태양전지 구조를 보여주듯이 모든 전면 그리드 접촉을 제거함으로써 입사광의 흡수를 향상시킨다. 전극은 모두 후면에 있지만, 수집을 위한 에미터 일부는 전면부에 가깝다. 전면뿐만 아니라 구멍 및 후면에도 에미터를 형성하여서 전체적인 에미터의 면적이 증가될 수 있어 확산거리가 짧은 낮은 품질의 실리콘 기판의 사용을 가능하게 하였으며, 이는 IBC 태양전지에 비해 높은 전하

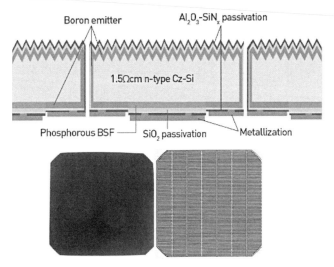

그림 5.25 EWT 구조 실리콘 태양전지(좌) 전후면 모습(우)

수명 재료에 대한 요구 사항을 낮춘다. 또한, 전면의 pn 접합은 전하의 수집을 증가시켜 IBC 태양전지에 비해 재결합 손실을 상대적으로 줄일 수 있다. EWT 태양전지는 패터닝을 위한 패터닝 공정, 후면 에미터 형성을 위한 구멍 뚫는 레이저 드릴링(drilling) 기술, 국부적인 금속 전극 접합 연결을 위한 레이저 기술, 금속 전극 형성 기술 등 많은 복잡한 공정을 이용한다. 모든 전면 그리드를 제거하면 전면부에서 전도도가 낮아지기 때문에, 전면 에미터와 후면 에미터 사이의 전하 연결을 위해 더 많은 수의 에미터 구멍이 웨이퍼에 필요하다. 후면부로의 에미터 연결 접촉 접합은 웨이퍼 레이저 드릴 비아를 통해 형성된다. 전면 또는 실리콘 웨이퍼의 전체 두께를 통해 수집된 소수 전하의 운반 채널로써 일반적으로 5인치 웨이퍼의 경우 약 15,000개, 6인치의 경우 약 25,000개의 구멍이 사용된다. 비아(via)의 직경은 30~60 μm 수준이며, 레이저 가공면과 뒷면과의 가공 모양 조절이 필요하다. 이는 레이저 드릴링 기술의 향상으로 초당 20,000개 이상의 구멍 형성이 가능하다. 에미터 구멍 형성 시에 레이저 공정에 의한 잔해(debris)들과 손상이 발생되기 때문에 식각 공정 조건을 통한 실리콘 표면을 매끈하게 유지하는 것이 중요하다. 제조 공정 시에 유의할 점으로는 후면의 패시베이션을 통해 FF와 개방전압의 감소를 최소화하여야 하고 전면과 후면을 연결하는 에미터 구멍의 표면에도 고농도의 도핑이 요구된다는 것이다. 고농도 도핑은 금속 전극과의 접촉저항을 줄이고 구멍 내부에 금속 전극 물질이 완전히 채워지지 않아 생기는 비아에 따른 전도율 영향과 직렬 저항 손실을 줄이기 위함이다. 낮은 FF를 개선하기 위해서는 웨이퍼의 기판 비저항 선택이 중요하며, 현재까지 개발된 EWT 실리콘 태양전지는 20% 초반의 셀효율들을 나타내고 있다. 또한 IBC 태양전지와 마찬가지로 후면에 베이스와 에미터가 동시에 존재하기 때문에 션트(shunt)를 최소화하는 설계 및 공정이 필요하다. 비용적인 측면에서는 태양전지용급 실리콘과 같은 상대적으로 낮은 품질의 기판 사용이 가능하고 스크린 프린팅 공정 적용이 가능하며 저가의 태양전지 생산이 가능하다. 그림 5.26에는 Rear Interdigitated Single Evaporation(RISE) 기반의 EWT 태양전지의 제조 공정 순서도를 보여준다. 태양전지의 모듈화는 Cu 재료 전극 기반으로 연결하여 백시트(back sheet)에 증착하는 MMA(Monolithic Module Assembly)방법으로 연구 진행되었다.

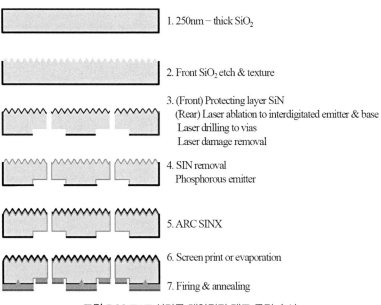

그림 5.26 EWT 실리콘 태양전지 제조 공정 순서

3. MWT 태양전지

MWT(Metallization-Wrap-Trough) 태양전지는 Kerschaver에 의해 소개되었다. MWT 태양전지는 기존 스크린 프린팅 실리콘 태양전지와 유사하여, 양산이 가능한 셀 제조 기술에 기반한 후면 전극형 태양전지이다. 이 구조의 태양전지는 에미터와 전극 핑거는 전면부에 위치하고 반면에 버스 바는 후면에 있다. 전면부 금속 핑거에서 후면 버스 바까지 연장은 웨이퍼에 레이저 드릴링에 의해 뚫어진 천공에 의한다. 따라서 EWT 태양전지와 같이 전면에서 생성된 대부분의 광수송자는 웨이퍼에 뚫어진 구멍에 의해서 후면에서 수집 될 수 있다. 이 구멍은 기존 p형 기반 양산의 스크린 프린팅 공정을 통해서 금속이 매워짐으로 상용 태양전지 공정 활용에 용이하다. n형 영역과 p형 영역 사이에서 발생할 수 있는 션트(shunt)는 금속 전극에 따라 존재하는 접합을 감싼 후에 후면에서 접합을 분리하는 방법으로 제거한다. MWT 태양전지에서 에미터를 전면에만 형성하고 후면의 금속 전극을 두꺼운 절연체로 실리콘과 분리할 수도 있다. 후면의 금속 전극은 셀을 직렬로 연결할 경우에만 사용되도록 제한할 수도 있고, 경우에 따라서는 셀의 후면에 에미터를 형성하여 금속 전극과 접촉하도록 할 수도 있다. 그림 5.27에는 다양한 MWT 태양전지의 구조를 보여주고 있다. p형 기판 기반의 MWT 태양전지는 크게 5가지 구조 형태로 개발되었고 MWT-BSF와 MWT-PERC 형태가 후면 에미터와 비아를 형성한 p형 기반의 MWT 태양전지 구조이며, MWT-BSF+형태는 후면과 비아에 에미터를 형성하지 않아 MWT-BSF 형태에서 간단하게 제조하는 구조이다. HIP(HIgh Performance)-MWT는 MWT-PERC 형태에서 후면 에미터를 없앤 구조이며, 후면과 비아에 에미터 형성이 없는 구조가 HIP-MWT+형태로 표시한다. MWT-PERC과 HIP-MWT구조의 태양전지에서는 20% 수준의 셀효율을 나타내었다. n형 기판을 이용해서 후면 n-BSF 형성과 전체적으로 후면 n-BSF를 형성한 nMWT-1과 nMWT-2 형태의 구조가 있다. MWT 실리콘 태양전지 제조 공정 순서의 예를 그림 5.28에 나타내었다.

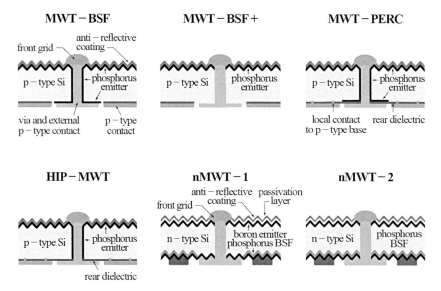

그림 5.27 다양한 MWT 실리콘 태양전지 구조

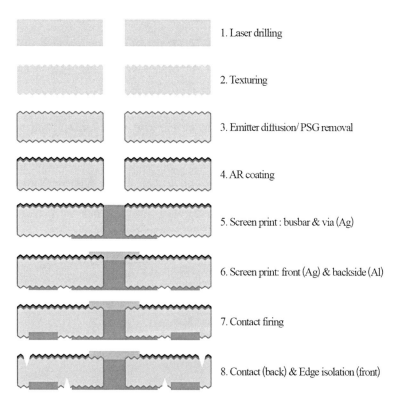

1. Laser drilling

2. Texturing

3. Emitter diffusion/ PSG removal

4. AR coating

5. Screen print : busbar & via (Ag)

6. Screen print: front (Ag) & backside (Al)

7. Contact firing

8. Contact (back) & Edge isolation (front)

그림 5.28 MWT 실리콘 태양전지 제조 공정 순서

4. HBC 태양전지

이종접합 태양전지는 기존의 결정질 실리콘 태양전지의 고온 처리 공정과 관련된 문제에 대한 좋은 해결책을 제시한다. 이 소자들은 약 200℃의 낮은 공정 온도를 가지며 25% 이상의 매우 높은 효율을 달성할 수 있다. HIT 구조에서, c-Si 웨이퍼의 전면 및 후면 모두에 a-Si : H(i)를 가진 a-Si : H / c-Si 이종접합 계면이 패시베이션 층으로서 높은 개방전압을 달성할 수 있다. 여기에 더불어 IBC 구조는 전면에서의 음영 손실이 없기 때문에 더 높은 단락전류 특성을 가능케 한다. HIT와 IBC의 장점을 모두 가진 하이브리드화된 구조는 HBC(Heterojunction back contact)라고도 부르며, 이종 접합부로부터의 높은 개방전압 및 후면 접촉부로부터의 높은 단락전류 특성을 가진다. 최초의 HIT-IBC 셀은 낮은 FF 및 단락전류로 인하여 11.8%의 효율을 달성하였다. HIT기술로 양산화한 파나소닉과 카네카에서 연구를 주도하여 최고 효율을 갱신하면서 26% 이상의 셀효율을 웨이퍼 크기에서 보여주었다. HBC 태양전지에서 사용된 구조 및 주요 접근법을 그림 5.29에 나타내었다. 셀효율 26% 이상의 HBC셀은 740 mV대의 개방전압과 42 mA/cm² 대의 단락전류, 그리고 84%의 FF를 나타낸다. HBC 셀 구조에서의 실제 구현할 수 있는 최고 효율은 27.5% 정도로 예측되고 있다. 현재의 주된 연구 방향은 간단한 처리 기술과 최소한의 처리 단계로 고효율 HBC 태양전지를 생산하는 것이다. 도핑된 a-Si : H 박막을 in-situ shadow mask를 이용해서 두 개의 깍지형 빗모양(interdigitated combs)으로 구현하는 것을 제안했

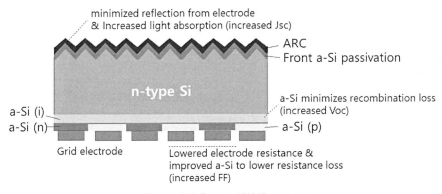

그림 5.29 셀효율 26% 이상의 HBC 구조

다. 전면에 free-carrier absorption 효과를 줄이기 위해 ITO 대신에 SiNx 반사방지막을 사용하여 단락전류를 향상시켜 21% 이상의 셀효율을 보고하였다.

04 양면 태양전지

1960년에 양면 태양전지(bifacial cell) 제안이 이루어지면서, 제조하기 위한 첫 번째로 시도한 방법은 실리콘 기판 각각의 면에 pn 접합을 형성함으로써 p^+np^+구조를 만드는 것이다. 그 이후로 n^+pn^+ 형태의 트랜지스터와 비슷한 구조의 태양전지도 연구하기 시작하였다. 이러한 태양전지의 가장 큰 장점은 낮은 품질의 실리콘 기판을 사용해서도 셀 제작이 가능하다는 것이나 세 개의 금속 전극이 필요하기 때문에 셀 제조 공정이 복잡해질 수 있다. 소련의 우주 프로그램으로 개발된 양면 태양전지가 1975년 전후로 처음으로 보여주었다. 여기까지는 여러 실리콘 태양전지를 연결하여 만들었으나 1977년경 하나의 실리콘 웨이퍼에 양면의 전극을 갖는 현대와 같은 개념인 양면태양전지를 제안하였다. pp^+ 혹은 nn^+접합을 형성한 양면 태양전지는 양면 BSF 태양전지로 알려져 있는데, 고농도로 도핑된 영역에서의 전기장이 후면에서의 재결합 손실을 줄이고 개방전압을 높일 수 있어서 붕소와 인의 조합으로 연구자들이 BSF셀을 만들었다. Al-alloy를 사용한 최초의 양면 태양전지는 성공적이지 못했지만, 붕소의 확산을 사용하여 성공적으로 제조하였다. 1980년에 Comsat사 실험실에서는 우주에서 방사성(radiation) 입자에 강한 특성을 보여주는 매우 높은 비저항을 가지는 실리콘 기판을 사용하여 양면 BSF 태양전지를 개발하였다. 1981년에는 Isofoton사가 스페인에 처음으로 양면 태양전지 공장을 설립하였다. 이후 PERC셀의 개념처럼 유전체의 패시베이션을 구현하면서 현재의 양면태양전지 구조가 되게 되었다. 양면 태양전지는 태양광이 양쪽면 입사가 가능하도록 뒷면을 핑거 그리드 전극을 사용한다. 햇빛이 표면에서 반사될 때의 효과를 '알베도(Albedo)'라고 하며, 후면에서 이 반사된 빛을 흡수하게 된다. 양면 태양전지는 PERT, PERL, PERC, TOPCon, IBC, HIT구조를 사용한다.

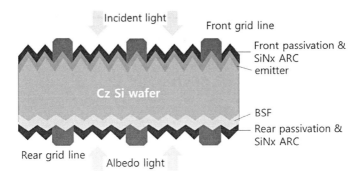

그림 5.30 양면 태양전지 구조

양면 태양전지는 태양 에너지 효율성과 관련하여 다양한 이점을 제공한다. 양면 태양전지는 모듈 후면의 유리 패널에 의해 간접적인 태양 광선이 포획되어 효율성과 에너지 생산이 향상되므로 개방된 지역이나 평평한 지붕에 적절하게 설치된 경우 기존 단면 태양전지 기술보다 최대 30% 더 증가된 전력 생산할 수 있는 장점이 있다. 유리 대 백시트 모듈과 비교하여 양면 모듈은 유리 합성물로 내장되어 있으며 이 유리 대 유리(glass-to-glass) 구조는 환경 영향으로부터 모듈을 더 잘 보호한다. 양면 모듈의 모듈 설계 및 적용은 모듈이 향하는 방향이 중요하지 않기 때문에 더 적은 제한을 수반한다. 실제로 이러한 모듈은 수직으로 설치할 수 있으므로 패널 표면에 먼지가 쌓이는 오염의 영향을 완화하는 데 도움이 된다.

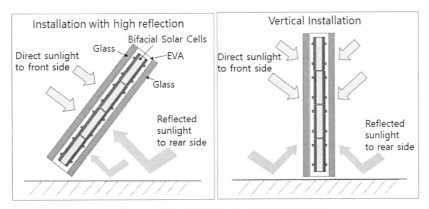

그림 5.31 양면 태양전지 모듈 설치방법 및 사례

양면 태양전지의 효율은 1 sun 조건하에서 전면과 후면 각각의 효율 측정에 의해 특성화되며, 각 면에 광조사로 측정할 때 전면과 후면 효율의 비율을 양면 계수(bifaciality factor)라 한다.

$$양면\ 계수(\%) = \left(\frac{전면\ 셀효율}{후면\ 셀효율}\right) \times 100$$

IBC와 p-PERC은 70~80%, TOPCon은 약 85%, n-PERT는 80~90%, HIT는 90% 이상의 양면계수를 나타낸다. 양면 태양광 모듈에 관한 내용은 8장에서 언급할 것이다. 추가적으로 각 태양전지의 전력 온도 계수는 TOPCon 0.30~0.35%/℃, PERC 0.35~0.40%/℃, HIT 0.25~0.30%/℃이다.

실리콘 페로브스카이트 태양전지

06 실리콘 페로브스카이트 태양전지

01 페로브스카이트 태양전지

1. 페로브스카이트 태양전지

페로브스카이트는 1839년 러시아 우랄 산맥에서 광물학자 레프 페로브스키(Lev Perovsky)에 의해 처음 발견된 물질이다. 일반적으로 페로브스카이트는 $CaTiO_3$와 동일한 조성과 구조를 가진 물질을 일컬으며, ABX_3 결정 구조를 갖고 있다. 페로브스카이트는 BX_6 팔면체가 A로 이루어진 직각 6면체의 꼭짓점을 공유한다. 즉, A-사이트 양이온은 12개의 X 음이온으로 배위되어 육팔면체를 형성하며, 6-fold 배위된 B-사이트 양이온은 팔면체 형태를 가진다.

페로브스카이트 물질들은 강유전 및 압전, 초전도 현상 등과 같은 우수한 물리적 특성들을 가져 활발하게 연구되어 왔고, 최근에는 태양전지에 응용하는 물질로 유무기 혼합 페로브스카이트가 연구 대상으로 주목받고 있다. 페로브스카이트 태양전지에 대해 가장 많이 연구된 유무기 할라이드(halide) 페로브스카이트는 $MAPbI_3$ 및 $FAPbI_3$이다. A 양이온 자리에 주로 유기물 양이온인 메틸암모늄(methylammonium, $CH_3NH_3^+$) 또는 포름아미디늄(formamidinium, $NH_2CHNH_2^+$) 등을, B 양이온 자리에 금속 양이온인 납(Pb), 주석(Sn) 등을, X자리는 할로겐 음이온(Cl^-, Br^-, I^-)을 포함하는 3차원 구조를 갖고 있다. 페

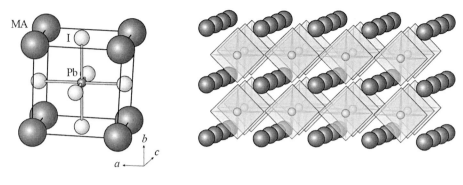

Ferroelectrics	$BaTiO_3$, $PbTiO_3$
Piezoelectrics	$KNbO_3$, $BiFeO_3$, $LiTaO_3$
Superconductors	$Sn_{10}SbTe_4Ba_2MnCu_{16}O_{32}$, $Sn_8Sb\,Te_4Ba_2MnCu_{14}O_{28}$, $(Tl_5Sn_2)Ba_2SiCu_8O_{16}$

그림 6.1 대표적 유무기 하이브리드 페로브스카이트 결정 구조 및 다양한 조성과 물성(출처: Science 1995, 267,1473)

로브스카이트는 할로겐 음이온의 종류와 성분에 따라 에너지 밴드갭을 조절할 수 있어 흡수할 수 있는 파장 대역을 자유롭게 조절할 수 있는 장점과 낮은 엑시톤(exciton) 결합 에너지를 가져 전자와 정공을 용이하게 분리할 수 있는 장점이 있다. 또한, 긴 전하 확산

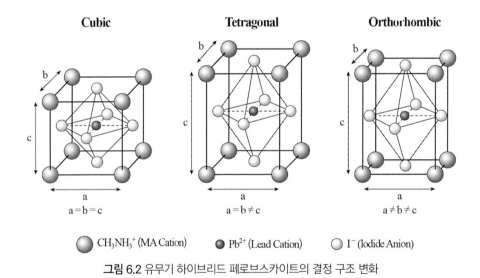

그림 6.2 유무기 하이브리드 페로브스카이트의 결정 구조 변화

거리를 가져 전자와 정공이 빠른 시간 안에 재결합되는 것을 막아 페로브스카이트를 태양전지에 적용했을 때 태양전지의 고효율에 유리하다는 장점을 갖고 있다.

페로브스카이트 물질의 결정 구조는 cubic, tetragonal, orthorhombic 구조로 나눌 수 있으며 페로브스카이트가 a=b=c인 입방정계(cubic) 구조를 가질 때 가장 안정하다. 정방정계(tetragonal) 구조는 조성에 따라 결합 길이가 늘어나면서 dipole moment가 줄어들어서 전자를 얻기 어려운 구조를 가지고 있어 입방정계보다 불안정한 구조이다.

또한, 페로브스카이트 물질은 온도에 따라서 결정 구조가 가역적으로 변화되는 특성을 가진다. 예를 들어, MAPbI₃ 페로브스카이트 물질의 경우 약 162 K 이하의 온도에서는 사방경계(orthorhombic) 구조를 가지고 162~327 K 온도 범위에서는 정방정계 구조를 가지며, 약 327 K 이상의 온도에서는 입방정계 구조를 가진다. 즉, 낮은 온도에서 대칭이 깨지고, 점차 온도가 상승할수록 결정 구조의 대칭성이 증가한다는 특징을 가지고 있다. 또한, 페로브스카이트 결정 구조는 물질 조성의 영향을 받기 때문에 조성의 양에 따라 결정 구조가 변한다.

페로브스카이트 결정 구조의 불안정성으로 인해 안정한 cubic 구조에서 불안정한정방정계 또는 사방경계 구조로 상전이가 일어나는 문제가 발생해 이를 해결하고자 페로브스카이트 조성 중 할라이드 이온의 비를(Br : I) 조절하여 상전이 문제를 해결하는 연구들

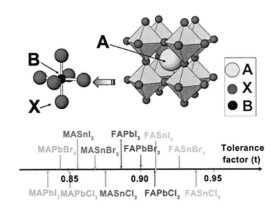

Tolerance factor (t)

$$t = \frac{r_\text{A} + r_\text{X}}{\sqrt{2}\,(r_\text{B} + r_\text{X})}$$

r_A, r_B, and r_X :
ionic radii of the ABX$_3$ perovskite

그림 6.3 골드 슈미트 공차 계수(Goldschmidt Tolerance Factor) 계산식과 다양한 조성의 공차 계수
(출처: Crystals 2018, 8, 232)

이 보고되고 있다. Iodide-bromide 혼합 조성 페로브스카이트 구조에서 bromide 양 대비 점차 iodide 양을 늘려갈 때 페로브스카이트 결정 구조가 입방경계 구조에서 정방경계 구조로 변한 것을 알 수 있어 할라이드 이온의 첨가비를 적절히 조절하며 페로브스카이트 조성을 변화시킨다면 안정한 입방경계 구조를 얻어 페로브스카이트의 구조의 안정성을 향상시킬 수 있다.

골드 슈미트 공차 계수(Goldschmidt tolerance factor)는 페로브스카이트 물질이 얼마나 안정한가와 결정 구조의 변형 정도를 평가하는 인자이다. 여기서, r_A는 A 양이온의 이온 반경, r_B는 B 양이온의 이온 반경, r_X는 X 음이온의 이온 반경을 의미한다. 페로브스카이트 물질은 cubic 구조를 가질 때 가장 안정적이며, 높은 대칭성의 입방경계 구조를 갖는 공차 계수(tolerance factor)는 1에 가까워야 한다.

페로브스카이트 구조에서 이상적인 공차 계수는 0.9 < t < 1.0이며, 이 범위를 벗어나는 경우, 대칭성이 낮은 정방경계 또는 사방경계 구조를 가져 물질의 구조적 안정성에 영향을 끼친다.

예를 들어, 0.7 < t < 0.9인 영역에서는 A 양이온의 크기가 너무 작아 B 양이온 사이에 들어가기에 적합하지 않아 결정 구조가 뒤틀리며 불안정해진 사방경계 구조를 가지며, t > 1인 경우는 A 양이온의 크기가 너무 크거나 B 양이온의 크기가 너무 작기 때문에 결정 구조가 불안정해져 정방경계 구조를 가진다.

앞의 그림 그래프에 나타내었듯이 페로브스카이트 조성에 따라 공차 계수가 달라진다는 것을 알 수 있다. A 양이온, B 양이온, X 음이온의 이온 반경에 따라 결정 구조의 상전이가 일어나기 때문에 페로브스카이트 합성 시, 각 이온들의 크기를 고려할 필요가 있다. 이러한 결정 구조의 상전이와 안정성을 평가하는 공차 계수는 페로브스카이트의 광학적 특성과 전기적 특성에 영향을 나타내는 중요 인자이기 때문에 페로브스카이트 응용 분야에 활용하는 데에 있어서 중요한 인자이다.

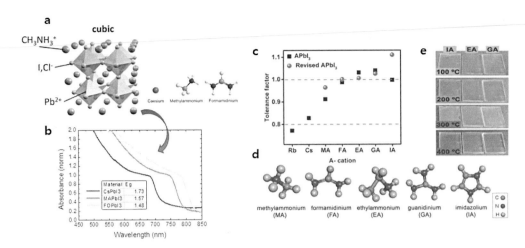

그림 6.4 조성 제어에 따른 흡광 특성, 공차계수 및 열 안정성의 변화(출처: J. Mater. Chem. A, 2016, 4, 6185; Adv. Mater. 2017, 29, 1702005)

페로브스카이트의 ABX_3 조성 구조에서 각 이온들의 물성의 영향에 따라 페로브스카이트 물성이 달라져 페로브스카이트 응용 분야에 적용함에 있어서 중요하게 작용한다. 예를 들어, 유기 양이온인 A 양이온은 종류에 따라 이온의 크기, dipole moment 등 물성이 다르며, 그로 인해 종류를 달리 했을 때 페로브스카이트의 밴드갭이 조절되어 광전자 소재로서 흡광 영역대가 변화되어 물질의 광학적 특성이 달라지게 된다. 더욱이, 페로브스카이트 조성에 따라 결정의 안정성을 평가하는 공차 계수도 달라지기 때문에 A 양이온을 종류를 달리할 때, B 양이온과 X 음이온의 크기 및 물성까지 동시에 고려하여 조성을 변화시킨다면, 불안정한 결정 구조로의 상전이를 막을 수 있다.

또한, A 양이온뿐 아니라 X 음이온의 종류를 달리하여 조성 제어 시, 물질의 밴드갭을 조절해 광학적 특성과 전기적 특성을 변화 시킬 수 있다. 예를 들어, I^- 이온과 Br^- 이온을 섞은 페로브스카이트 합성 연구에서 I^- 이온과 Br^- 이온의 상대적 양을 조절할수록 페로브스카이트의 흡광 영역대가 달라지는 현상이 보고되었다. Br^- 이온 대비 I^- 이온의 양을 늘려갈수록 밴드갭이 감소하여, 흡광 영역대가 장파장 영역까지 넓어지는 현상이 나타난다고 보고되고 있다. 또한, 조성의 양에 따라 결정의 구조도 변화하기 때문에 I^- 이온의 양을 늘려 갈수록 결정 구조의 상전이가 일어나 입방경계 구조에서 정방경계 구조로 변화하는 현상도 관찰되고 있다.

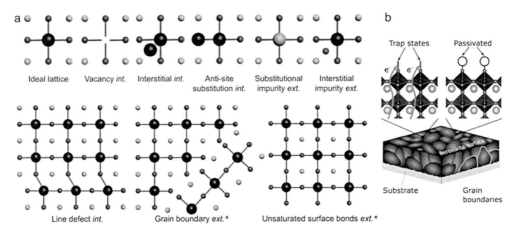

그림 6.5 페로브스카이트 결정 내에 발생 할 수 있는 다양한 형태의 결함(출처: Mater. Horiz., 2020, 7, 397)

페로브스카이트 기반 태양전지의 상용화를 위해서는 효율, 안정성, 수명을 고려해야 하는 것은 필수적이며, 특히 광활성층인 페로브스카이트의 광전자 특성과 안정성은 페로브스카이트 내부에 존재하는 결함(defect)제어를 통해 향상시킬 수 있다.

페로브스카이트 재료의 광전자 특성과 안정성을 저해하는 결함은 점 결함(point defect), 결정립계 결함(grain boundary defect), 표면 결함(surface defect), 계면 결함(interfacial defect) 등이 있으며, 점 결함에는 치환 결함(anti-site defect), 침입형 결함(interstitial defect), 공공 결함(vacancy defect) 등이 있다.

예를 들어 $MAPbI_3$ 재료 내에 존재하는 결함 중 공공 결함은 각각의 메틸암모늄, 납, 아이오딘화 이온의 공공(V_{MA}, V_{Pb}, V_I)이며, 침입 결함은 메틸암모늄, 납, 아이오딘화 자리에 타 이온이 침입한 결함이다. 또한, 각각의 메틸 암모늄, 납, 아이오딘화 이온의 자리에 타 이온이 치환된 결함을 치환 결함이라고 한다.

다결정 페로브스카이트 재료의 보고된 결함 밀도는 $\sim 10^{16}\ cm^{-3}$으로 비교적 높다. 이러한 결함들을 제어하기 위해서 다양한 제어 공정들이 필요하다. 페로브스카이트 전구체 용액상에 결함제어 물질을 도입하거나 또는 박막 제조 공정 중 페로브스카이트 박막 위에 결함제어 물질을 도포하여 박막 형성 시 결함을 안정화시키는 연구 등이 진행되고 있다.

예를 들어, 결합제어 물질들로는 루이스 염기와 루이스 산 등이 있는데, 페로브스카이트 박막에 루이스 산 분자를 첨가하면 전자가 풍부한 결함에 존재하는 고립 전자쌍과 결합하여 결함의 양을 감소시킬 수 있으며, 루이스 염기는 전자 제공 역할을 하여 고립 전자쌍을 제공해 납 이온과 루이스 첨가물을 형성하여 결함을 안정화시키는 역할을 하고 있다.

페로브스카이트 재료의 결합 특성은 기존 반도체보다 더 이온성을 나타내며, 이러한 이온 결합 특성은 저온에서 용액 기반 코팅 방법을 통해 추가 처리를 위해 다양한 극성 비양성자성 용매(polar aprotic solvent)에서 페로브스카이트 재료를 쉽게 용해할 수 있게 한다. 그러나 결합의 높은 극성 이온 특성으로 인해 습기, 산소 및 극성 용매에 의해 쉽게 분해되어 기존 무기 반도체에 비해 재료의 환경 안정성이 매우 낮은 편이다. 유기 A 양이온과 PbI_6 팔면체 사이의 2차 수소 결합은 상대적으로 약하기 때문에, 낮은 온도(< 200℃)에서 열화되어 재료와 소자의 열적 열화를 유발한다. 그러므로, 페로브스카이트의 태양전지 적용에서 가장 중요하게 고려해야 할 것이 수분 안정성과 열 안정성이다. 페로브스카이트의 결정 구조는 온도에 민감하게 반응하여 구조적 변형을 일으키고 외부 환경에 영향을 받아 공기 중 수분과 열에 굉장히 취약하다는 단점을 가져 물질의 안정성을 향상시키고자 하는 연구들이 진행되고 있다.

그림 6.6에서 보듯이, $CH_3NH_3PbI_{3-x}Cl_x$ 페로브스카이트 물질이 85℃에서 초기에는 검정색을 나타내지만, 24시간 후에는 점차 노란색으로 변화하는 것을 볼 수 있는데 이는 A 양이온이 결정 구조에서 빠져나오기 쉽고 열적 안정성이 낮아 페로브스카이트를 분해시켜 PbI_2를 석출시키기 때문에 시간이 지날수록 노란색을 띠게 된다.

MA 기반 페로브스카이트가 수분과 반응하게 되면 다음 반응식에서처럼 PbI_2로 비가역적으로 분해될 수 있다.

$$(CH_3NH_3)PbI_6 \cdot 2H_2O \rightarrow 4CH_3NH_3I + PbI_2 + 2H_2O$$

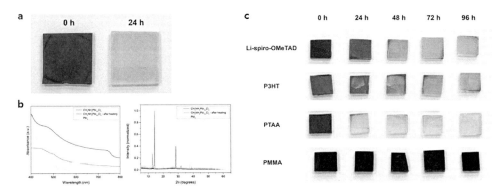

그림 6.6 온도 및 습도에 의한 페로브스카이트 조성과 결정성의 퇴화, 이를 억제하기 위한 다양한 소수성 소재 표면 처리 기술(출처: Nano Lett. 2014, 14, 5561-5568)

열 안정성 시험평가 시작 전과 평가 후를 관찰하면, 열을 가하고 난 후 흡수도가 낮으며, XRD 분석에서도 PbI_2의 피크가 강하게 관찰되는 것을 알 수 있다. 따라서 공기, 열, 빛, 습도 등 외부 환경에 강한 영향을 받는 페로브스카이트를 보호하기 위한 연구들이 지속적으로 진행 중이며, spiro-OMeTAD, P3HT, PTAA, PMMA 등 여러 물질들을 페로브스카이트 태양전지의 정공수송층(Hole Transport Layer, HTL)으로 사용해 페로브스카이트를 수분으로부터 보호하는 역할도 포함한다.

금속 전극(은(Ag) 또는 금(Au))이 페로브스카이트 층으로 확산되는 것도 잠재적 저하의 원인이다. 할로겐화물 페로브스카이트($MAPbI_3$)가 수분 존재하에서 분해되기 시작하면서 휘발성 부산물 요오드화수소(HI)는 전하 수송층의 핀홀을 통해 페로브스카이트층으로부터 탈출하여 상부 Ag 전극과 반응하여 요오드화은(AgI)을 형성하게 된다. 이는 태양전지로 더 확산되어 소자 성능과 안정성을 저하시킨다.

페로브스카이트의 조성과 화학결합 특성의 조절은 재료의 광전자적 특성과 소자의 태양전지 효율뿐만 아니라, 열과 환경 안정성에 영향을 주게 된다.

A 사이트 양이온 변경의 경우, A 양이온의 크기와 대칭성에 따라서 Pb^{2+}와 할라이드 이온 사이의 결합 거리와 각도가 변하여 밴드 가장자리 상태(band edge state)의 분포에 영향을 미칠 수 있다. 하지만 B 및 X 사이트 이온의 경우와 비교하여 A 양이온의 조성 변경은 페로브스카이트 재료의 광전자 특성에 큰 영향을 미치지 않으며, 재료의 결정 구

조를 미세 조정할 수 있게 한다.

MAPbI₃ 페로브스카이트 재료는 217 pm의 이온 반경과 0.91의 공차 계수로 상온에서 정방정계(tetragonal) 페로브스카이트 구조를 나타낸다. 약 56°C에서 MA 기반 페로브스카이트 재료는 입방체 구조로 상전이 된다. MAPbI₃의 밴드갭은 1.51~1.64 eV으로, 1.1 V 이상의 Voc를 얻을 수 있다. 광조사나 높은 온도에서 MAPbI₃의 열화는 일반적으로 MA 양이온의 휘발에 의해 발생된다.

MAPbI₃ 페로브스카이트의 단점을 극복하기 위한 대안으로 FA 양이온 기반 FAPbI₃ 페로브스카이트 소재가 제안되었다. FAPbI₃는 253 pm의 이온 반경과 0.99의 공차 계수로, 상온에서 비페로브스카이트 hexagonal 구조(밴드갭: 2.43 eV)를 나타낸다. hexagonal 구조는 150°C 이상의 온도에서 열처리 시 광활성 흑색상 입방체로 변환되고 입방체 α-FAPbI₃ 구조는 상온으로 냉각된 후에도 유지된다. 상대적으로 높은 온도에서 열처리 시 입방체 페로브스카이트 구조가 형성되지만, 상온에서 준안정(metastable)한 것으로 알려졌다. 입방체 FAPbI₃ 막은 불활성 대기 조건에서 안정하지만, 수분에 노출되면 역상 변환(reverse-phase conversion)이 일어나서 광비활성상(δ-FAPbI₃)으로의 가속 상전이가 발생된다. 입방체 FAPbI₃ 박막은 MAPbI₃ 박막보다 ~1.47 eV의 낮은 밴드갭을 갖지만, 전자 밴드 구조와 흡수 계수는 비슷하다. 또한, FAPbI₃ 박막의 전하 수명과 확산 길이는 MAPbI₃ 박막보다 훨씬 더 긴 것으로 밝혀졌다. 그러나 FAPbI₃ 페로브스카이트의 낮은 상 안정성은 순수한 FAPbI₃ 페로브스카이트 박막 태양전지에서 효율의 추가 향상을 제한한다.

B 사이트 양이온 변경의 경우, Pb와 관련된 독성 문제로 인해 B 양이온 대체가 대부분이다. 대표적으로 Sn이 있으며, Sn은 Pb와 동일한 원자가 전자 구성을 가지고 있다. 현재가지 Sn 기반 페로브스카이트 태양전지 효율은 Pb 기반 태양전지 효율보다 낮게 보고되고 있다. 이는 Sn의 낮은 산화 환원 전위로 인해 Sn^{2+}가 Pb^{2+}에 비해 불안정하기 때문이다. 즉, Sn 기반 페로브스카이트 박막 제조 시 상당한 비율의 Sn^{2+} 이온이 Sn^{4+}로 산화되어 높은 결함 밀도와 원하지 않는 p형 도핑을 유발한다.

X 사이트 음이온은 페로브스카이트 재료의 밴드 edge state에 직접적으로 기여하기 때문에 X 사이트 음이온의 대체는 페로브스카이트 재료의 광전자 특성을 크게 바꿀 수 있

다. 할라이드 음이온의 이온 반경이 감소함에 따라 Pb와 할라이드 음이온 사이의 결합 길이는 감소한다. 그 결과, 파동 함수(wave function)의 겹침(overlap)이 증가하여 원자 오비탈 결합을 향상시켜서 밴드갭이 증가된다.

우수한 안정성을 위해 2차원(2D) 페로브스카이트는 활용되고 있으며, 일반적으로 긴 알킬 사슬 또는 방향족 고리(aromatic ring)가 있는 큰 유기 양이온을 포함하여 3D 페로브스카이트에 비해 상대적으로 흡습성이 적다. 2D 페로브스카이트는 A 사이트 양이온의 크기가 코너 공유 PbX_6 네트워크에 의해 형성된 정육면체의 부피보다 커지면, PbX_6 팔면체는 ABX_3 3D 페로브스카이트의 코너 공유 형태를 유지할 수 없어 layer 2D A'_2BX_4 구조가 형성된다. 2D 페로브스카이트는 부피가 큰 유기 양이온이 전하 수송에 대한 장벽으로 작용하여 3D 페로브스카이트보다 낮은 전하 이동 특성을 나타내어 효율이 높지 않다. 2D 페로브스카이트 첨가 농도를 조절하여 3D 페로브스카이트 결정립계 영역에 형성하여 특성 개선 연구들이 진행 중이다.

유무기 할라이드 페로브스카이트 태양전지는 우수한 효율 성능을 나타내지만, 유기 양이온의 흡습성(hygroscopicity)과 휘발성(volatility)으로 인해 물, 산소, 빛 및 고온은 화학적 불안정성을 야기하고 분해하기 쉽게 만들어 상업적 적용을 어렵게 하고 있다. 이 문제를 해결하기 위하여 무기 세슘(Cs) 양이온을 사용하여 유기 양이온을 대체하여 안정성을 향상시킬 수 있다. 무기 페로브스카이트($CsPbX_3$, X = Cl, Br, I)에서 입방체(α 상) $CsPbI_3$는 안정성이 우수하며, 400°C의 고온에서도 분해되지 않는다. 또한 페로브스카이트/실리콘 탠덤 태양전지의 탑셀로서 가장 적합한 밴드갭(< 1.73 eV)을 가지고 있다. 그러나 Cs^+의 반경이 너무 작아서 공차 계수(0.8472)가 이상적인 값에서 벗어나, 높은 온도(> 320°C)에서 α-$CsPbI_3$를 얻을 수 있다. 상온에서 양자점은 열역학적으로 안정적이지만 박막은 $CsPbI_3$가 자발적으로 비페로브스카이트 황색상(γ-$CsPbI_3$)으로 변형될 정도로 매우 불안정하다. 따라서 이온 도핑, 준안정상(tetragonal(β)) 도입, 저차원 페로브스카이트, 입체 장해(steric hindrance) 등을 통해 상 안정성을 향상시키는 방법을 찾고 있다. 일반적으로 상온에서 $CsPbI_3$ 페로브스카이트의 흑색상(α, β, γ)은 황색상인 γ상에 비해 준안정하다. 이러한 상안정성은 낮은 공차 계수, Cs^+와 $[PbX_6]^{4-}$ 팔면체의 매우 강한 이온 결합으로 결정 및 결함 형성 유발, 그리고 극성 용매와 수분에 매우 민감한 것이 원인으로 분석되었다.

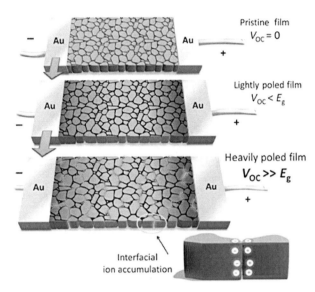

그림 6.7 외부 인가 전압에 의한 페로브스카이트 내부 이온의 이동과 그로 인한 결정립계의 퇴화 현상(출처: Science Advances, 2017, 3, 3, e1602164)

페로브스카이트 태양전지 특성은 밴드갭에 의하여 영향을 받는다. 밴드갭이 커지면 단락전류밀도는 감소하고 개방전압은 증가하기 때문에 밴드갭의 적절한 조절로 최대 태양전지의 효율을 얻는 것이 중요하다. 하지만 위 그림에서 볼 수 있듯이 $V_{OC} < E_g$일 때 전자는 용이하게 흐르지만, $V_{OC} \gg E_g$일 때 결정립계에서 이온 축적 현상들이 나타난다. 다양한 결정립계와 결함 생성 부분에서의 이온 축적 현상은 전자와 정공이 전극으로 이동하는 과정에서 역방향으로 방해하는 영향을 미쳐, 태양전지 효율을 감소시켜 전기적 특성을 저해하는 원인이 된다. 따라서 광전자 소자의 광학적 특성과 전기적 특성을 향상시키기 위해 페로브스카이트 계면과 표면에 나타나는 결함을 제어하는 것과 동시에, 소재의 광전하 특성을 저해하는 이온 축적과 이동현상을 더 명확히 규명되어야 한다.

2. 페로브스카이트 태양전지 공정

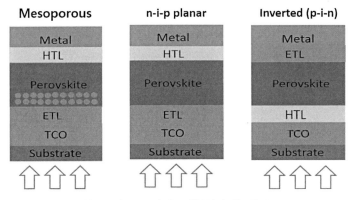

그림 6.8 페로브스카이트 태양전지 대표적 구조

페로브스카이트는 태양전지의 활성층으로서 전하 생성이 일어나는 중요한 영역이다. 활성층은 빛을 받아 전하를 생성하기 때문에 여러 층이 존재하는 소자 내에서 빛을 효과적으로 받을 수 있어야 한다. 활성층에 빛이 도달하기 이전에 전극에 의해 빛이 반사되거나, 다른 층들에 의해 빛이 모두 흡수되면 활성층은 빛을 받지 못하기 때문에, 태양전지 구동이 불가능하게 된다. 또한, ETL, HTL 등 각각 전하를 추출하기 위해서 용도에 맞는 에너지 준위를 정렬해야 한다. 따라서 태양전지 소자 구조는 각 물질들이 가지는 물리적 특성과 에너지 준위를 고려해야 한다. 하지만 활성층에 빛이 도달한다고 해도, 빛을 효율적으로 흡수할 수 있어야 많은 전하를 생성해 높은 태양전지 효율을 달성할 수 있다. 이를 위해 활성층은 높은 흡광계수 특성이 있어야 하며 빛 에너지를 전하로 바꾸는 능력 또한 중요하다.

빛을 페로브스카이트 소자에 가하게 되면 빛이 활성층에 도달하여 엑시톤(exciton)을 생성하게 된다. 생성된 엑시톤은 결합 에너지에 의해 전자-정공 쌍으로 존재하며 이를 분리하기 위해 엑시톤 결합 에너지 이상의 에너지가 필요하다. 엑시톤 분리는 주로 열에너지를 통해 일어나며 낮은 열에너지로도 엑시톤이 분리되어야 많은 전하가 생성되고, 높은 엑시톤 결합 에너지는 엑시톤이 쉽게 분리되지 않아 전자-정공 쌍이 재결합하여 전하 손실이 일어난다. 그러므로 높은 전하 밀도를 위해 낮은 엑시톤 결합 에너지 특성은 태양전지에서 중요한 요소 중 하나다. 페로브스카이트는 낮은 엑시톤 결합 에너지를 가지며($< 50\,meV$), 이는 상온에서 주어지는 열에너지($25\,meV$)로 엑시톤 분리가 가능해 높은 효율을 나타낼 수 있다.

엑시톤이 분리되어 전자, 정공이 생성되면 ETL, HTL의 에너지 준위 차이로 인해 전하 추출이 진행된다. 전자는 전돼를 통해 추출이 일어나며 ETL은 페로브스카이트보다 낮은 가전자대 에너지 준위를 가진다. 정공은 가전자대를 통해 추출이 일어나며 HTL은 페로브스카이트보다 높은 가전자대 에너지 준위를 가진다. 전자, 정공은 ETL, HTL과 페로브스카이트 사이의 에너지 준위 차이에 따라 추출될 수 있는 능력이 달라지며 에너지 준위 차이가 너무 작거나 크면 전자, 정공이 원활하게 추출될 수 없다. 추출된 전자, 정공은 전극으로 이동해 전력을 생산할 수 있게 된다.

페로브스카이트 태양전지는 n-i-p 구조, p-i-n 구조가 존재한다. 일반적으로 빛이 들어오는 방향의 순서대로 구조명을 기입하게 되는데, n-i-p 구조 같은 경우에는 빛이 전자수송층 방향으로 먼저 들어오게 되고, p-i-n 구조와 같은 경우에는 빛이 정공수송층 방향으로부터 들어온다는 것을 의미한다. 일반적으로 광흡수층에선 빛이 들어오는 위치의 엑시톤의 밀도가 가장 높고 빛이 들어오는 방향에서 멀어질수록 엑시톤의 밀도가 적어진다. 이와 같이 광흡수층 내에서도 빛이 이동한 위치에 따라 전자-정공으로 구성된 엑시톤의 밀도가 달라지게 된다. 따라서 태양전지의 구조를 결정할 땐 조성에 따른 전자, 홀의 이동속도를 고려하여 결정하게 되면 고효율의 태양전지를 얻을 수 있다. 태양전지들은 전자의 이동속도가 정공의 이동속도보다 빠르다. 기존 연구는 페로브스카이트 태양전지를 n-i-p 구조로 널리 연구되어왔다. 투명 기판 방향에서 빛이 입사되어, 전자 수송층을 통과 후 광활성층인 페로브스카이트 박막으로 흡수된다. 일반적으로 투명 유리 기판이 사용되며, 그 위에 투명전극(TCO)으로 ITO 혹은 FTO를 사용한다. ETL 물질로 SnO_2, ZnO, TiO_2 산화물을 사용하여 층을 형성한 후 광활성층인 페로브스카이트 박막을 형성한다. 그 후 정공 수송층 물질을 도포하여 박막을 형성 한 후 기상 열증착을 통해 금속 전극을 형성하여 소자를 완성한다. 최근 위 n-i-p 구조와 역구조인 p-i-n 구조에 대한 연구도 활발히 진행되고 있는데, HTL 층을 통해 빛이 입사 후, 페로브스카이트에 흡수된다. HTL 물질로 NiOₓ, MoO₃, Spiro-OMeTAD, PTAA 등이 사용된다.

그림 6.9는 태양전지에 사용되는 할로겐화 페로브스카이트 광흡수층 및 다양한 금속 산화물 전자 수송 물질 및 정공 수송 물질의 에너지 준위를 보여주고 있다.

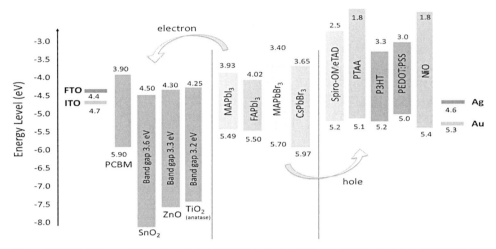

그림 6.9 할로겐화 페로브스카이트 광흡수층 및 다양한 금속 산화물 전자 수송 물질 및 정공 수송 물질의 에너지 준위(출처: Chem. Rev. 2019, 119, 5, 3036-3103.)

소자 제작 시 주의할 점은 (1) 상부에 올라가는 소재의 용매에 의해 하부에 제조된 소재가 녹지 않아야 하며, (2) 전자와 정공의 주입이 원활하도록 에너지 레벨이 제어되어야 하고, (3) 박막 도포를 위해 물질 자체의 물성 제어가 용이해야 하며, (4) 소자 내 전하 이동 현상이 원활해야 하며, (5) 궁극적으로 소자 구동 원리가 이론적으로 적합해야 한다.

페로브스카이트 태양전지에서의 효율을 결정짓는 다른 요소로 ETL과 HTL, 소재 간 계면 적합성, 에너지 준위 적합성, 페로브스카이트의 결정 크기 및 결정립계가 있다. 소자가 빛을 받고 전자와 홀을 생성해 원활하게 전하를 ETL과 HTL로 이동시켜야 소자가 작동하기 때문에 전하가 생성되는 페로브스카이트 내부에서의 전하 이동은 매우 중요하다. 하지만 결정이 작거나, 결정립계가 너무 많아 전하 이동을 방해를 받게 되면 소자 효율은 감소하게 되고 이를 해결하기 위해 많은 연구가 진행되고 있다. 페로브스카이트 박막을 제조하기 위해 전구체 용액을 제조할 때, 페로브스카이트를 구성하는 이온들을

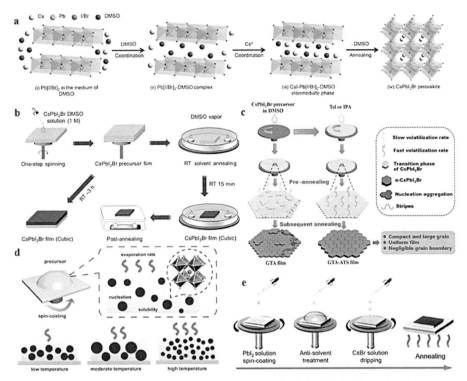

그림 6.10 페로브스카이트 필름의 다양한 제작 방법 또는 제작 후 처리 과정에 대한 모식도(출처: Nanoscale, 2020, 12, 14369)

효과적으로 배치시키기 위한 방법으로 DMF와 DMSO 용매를 혼합하는 방법을 사용한다. 이는 물질의 용해도 차이를 사용하는 방법으로, PbI_2가 DMSO에 더 높은 용해도를 보이기 때문에, DMF 용매에 DMSO를 약 4:1 비율로 첨가하게 된다면 DMSO가 페로브스카이트 결정 구조 형성에 도움을 주게 된다.

박막 제작 후 처리 과정도 박막의 물성을 향상하는 방법이 된다. 대표적으로 박막 제작 후 전구체 용매인 DMSO 또는 DMF를 박막과 같이 밀폐된 공간에 위치시켜 기화된 용매로 페로브스카이트를 용해-재결정하는 방법으로 사용된다. 이 방법은 페로브스카이트 표면의 결정 크기 증가와 결정립계 감소를 가능하게 하는 장점이 있다. 이 밖에도 페로브스카이트 열처리 온도 변화, anti-solvent 변화 등 다양한 방법이 있으며 이 방법들을 다양하게 혼합 사용해 페로브스카이트 물성을 향상시켜 고효율 태양전지를 만들어낼 수 있다.

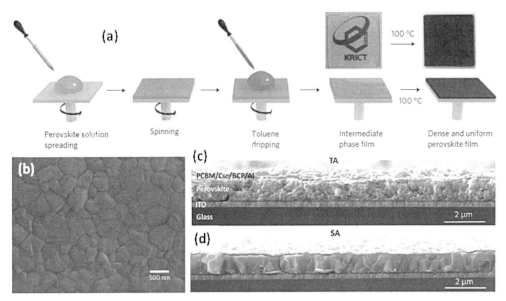

그림 6.11 스핀코팅 중 anti-solvent 기술을 이용한 페로브스카이트 다결정 박막 제작 공정과 박막의 표면 다결정 SEM 이미지(출처: Nat Mater 2014, 13, 897.; Adv. Mater. 2014, 26, 6503.)

용액 공정을 이용하여 페로브스카이트 박막들을 쉽게 공정을 조절할 수 있어서, 가장 많이 연구에 활용되고 있다. 용액의 용매로 DMF 또는 DMSO를 사용해 페로브스카이트 구조를 이룰 전구체를 용해 후 기판 위에 스핀코팅 방법을 사용해 증착시킨 후 약 100℃ 이상의 온도에서 열처리를 통해 페로브스카이트로 상을 변화시켜 완성된다. 이때 초기 연구들은 열처리 후 페로브스카이트의 상변화 제어가 용이하지 않아, 높은 소자 효율의 구현이 어려웠다. 이는 박막 내부에 남아 있는 용매가 페로브스카이트 결정 성장에 방해 요소로 작용하고 있다고 밝혀졌다. 이를 해결하기 위해 전구체 용액에 쓰이는 용매보다 극성이 낮은 용매로 박막 위에 동시 도포하는 방법인 anti-solvent 방법이 보고됐다. 극성이 낮은 용매를 도포하기 때문에 페로브스카이트에는 영향을 주지 않고 내부에 남아있는 극성 용매를 효과적으로 제거할 수 있는 장점이 있다. 이 anti-solvent 방법은 최근 널리 사용되고 있는 방법으로 diethyl ether, toluene, ethyl acetate 등 다양한 anti-solvent를 이용해 각자 다른 페로브스카이트 조성에 최적화하여 사용하고 있다.

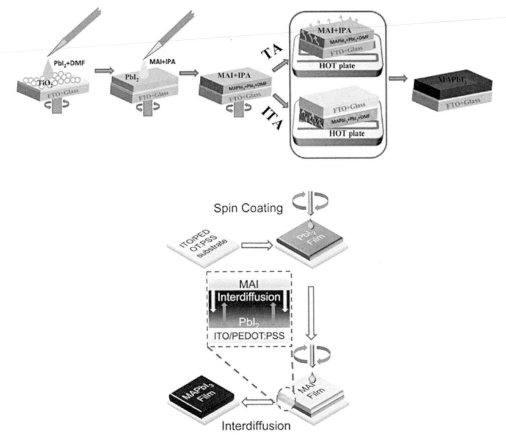

그림 6.12 열처리를 통한 페로브스카이트 조성 및 결정성 제어 모식도(출처: RSC Adv., 2016,6, 44034; J. Mater. Chem. A, 2014,2, 18508)

유무기 하이브리드 페로브스카이트 다결정 박막 제작 시 사용되는 용액 공정으로 스핀 코팅 공정은 페로브스카이트 박막에서 결정의 성장속도가 느릴수록 결정립계가 적어지고, 고품질의 박막을 형성하게 된다. 따라서 박막 성장 속도를 제어하기 위해 diethyl ether, ethyl acetate와 같은 anti-solvent를 사용하여 고품질 박막을 형성한다. 또한 열처리 효과는 박막 내부에 존재하는 이온의 이동을 도모할 수 있다. 그 원리를 이용하여, two-step 스핀코팅 공정이 가능한데, 이는 전구체를 혼합하여 동시에 스핀코팅하는 것이 아니라, 각 전구체를 개별적으로 스핀코팅 후, 최종 열처리를 통해, 박막 내부에 이온의 이동을 도모하고, 그를 통해, 최종 페로브스카이트 결정을 형성하는 방법이다. 이는 일부 페로브스카이트 조성의 경우 용해도 차이가 크거나, 용매 선정이 어려울 경우 사용 가능한 장점이 있다.

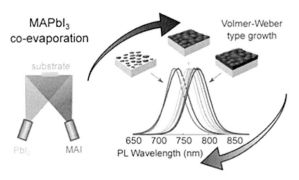

그림 6.13 다양한 기상 증착 공법 중 다중 소스 동시 열증착을 통한 페로브스카이트 다결정 박막 공정 모식도 (출처: ACS Energy Letters 2019, 4, 2748.)

　　용액공정은 경제적이고 간단하지만 박막의 결함 밀도가 높으며, 형성되는 페로브스카이트 박막의 두께와 결정의 모양, 크기를 제어하기 어렵다는 단점이 있다. 균일도와 재현성이 낮은 용액공정의 단점을 극복하기 위해 진공에서 기상 증착을 통해 박막을 형성하는 방법이 있다. 진공 증발(evaporation) 증착법은 박막의 두께 조절이 가능하고, 진공에서 증착되어 산소와 습도의 영향을 받지 않는 장점이 있다. 페로브스카이트에서 사용되는 진공 증발 증착 방식은 모든 전구체를 동시에 증착하는 동시 증착 방법과 전구체를 순차적으로 증착하는 순차 증착 방법 두 가지로 나뉜다.

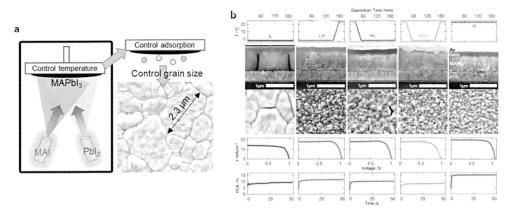

그림 6.14 다중 소스 동시 열증착 공정 중 기판의 온도에 따른 박막의 형성 과정 및 결정립계 크기의 차이 (출처: ACS Energy Lett. 2020, 5, 710.)

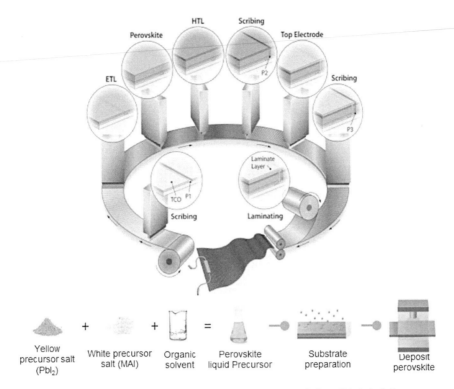

그림 6.15 롤투롤(Roll-to-Roll) 공정을 통한 페로브스카이트 태양전지 제작

　동시 증착 방식은 진공 챔버 내에서 모든 전구체가 혼합되어 페로브스카이트 조성을 이룬 후 기판 위에 박막을 형성한다. 따라서 anti-solvent와 같은 첨가제로 결정 크기를 제어할 수 있는 용액공정과 달리, 결정의 크기를 제어하여 박막의 품질을 향상시키는 데 한계가 있다. 페로브스카이트는 높은 진공에서 유기 양이온 전구체의 경우, 낮은 분자량으로 인해 증착 시 방향성 제어가 낮아 박막 형성에 기술적 한계가 있다. 이를 보완하기 위해, 여러 전구체를 동시 기상 증착할 때 기판의 온도를 조절하여 전구체의 흡착 및 핵생성을 제어하면서 궁극적으로 완성된 페로브스카이트 박막의 결정성 및 결정립계 제어가 가능하다.

　페로브스카이트 태양전지의 상용화 경쟁력을 위해서, 롤투롤(roll-to-roll) 공정이 최근 각광 받고 있다. 롤투롤 공정은 모든 공정이 연속적으로 이루어져 높은 생산성을 가지며, 이를 통해 대량 생산이 가능하고, 궁극적으로 제작 원가 절감의 효과가 있다. 또한 부가

적으로 화학폐기물 배출량을 감소할 수 있다는 장점과 모듈 제작 및 소자 면적 제어가
용이하다. 롤투롤 공정으로 유연 기판을 통한 제작도 가능하다.

물리적 진공증착(physical vapor deposition, PVD) 방법 이외에도 화학적 기상 증착법
(chemical vapor deposition, CVD)과 인쇄 방식 등으로도 제조 가능하다.

3. 페로브스카이트 소자 응용

페로브스카이트는 직접 밴드갭 반도체 물질로 높은 흡광계수, 쉬운 제작 공정, 밴드갭
제어 용이, 긴 전하 이동 거리 등 다양한 특성으로 인해 태양전지뿐 아니라 다양한 분야
에 응용성이 높다. 흡광계수는 빛을 얼마나 잘 흡수해 전하를 생성하는지를 나타내어 태
양전지 제작에 중요하며, 동시에 밴드갭 제어는 페로브스카이트의 흡광 파장대를 제어
할 수 있다는 것이다. 다른 표현으로, 이는 LED, laser 같은 경우, 우리가 원하는 색 또는
단파장만을 방출할 수 있게 조절할 수 있다는 의미이며 또는 흡수 파장을 조절해 장파장
까지 흡수할 수 있는 광 검출기로도 활용이 가능하다. 예를 들어, 페로브스카이트 조성
제어 시, 할라이드 음이온을 단일 물질로 사용하지 않고, 일정 비율로 섞어서 사용한다
면 미세 밴드갭 제어가 가능하다. 예를 들어, iodide를 bromide보다 높은 비율로 제작하게
되면 더 좁은 밴드갭을 얻을 수 있고, bromide의 비율을 높여 밴드갭을 증가시킬 수도

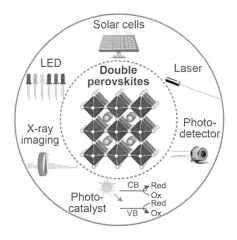

그림 6.16 페로브스카이트의 활용 분야

있다. 이와 같은 원리로 밴드갭을 조절했을 때 흡수할 수 있는 파장을 고를 수 있다는 것은 큰 장점이 되며 이를 바탕으로 다양한 활용 분야에 적용이 가능해진다.

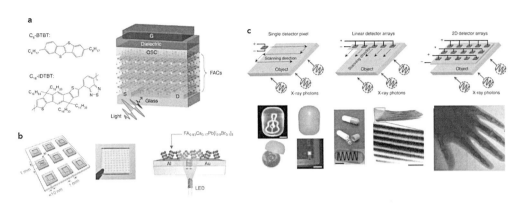

그림 6.17 페로브스카이트를 이용한 다양한 응용 연구 분야

위에서 설명된 물질 특성으로 페로브스카이트는 활용 분야가 폭넓다. 그중 대표적으로 광검출기, LED가 있다. 광 검출기는 주로 리모콘, 온도검출, LiDAR 등 다양한 분야로 활용된다. 광 검출기의 중요 특성으로는 원하는 파장의 방출 빛을 정확하고 빠르게 검출하는 능력이다. 주로 인체에 무해한 긴 파장인 적외선 영역을 검출하는 분야가 많고, 이는 약 1,000 nm 이상의 파장을 요구하게 된다. 광 검출기는 태양전지처럼 연속적으로 조사되는 빛을 흡수하는게 아닌, 물체에 맞고 돌아오는 빛을 검출하거나 소량의 에너지를 가지는 빛의 파장을 흡수해야 한다. 그렇기 때문에 광 검출기는 일정한 패턴을 가지게 제작되어 빛의 흡수를 원활하게 한다. 패턴 이미지에 따라 많은 숫자의 셀을 일정한 패턴으로 정렬시켜 제작되게 된다. 그렇지 않고 단일 셀로서 여러 방향을 검출하기 위해서는 크기도 커지고 사용되는 전력도 증가하게 되는 단점이 존재한다. 광 검출기 소자의 구성은 태양전지와 매우 유사하다. 전자수송층(Electron Transport Layer, ETL), HTL로 전하를 이동시키고 전극으로 전하를 수집하게 된다. 이때 태양전지와는 다른 특성으로 빛에 대한 감응 속도가 중요하다. 빛에 대한 감응 속도를 올리기 위해서는 빠른 전하생성 및 길고 오래 이동하는 전하 특성이 중요하다. 페로브스카이트는 높은 흡광계수와 긴 전

하 이동 특성을 가지고 있어 광 검출기로서의 장점을 가지고 있다. 밴드갭 조절로 인해 넓은 범위의 빛 파장 검출뿐만 아니라 특정 파장의 빛만 검출하는 능력을 가질 수 있어 광 검출기로 매우 적합한 물질이다.

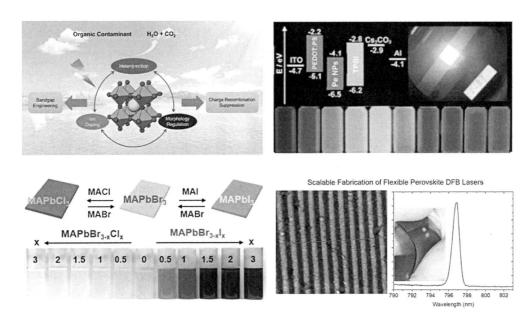

그림 6.18 페로브스카이트의 다양한 특성 이용한 다양한 응용 연구 분야

페로브스카이트 태양전지는 페로브스카이트 내부에서 선사와 홀이 만들어지고 분리되어 전류를 생성해 발전하는 원리이므로 전하의 재결합을 막는 것이 가장 중요하다. 이때 외부에서 주어지는 에너지를 빛이 아닌 전류를 주어지게 되면, 페로브스카이트 내부에서 재결합되는 전하들에 의해 빛을 흡수하는 것이 아닌 빛을 방출하게 된다. 이러한 원리로 페로브스카이트 LED를 작동할 수 있다. 페로브스카이트는 밴드갭 조절로 인해 여러 색의 빛을 구현해낼 수 있다. 이는 앞서 설명된 것처럼 내부의 할라이드 음이온 비율을 조절해 구현할 수 있으며 iodide 비율이 높을수록 밴드갭이 작아져 장파장의 빛을 방출하기 용이해지며 이러한 특성을 이용해 방출되는 빛의 색을 조절한다. LED에서 중요하게 여겨지는 요소로 방출된 빛에 대한 파장 반폭치(full width at half maximum, FWHM)이다. 방출된 빛의 파장 및 강도를 분석하는 PL 분석법은 가우시안 형식의 피크

를 나타내는데, FWHM은 피크 최대 강도 대비 절반 강도에서의 파장 차이를 나타내는 값이다. 이때 FWHM이 좁을수록 빛의 선택성이 좋아진다는 의미이며 이는 얼마나 선명한 단색 빛을 방출할 수 있는가를 결정하는 중요한 요소이다. 이는 기존의 유기발광체로는 약 50 nm, 양자점 발광체로는 약 30 nm의 FWHM을 나타내지만 페로브스카이트는 20 nm의 FWHM을 구현할 수 있어 LED 발광체로 매우 적합한 물질이다.

페로브스카이트는 distributed feedback(DFB) 레이저와 같이 레이저로도 활용할 수 있다. DFB 레이저는 고분자 패턴을 기반으로 페로브스카이트를 도포해 제작된다. 페로브스카이트가 도포된 패턴에 외부 빛을 조사하게 되면 페로브스카이트의 발광 특성과 패턴에 의해 더 낮은 에너지의 장파장 빛을 방출하는 레이저 원리이다. 이는 짧은 파장으로 긴 파장을 손쉽게 바꿀 수 있는 장점이 있으며 상대적으로 만들기 어려운 장파장 빛을 간접적인 방법으로 만들어낼 수 있는 기술이다. 방출되는 레이저 파장은 패턴에 따라서도 달라질 수 있으며 주로 장파장 레이저를 얻고자 사용되는 경우가 많다. 이러한 특성을 페로브스카이트 LED와 접목시킬 수 있는데, 페로브스카이트는 밴드갭 조절이 쉽게 가능하지만 적외선 영역의 장파장으로 만들기는 매우 어렵다. 그렇기 때문에 500 nm 의 빛을 방출할 수 있는 LED를 제작 후 DFB 레이저 패턴에 조사하게 되면 제작하기 용이한 조성의 페로브스카이트 및 낮은 전류를 사용하여 원하는 장파장 레이저를 구현할 수 있다.

4. 실리콘 페로브스카이트 탠덤 태양전지

페로브스카이트 탠덤 태양전지는 투명전극을 이용해 페로브스카이트-페로브스카이트 탠덤 태양전지의 형태로, 페로브스카이트의 조성을 다르게 사용함으로써 다른 밴드갭을 가지는 두 개의 페로브스카이트를 적층시켜 서로 다른 파장을 흡수해 탠덤 태양전지로써의 효과를 얻을 수 있다.

태양광 시장의 대부분을 차지하고 있는 결정질 실리콘 태양전지의 효율이 이론적 한계효율은 약 30%에 근접하면서, 이 한계효율을 돌파하기 위해 실리콘-페로브스카이트 탠덤 태양전지 기술이 필요해지고 있다. 페로브스카이트 상부 태양전지가 단파장의 빛을 흡수하고, 실리콘 하부 태양전지가 장파장의 빛을 흡수하는 적층 구조로 흡광 영역

범위가 늘어나 광흡수 향상을 가져온다. 실리콘-페로브스카이트 탠덤 태양전지는 30%의 효율을 넘어 효율적으로 고효율 태양전지로 가능성을 보여주고 있으며, LCOE 비용 절감이 가능한 것으로 보고되고 있다.

기존 실리콘-페로브스카이트 탠덤 태양전지는 페로브스카이트 태양전지 공정이 용액공정으로 이루어져 공정 진행 시 항상 균일한 품질의 대면적 태양전지를 얻을 수 없으나, 진공 박막 공정을 이용해 진행하게 되면 균일한 품질의 태양전지의 양산성을 확보할 수 있다. 특히, 결정질 실리콘 태양전지는 텍스처링 공정으로 표면에 요철구조로 인하여 용액공정을 통해서는 실리콘 태양전지 상단에 균일한 제조가 어렵다. 진공 박막 공정으로 실리콘의 요철구조 위에 균일한 형태로 페로브스카이트 박막을 형성시킬 수 있는 장점이 있다. 또한 실리콘-페로브스카이트 태양전지를 탠덤 형태로 적층시킬 때, 전극의 수를 2개로 설정하는 2터미널 실리콘-페로브스카이트 탠덤 전지를 구성하게 되면 실리콘 태양전지와 페로브스카이트 태양전지의 계면 제어가 매우 중요하다. 이는 계면에서 재결합 현상이 일어나는 등 태양전지 효율 저하의 원인이 될 수 있고, 대면적 태양전지 공정 적용에서는 계면 저항 등의 문제가 발생할 수 있다.

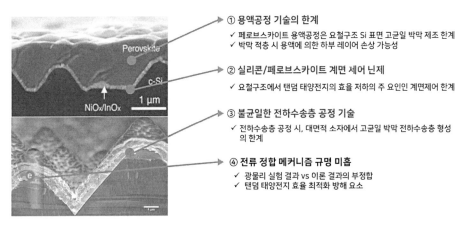

그림 6.19 고효율 탠덤 태양전지 개발을 위해 해결해야 할 기술적 난제

페로브스카이트 태양전지는 제조가 쉽고 제조비용이 낮지만, 상용화를 위해 대면적 기술 개발이 필요하다. 고효율 대면적 페로브스카이트 태양전지 모듈을 제조하려면 내

부 여러 박막층의 높은 균일도 확보가 중요하다. 대면적으로 제조하게 되면, 효율 강하와 기술의 미흡으로 문제가 된다.

실리콘-페로브스카이트 탠덤 태양전지는 접합부의 전기적 결합 방식에 따라 2-터미널, 4-터미널 구조로 나눌 수 있다. 4-터미널 태양전지는 페로브스카이트, 실리콘 각각의 형태가 전극을 가진 하나의 태양전지로써 기능을 수행하는 형태로 볼 수 있고, 2-터미널 태양전지는 페로브스카이트-실리콘 층이 하나의 전극을 사용하는 태양전지로 볼 수 있다. 2-터미널 태양전지는 층을 구성할 때 불필요한 전극이 존재하지 않기 때문에 이론적 효율을 더 높다는 장점이 있지만, 각각의 층의 에너지 밴드갭을 최적화시키고 직렬로 연결

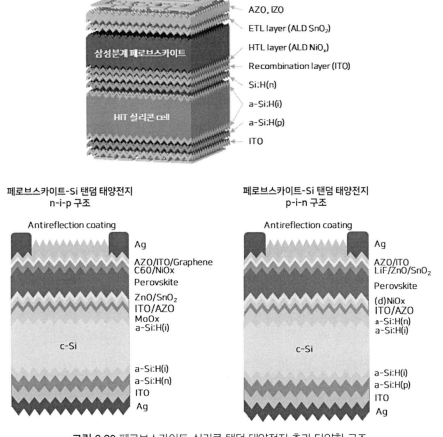

그림 6.20 페로브스카이트-실리콘 탠덤 태양전지 층과 다양한 구조

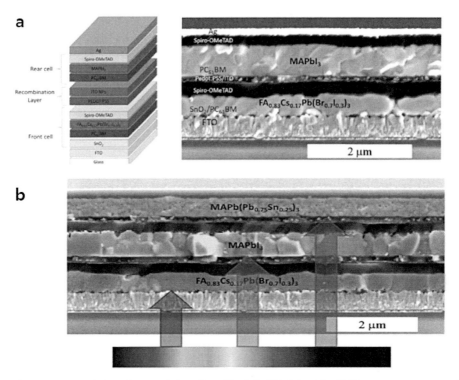

그림 6.21 페로브스카이트-페로브스카이트 다중 접합 탠덤 태양전지 모식도(출처: Joule 2019, 3, 387.)

된 페로브스카이트-실리콘층의 전류량을 정합(current matching)시키는 과정을 거치지 않으면 오히려 4-터미널 태양전지보다 낮은 효율을 보일 수 있어 최적화 기술이 중요하다.

전자의 이동속도가 정공의 이동속도보다 빠른 경우, p-i-n의 형태로 태양전지를 구성하게 되면, 이동속도가 비교적 느린 정공은 가까운 HTL로 이동하기 때문에 비교적 빠른 시간 내에 HTL을 통해 이동하여 전극까지 도달할 수 있으며, 또한 전자 역시 정공에 비해 빠른 이동속도를 바탕으로 ETL을 지나 전극까지 도달하게 된다. 이와 같은 과정을 거쳐 태양전지의 구조를 선택하게 된다면 더 높은 효율의 태양전지를 구성할 수 있다. 실리콘-페로브스카이트 탠덤 셀의 이론한계 효율은 44%로 알려져 있다.

페로브스카이트 태양전지는 조성에 따라 다른 밴드갭을 가지게 된다. 밴드갭에 따라 다른 흡광영역이 존재한다는 사실을 이용하여 다음과 같은 적층 구조로 태양전지를 구성하게 된다면, 단파장 영역의 빛은 가장 빛이 가까이 들어오는(그림 6.21 b) 페로브스카이트층에서 흡수하고, 나머지 빛은 투과시키게 된다. 동일한 방법으로 중간층의 페로브스카이트층에서도 중간 영역의 가시광선 빛을 흡수해 광전효과를 통해 에너지의 형태로 전환하고 장파장 영역의 빛은 투과시킨다. 따라서 마지막 맨 마지막 구간의 페로브스카이트까지 빛이 이동하게 되고 최종적으로 장파장 영역대의 빛을 에너지로 전환시키게 된다. 이와 같은 페로브스카이트 적층 구조를 사용하게 된다면 대부분의 가시광 영역의 빛을 흡수할 수 있어 효율적으로 발전할 수 있다.

이때 페로브스카이트 층간 계면 제어를 통해 표면에서의 에너지 준위 차이 문제를 해결하는 기술이 극복된다면 적층형 페로브스카이트 태양전지를 통해 한정된 영역에 고효율의 태양전지를 제조할 수 있을 것이다.

02 페로브스카이트 물성 분석

1. Space-charge-limited-current(SCLC) 분석법

전도도(conductivity)는 전계 내에서 전자가 얼마나 흐르는지를 보는 것이다. 소자의 양쪽 전극을 연결하여 전하 이동 회로를 만들어서, 주입되는 전압하에서 추출되어 나오는 전류를 측정하여 전도도를 측정한다.

일반적으로 유전체와 같은 고체가 금속과 옴(Ohm) 접촉이 발생하는 경우, 전류는 공간전하의 반발에 의해 전압의 제곱하여 전류가 흐르게 되는데, 이를 SCLC(Space Charge Limited Current)라고 정의한다. SCLC는 특정 영역에 전하들이 축적되어 있는 것으로 흔히 pn junction 근처에서 발견된다. 전자의 경우 n형과 p형 반도체의 전하 농도차로 인해 확산과 재결합이 발생하여 원자들이 공간전하를 형성하게 된다. 이는 마치 진공관 내부에서의 전자의 움직임과 같다.

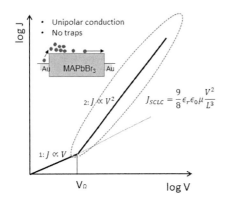
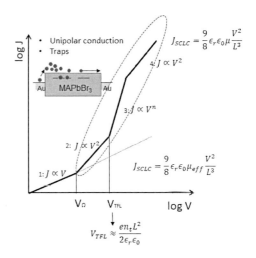

1. Ohmic region supported by thermal carrier generation
2. Mott-Gurney Law

1. Ohmic region supported by thermal carrier generation
2. Mott-Gurney Law in the presence of trapping
3. Trap-filled limit
4. Mott-Gurney Law in absence of trapping

그림 6.22 SCLC 기본 원리 모식도 및 mobility와 trap 밀도 도출을 위한 이론식

하지만 이상적인 상황을 제외하고 일반적인 고체 박막 내에서는 trap이 존재하게 된다. 일반적으로 페르미 준위 근처에 trap level이 존재하게 되고, 전자 움직임에 제약이 생기므로 trap free SCLC와 다른 거동을 보이게 된다. 따라서 trap에 영향을 받아 전류는 전압의 세제곱에 비례하여 흐르게 되며, 이때의 전압을 trap filling voltage로 얘기할 수 있다. Trap이 모두 채워지게 되면, 고체는 다시 trap free의 고체에서와 같은 전류의 흐름을 가지게 된다. 변화하는 교차점을 trap filled voltage로 일컫으며 이때의 전압을 통해 우리는 고체의 trap 밀도를 계산할 수 있다.

2. Time-resolved photo-luminescence(TRPL) 분석법

TRPL 분석에 사용되는 시료 구조는 일반적으로 glass-perovskite-hole transport layer(HTL) 또는 electron transport layer(ETL)를 측정한다. 이 형태에서는 HTL 혹은 ETL의 종류에 따른 전하 이동현상을 알아보거나, 첨가제에 따른 발광 변화, 계면층에 따른 발광 변화를 알 수 있다. 태양전지 소자구조(ITO-ETL-Perovskite-HTL-Au)로도 측정이 가능하지만 TRPL

측정 시 전극에 레이저 빛이 맞지 않도록 피해야 하며, 페로브스카이트와 ITO 간의 에너지준위 차이로 인한 표면 재결합 같은 조작변인 이외의 결과들이 나타날 수 있으므로 glass-perovskite-HTL or ETL의 형태가 가장 이상적인 측정을 위한 시료 구조이다.

TRPL 분석을 진행하기 이전에 시료의 흡광도에 대한 정보를 얻어야 한다. 시료가 흡수하는 빛의 파장 영역대를 참고해 시료에 조사되는 excitation 레이저의 파장을 결정할 수 있기 때문이다. Excitation 레이저 파장은 시료의 흡수층이 흡수할 수 있는 흡광 영역에 포함되어야 하며, HTL이나 ETL같은 층에는 흡광이 없도록 피해야 한다. 광흡수층이 아닌 다른 내부 소재에 의해 빛이 산란 또는 흡수되면, 그로 인해 광흡수층의 흡광효율이 감소하여, 다양한 광물리 분석에 오류를 일으키게 된다.

시료에 의해 반사된 레이저 빛이 검출기에 들어가게 되면 검출기의 손상, 시료에서 나타나는 발광 정보 등을 정확하게 분석할 수 없으므로, 레이저 빛을 조사하는 시료의 각도를 조절하여 검출기에 빛이 직접적으로 들어가지 않게 조절해야 한다.

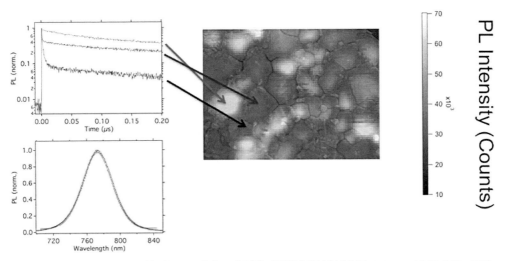

그림 6.23 TRPL 분석을 통한 페로브스카이트 내 전하 재결합 현상 분석(출처: Science 2015, 348, 683)

시료에 의해 방출되는 빛은 상대적으로 매우 약한 에너지를 가진다. 따라서 이를 효과적으로 수집한 후 검출기로 측정하기 위해서는 시료에서 방출되는 빛을 모아줄 렌즈가 중요한 역할을 한다. 렌즈의 위치를 조절하게 되면 발광 빛이 모이는 능력이 달라지기 때문에 시료마다 렌즈의 위치를 조절해주는 것이 중요하다.

시료에서 방출된 빛은 분광기(monochromator)에서 원하는 파장으로 조절 후 검출기로 측정을 진행한다. PL 측정은 각각의 파장에 대한 PL 강도(intensity)를 측정해 결과를 나타내지만, TRPL은 단일 파장에서 일어나는 전하의 확산 및 전하수명을 측정하기 때문에 TRPL 분석 이전에 PL intensity가 가장 높게 나타나는 파장을 선택해야 한다.

TRPL의 측정은 pulsed laser 방식을 사용한다. 이때 pulse 간격을 조절하는 frequency는 시료에 도달하는 빛 에너지, 분석 시간 범위 등을 조절할 수 있다. 하지만 frequency를 너무 짧게 설정한다면, 처음 도달한 pulse 빛에 대한 반응이 끝나기도 전에 다음 pulse 빛이 시료에 도달하여 정확한 측정을 할 수 없다. 반대로 frequency를 너무 넓게 설정한다면 시료에 조사되는 에너지가 줄어들어 방출되는 빛의 세기 또한 줄어들어 정확한 분석을 할 수 없다.

Bandwidth는 광검출기에서 받아들이는 파장의 길이를 결정해준다. 따라서 bandwidth를 늘리면 검출기로 들어가는 파장의 범위가 넓어지며 PL intensity가 증가하고, bandwidth를 줄이면 검출기로 들어가는 파장의 좁아져서 PL intensity가 감소하게 된다.

Slit width는 광검출기로 들어가는 방출된 빛의 양을 조절하는 조리게 역할을 하며 물리적으로 광검출기의 전면에 위치된 Slit의 각도를 조절하여 빛의 양을 조절한다.

페로브스카이트는 반도체 물질로, 가전자대의 전자는 빛 에너지를 받게 되면 exciton의 상태에서 분리되어 전도대로 이동하게 되고, 전도대에서 일정 거리를 이동하게 된다. 그리고 전도대에서 가전자대로 내려올 때 재결합 과정을 거치게 된다. 이 재결합 과정은 전자가 내려오는 형태에 따라 radiative recombination, non-radiative recombination으로 나뉠 수 있다. Radiative recombination은 전자가 전도대에서 가전자대로 내려올 때 아무런 방해도 받지 않고 내려오는 재결합 과정이다. 페로브스카이트 태양전지의 재결합 과정은 Shockley-Read Hall recombination, bi-molecular recombination, Auger recombination이 존재한다. Shockley-Read Hall recombination은 trap-assisted recombination이라고도 불리는데 전자가 전도대에서 가전자대로 내려올 때, defect, pin hole과 같은 trap에 걸려 직접적으로 내려오지

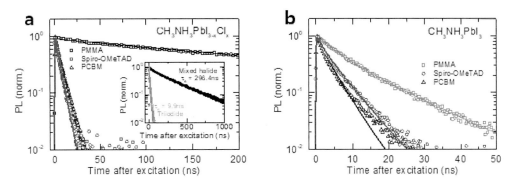

그림 6.24 TRPL 측정으로 광전하 재결합 현상 분석을 통한 페로브스카이트-전하수송층 계면에서의 전하전달 현상 규명 예시(출처: Science 2013, 342, 341)

못하는 재결합으로써 발광현상이 매우 느리게 나타나게 된다. 또한 Auger recombination은 전자가 가전자대에서 전도대로 직접적으로 이동하는 것이 아닌 전자의 간섭과 같은 과도한 에너지로 인해 전도대 내부에서 보다 높은 에너지 영역까지 이동했다가, 이후 radiative recombination과 같이 에너지를 방출하게 되는 현상이다. PL은 이와 같은 재결합 현상 중 Radiative recombination에서 빛의 형태로 방출되는 에너지를 광 검출기를 통하여 파장에 따라 추출되는 양을 계산하는 분석법이라고 할 수 있다.

TRPL은 photoluminescence 현상을 일으키는 물질의 내부 전하가 여기(excitation)된 직후부터 재결합이 시간에 따라 발생하는 현상을 분석하는 방법이다.

우선 빛이 물질에 흡수되면 측정을 시작하게 된다. 이 전자는 가전자대에서 전도대로 이동하고, 일정 시간이 지나면 다시 가전자대로 내려와 재결합을 진행하게 된다. 일반적으로 이 과정의 시간을 측정하게 되는데, 그 시간 변수는 radiative, non-radiative recombination의 영향을 모두 받게 되므로, 물질 내에서 어떠한 현상이 일어나는지를 관찰할 수 있다. 측정된 결과값들을 아래 식을 통해 fitting 과정을 거쳐 계산하면, tau lifetime을 얻을 수 있다.

$$I(t) = \sum_i \alpha_i \exp\left(-t/\tau_i\right)$$

*I*의 시간에 따른 변화 값을 기반으로 mono-exponential 또는 bi-exponential fitting으로 계산하게 된다. *τ*값은 전자수명이며, bi-exponential로 fitting을 할 경우, *τ*1, *τ*2의 값을 얻을 수 있는데, 더 긴 시간 값은 일반적으로 trap-mediated recombination에 의한 lifetime, 짧은 시간 값은 일반적으로 bi-molecular recombination에 의한 결과로 나타낸다.

그림 6.25는 앞서 설명한 전하 수명 분석을 위한 TRPL 측정 예시이다. fast-recombination 과정(early time trapping dominant)은 보통 trapping 과정에 의해 속도가 결정되지만, longer time decay는 전자의 확산(diffusion) 현상과 주입(injection) 현상의 복합적인 결과물로 나타난 것을 보여준다. 또한 기존에 사용했던 bi-exponential fitting 모델이 아닌 dynamic traping 모델을 fitting하기 위한 식으로 사용하였다.

Dynamic trapping 모델의 식은 다음과 같이 나타낼 수 있다.

$$I(t) = A_1 \exp\left[-\left(\frac{t}{\tau_1}\right)^\beta\right] + A_2 \exp\left[-\left(\frac{t}{\tau_2}\right)\right]$$

Bi-exponential 식과 다르게 식에 *β*값이 포함되어 있는데, *β*값은 stretched exponential 모델에서 쓰이는 식으로써 식을 보정해주는 역할을 한다. 일반적으로 TRPL 측정 분석 시, 발광현상의 원인이 되는 재결합 요인에 대해 추정이 가능하다. 그러나 일부 시료 또는 재결합 현상은 다양한 요인이 복합적으로 연계되어, 각각의 재결합 인자를 구분하기 어려울 수 있다. 이 경우, TRPL decay가 이론적 현상으로부터 벗어난 정도를 나타내는 *β*값을 이용해 보정시켜줌으로써 더 정확한 계산값을 보임을 알 수 있다. 이와 같이 광전자 분석을 통해 일반적인 효율 측정으로는 밝힐 수 없는 전자, 홀의 이동 원리들을 분석함으로써 연구 방향을 제시할 수 있다는 장점이 있다.

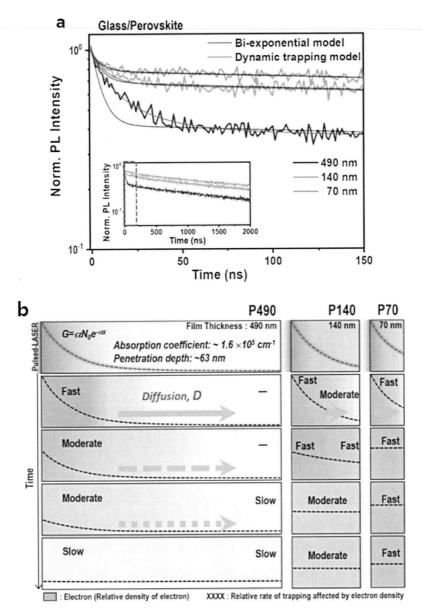

그림 6.25 TRPL 측정으로 광전하 재결합 현상 분석으로 페로브스카이트 박막 내 광전하 이동현상 규명의 예시
(출처: J. Mater. Chem. A 2019, 7, 25838)

3. SEM-EDS-TRPL 교차 분석

SEM 분석은 가시광선이 아닌 전자총을 이용한 표면 분석을 진행하기 때문에 수 nm 범위의 배율도 측정이 가능하다. 전자를 이용해서 표면 관찰을 하기 위해 전자총에서 전자를 발생시킨 후 수십 KeV에너지로 가속시켜 전자기렌즈를 통해 전자를 집속하고 시료 표면에 주사하는 방식을 사용한다. 이렇게 되면 시료 표면에 있는 전하가 집속되어 발사된 전자와 부딪혀 튕겨나오고, 이를 검출기로 읽어 이미지를 만들어낸다. 장비의 특성상 분석은 10^{-3} pa 이하의 진공상태에서 진행되며 샘플이 전도성 없는 물체라면 pt 코팅을 시료 전처리 단계에서 진행시킨 후 분석을 진행해야 한다. 이때 에너지가 너무 크면 시료 표면뿐만 아니라 깊은 곳까지 전자가 침투해 노이즈를 형성할 수 있으며, 에너지가 너무 약하면 검출되는 전자가 적어 분석이 어려워진다. 따라서 적절한 에너지를 찾아 활용하는 것이 좋으며 이는 샘플마다 다른 조건을 가진다. SEM 장비는 부딪혀 나오는 전자를 검출하는 특성 덕분에 표면에 존재하는 원소가 무엇인지 알아내는 방법인 Energy Dispersive X-ray Spectrometer(EDS) 분석을 병행하거나, 샘플에 빛을 조사했을 때 방출되는 빛을 검출하는 photoluminescence(PL) 분석을 병행해서 사용할 수 있다. EDS는 SEM에 검출기를 부착하여 사용하는 장비로서 시료 표면에 부딪혀 나오는 전자가 방출하는 특정 X-ray 신호들을 검출해 미세구조의 화학성분을 정성, 정량적으로 분석이 가능한 장비이다. 미세시료의 C(탄소)~U(우라늄)까지의 표면 원소 분석이 가능하며 EDS, EDAX라고도 한다. 그림 6.26은 SEM으로 페로브스카이트 태양전지의 단면을 관찰한 그림이다. 단면의 EDS측정을 통해 각 층별 존재하는 원소가 무엇인지 분석해 정확한 층 정보를 알 수 있으며 원소들의 분포를 통해 각 층별 원소가 다른 층에 미치는 영향까지 알아볼 수 있다. 이때 SEM 결과와 EDS 분석 결과를 병합하면, 박막의 형태(morphology)와 원소의 분포를 결부하여 분석이 가능하다. 그림 6.26에서와 같이 PL 결과와 동시에 결합하여 분석 시, 결정립계의 분포, 결정립 및 결정립계에서의 발광현상, 발광현상에 미치는 원소의 분포 등을 동시에 결합하여 분석이 가능하다. 이를 통해 계면 제어의 중요성과 방향성을 설정하여 분석할 수 있다.

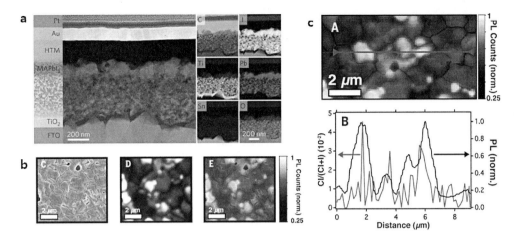

그림 6.26 SEM - EDS - PL 교차 분석을 통한 페로브스카이트 박막 형태(morphology) 및 결정립계 특성 분석
(출처: Nat. Energy 2016, 1, 15012; Science, 2015, 348, 683)

태양전지 물성 측정

07 태양전지 물성 측정

01 측정 분석

1. 인공태양광조사 장치(solar simulator)

태양전지의 성능과 전력 생성 특성 평가의 가장 기본은 태양전지 효율을 측정하는 것이다. 효율은 태양전지의 성능을 다른 태양전지와 비교할 때 가장 널리 사용되는 성능 인자이다. 태양전지의 효율은 전력변환효율을 의미하며, 입사된 태양에너지가 전력으로 변환되는 비율이다. 이는 자연광에 가까운 빛을 제공하는 인공태양광조사 장치(solar simulator)를 이용한다. 태양전지 측정 평가 시험은 표준 조건에서 진행된다. 지상에서는 AM1.5G 조건 스펙트럼으로 진행되고, 우주용은 AM0의 스펙트럼 조건으로 진행된다. 빛의 세기인 스펙트럼의 에너지 밀도(irradiance)는 100 mW/cm^2(1000 W/m^2)의 크기를 가지며 이를 1 sun이라고 한다. 태양전지의 온도는 상온 25℃로 설정하고, 측정 프로브와 태양전지 사이의 접촉저항 효과를 없애기 위해 측정을 실시해야 한다.

태양전지의 효율을 측정하는 방법은 광전류-전압 분석법(Light Current-Voltage, LIV)으로써 다이오드의 특성을 분석하는 방법과 큰 차이가 없지만 암상태가 아닌 인공태양광을 조사한 상태에서 전압 변화에 대한 전류 반응을 살펴본다는 점에서 차이가 있다. 여기서 사용되는 인공태양광조사 장치는 일반적으로 제논 아크 램프(Xenon arc lamp)를 이용하며 그림 7.1의 AM 1.5G 스펙트럼과 유사한 일치도를 보여준다.

태양전지 효율을 측정하기 위해서는 자연 태양광의 조건에 적합한 안정한 광원이 필요하다. 인공태양광 스펙트럼의 정합도는 국제규격 IEC60904-9, ASTM E927에 의거하여 정의되며 그 기준은 표 7.1과 같다. 인공태양광조사 장치는 세 가지 기준에 의해 등급으로 각각 성능이 지정된다. 표 7.1에 나타낸 바와 같이 Class AAA의 의미는 정합도(spectral match to AM1.5G) A, 비균일도(spatial non-uniformity of irradiance) A, 빛안정성(temporal stability of irradiance) A 등급을 의미하게 된다. 여기서 스펙트럼 정합도의 경우 세부적으

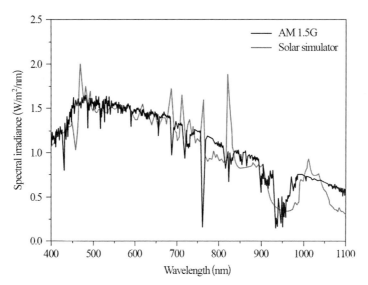

그림 7.1 태양광 스펙트럼 AM1.5G와 인공태양광조사장치의 태양광스펙트럼

표 7.1 인공태양광조사장치의 스펙트럼 정합도 정의 기준

등급	정합도	비균일도	빛안정성
	조사광량 비율 (6개 구간에서 정의*)	조사광 분산도 및 최댓값·최솟값 측정	고정 위치에서 측정된 IV 결과 확인
A+	0.875~1.125	1%	1%
A	0.75~1.25	2%	2%
B	0.6~1.4	5%	5%
C	0.4~2.0	10%	10%

* 400~500, 500~600, 600~700, 700~800, 800~900, 900~1,100nm

로 계산될 수 있는데 6개 구간의 개별적인 스펙트럼에서 각각의 조사 광량의 비율이 모두 A 등급을 만족시킬 때 A로 표시하게 되며 가장 낮은 등급을 기준으로 정의한다. 예를 들어 ABA라고 표기되는 솔라 시뮬레이터는 스펙트럼 부정합이 < 1.25%, 불균일도가 2~5%, 그리고 장기 시간 안정성이 < 0.5%, 단기 안정성이 < 2%인 것이다.

인공태양광조사 장치의 정합성은 파장대의 구간별 일치도에 의해서 결정되며, 태양전지의 효율 측정을 위해서는 AM1.5G Class AAA 등급을 만족하여야 한다. 일반적으로 태양전지 성능 분석에 사용되는 인공태양광조사장치의 경우 빛안정성 부분에서는 크게 차이가 없기 때문에 스펙트럼 정합성과 비균일성이 인공태양광조사 장치의 품질을 크게 좌우하게 된다.

인공태양광조사 장치와 관련된 여러 가지 인위적인 요소는 시험하고자 하는 태양전지와 같은 분광응답을 가진 기준 태양전지(reference cell)를 이용하여 제거할 수 있다. 가장 많이 사용되는 광원은 AM 1.5G 스펙트럼에 근사하기 위해 필터를 사용하는 제논 아크 램프이지만, 간단한 장치에서는 단순히 이색성의(dichroic) 필터와 함께 할로겐(halogen) 램프를 사용한다. 할로겐 램프의 필라멘트는 태양의 온도 6000 K보다 훨씬 낮아, 적외선은 더 많이, 자외선은 더 적게 방출한다. 램프 전구 위에 있는 반사기(reflector)는 선택적이어서 가시광과 자외선은 태양전지 쪽으로 반사되고, 대부분의 적외선은 반사되지 않고 램프 전구의 뒤쪽으로 통과한다. 할로겐 램프는 제논 아크 램프에 비해 시간적 안정성이 더 좋은 장점이 있다.

인공태양광조사 장치는 방출 지속 시간에 따라 연속(또는 정상 상태)과 섬광(또는 펄스)의 두 가지 범주로 나눌 수 있으며, 간혹 스펙트럼 생성에 사용되는 램프의 수에 따라 단일 램프와 다중 램프(multi-lamp)로 분류되기도 한다.

섬광 광원은 일반적으로 수 밀리 초의 지속 시간으로 매우 높은 광 세기(~수천 sun)로 관측할 수 있다. 이러한 펄스 광원 장비는 시험 대상 장치의 불필요한 열 축적을 방지하기 위해 사용된다. 그러나 램프의 빠른 가열 및 냉각으로 인해 강도와 광 스펙트럼은 본질적으로 과도하여 반복적인 신뢰성 시험을 기술적으로 더 어렵게 만든다. LED와 같은 광반도체 소자 기술은 섬광 태양 시뮬레이터에서 이러한 냉난방 문제를 완화시킨다.

연속 광원은 조도가 시간에 따라 연속되는 형태의 광원으로, 정상 상태라고도 한다. 이 범주는 1 sun 미만에서 수 sun까지의 저강도 시험에 가장 많이 사용된다. 연속광 인공 태양광조사 장치는 스펙트럼을 적외선까지 확장하기 위해 아크 램프와 하나 이상의 할로겐 램프와 같은 여러 종류의 램프를 결합할 수 있다.

태양전지의 전류-전압(I-V) 측정은 전압 공급과 전류 측정이 동시에 가능한 장치인 소스 측정부(source measure unit, SMU)를 이용하며, 가장 기본적으로 pn 접합의 특성을 확인할 수 있는 암전류-전압(Dark I-V, DIV) 분석이 일반적으로 사용된다. DIV 분석은 태양전지의 두 전극인 양극과 음극에 직류전원공급장치(SMU)를 연결하여 태양전지에 순방향 전압과 역방향 전압을 점진적으로 인가하여 해당되는 전류 반응성을 기록하는 형태로 진행된다.

이때 그림 7.2와 같이 태양전지의 시편은 외부에서 조사되는 빛이 차단된 암상태를 유지하게 되며 p형 태양전지를 기준으로 전면 에미터 접촉을 접지(Earth; Ground)로 연결하고 후면 전계 부분을 고전위(high potential) 접촉을 유지한 상태에서 직류전압을 인가하여 전류 반응성을 기록하는 시스템으로 측정된다.

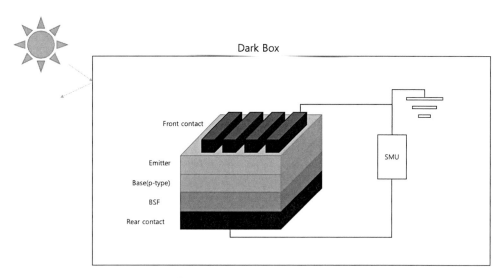

그림 7.2 암전류-전압 분석 시스템 구성도

DIV 측정은 다이오드 특성을 조사하는 데 매우 중요하다. 광조사 조건에서는 빛의 세기가 약간만 변동이 있어도 시스템에 엄청난 잡음(noise)을 일으켜 값을 측정하기 어렵게 만든다. DIV 측정에서는 광생성된 전하들이 아닌 전기적인 방법으로 회로에 전하들을 주입하게 된다. 각 전압에서 태양전지를 통해 흐르는 전류가 측정된다. 인가된 전압은 소자와 병렬로 연결된 전압계로 측정하며, 전류는 직렬로 연결된 전류계로 측정한다.

태양전지의 pn 접합 공정 과정에서 이상적인 접합 구조와는 다르게 결함이 발생하게 된다. 태양전지의 에미터 구조에서 발생되는 이러한 결함의 경우 pn 접합을 형성함에 있어 정류(rectifying) 특성을 저하시키는 원인으로 작용하며 태양전지 등가회로에서는 포화 전류(saturation current)로 정의된다.

측정된 I-V곡선은 선형 단위(linear scale)에서 다이오드에 대한 정보를 거의 보여주지 않고, 다이오드 특성을 분석하기 위하여 전류의 값을 Log10[ABS(I)] 형태로 변환하여, 즉 그림 7.3의 우측에 보여준 것과 같이 변환하여 확인할 수 있다. DIV를 통한 다이오드 특성을 분석하기 위하여 태양전지 pn 접합 다이오드의 등가회로를 표현하기 위해 그림 2.31에서와 같이 태양전지의 다이오드 등가회로로 나타낼 수 있다. 하나의 다이오드와 병렬저항, 직렬저항이 연결된 형태로써 단일 다이오드 모델로 표현되며, 이러한 등가회로를 표현하기 위하여 다음과 같은 방정식을 활용한다.

$$I = I_L - I_0 \left\{ \exp\left[\frac{q(V - IR_s)}{nkT} \right] - 1 \right\} - \frac{V - IR_s}{R_{sh}} \tag{7.1}$$

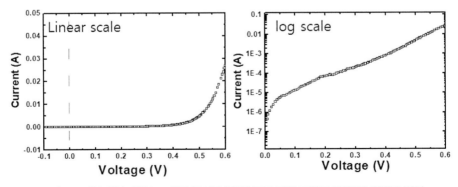

그림 7.3 선형 단위 다이오드 반응성 결과(좌)와 로그 단위 그래프 변환(우) 암전류-전압

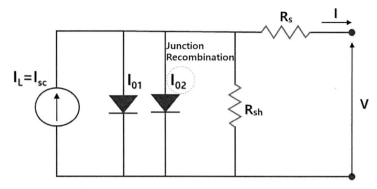

그림 7.4 태양전지 접합 구조의 이중 다이오드 등가회로

단일 다이오드(single diode) 방정식은 이상 계수(Ideality factor) n을 고정값으로 가정한다. 실제로는 이상 계수가 소자에 걸려 있는 전압의 함수여서 태양전지에 걸린 전압에 의존한다. 높은 전압에서 소재 내에서의 재결합이 표면과 벌크 영역에 의해 지배되면 이상 계수는 1에 근접한다. 그러나 이상 계수가 1에서 벗어나는 것은 비정상적인 재결합이 발생하거나 재결합 크기가 변화하고 있다는 것이다. 낮은 전압에서는 접합 내에서의 재결합이 지배하면서 이상 계수는 2에 근접한다. 이상 계수는 소자에서의 재결합을 검사하는 강력한 도구로, 이상 계수가 안정할 때만 I_0의 측정이 유효하다. 첫 번째 다이오드와 병렬로 두 번째 다이오드를 추가하고 이상 계수는 2로 고정함으로써 접합 재결합을 모델링한다. 따라서 태양전지의 pn 접합 구조는 식 (7.1)에서 표현하는 것과는 다른 양상을 보이며 태양전지의 다이오드 특성을 분석하기 위해서는 그림 7.4와 같이 이중 다이오드 모델을 사용하여야 정확한 해석이 가능하다. 이중 다이오드 모델을 표현하기 위한 방법은 다음과 같다.

$$I = I_L - I_{01}\left\{\exp\left[\frac{q(V-IR_s)}{n_1 kT}\right] - 1\right\} - I_{02}\left\{\exp\left[\frac{q(V-IR_s)}{n_2 kT}\right] - 1\right\} - \frac{V-IR_s}{R_{sh}}$$

$$(7.2)$$

이중 다이오드를 표현하기 위한 공식에서 암상태가 되면 $I_L = 0$의 조건이 성립하며, 순수한 다이오드의 특성이 모델링 가능하다. 여기서 I_L은 광전류를 의미하며 I_{01}, I_{02}는 포화전류(saturation current)를 나타낸다. 이상 계수는 암 상태 I-V 곡선, Suns-Voc, 그리고 경우에 따라서는 광조사 I-V 곡선의 기울기로부터 유도된다.

실제 실리콘 태양전지에서 재결합 성분은 캐리어 농도의 복합 함수(complex function)로, 이상 계수와 포화 전류 둘 다 전압에 따라 변화하는 고효율 실리콘 소자의 경우는 이중 다이오드 피팅이 잘못된 결과를 가져올 수 있는 한계가 있다.

실제 태양전지에서 pn 접합으로 인한 전기적 구조를 다음과 같이 분류할 수 있다. 반도체 디바이스에서 순전하밀도(net charge density)가 0에서 많이 벗어난 경우에 전하공핍층(Space Charged Region)이라고 명명하며 일반적으로 pn 접합을 이루는 높은 전기장 영역 혹은 이온층이 드러난 부분을 지칭한다. 태양전지 소자에서 SCR 영역을 제외하게 되면 준중성 지역(Quasi Neutral Region)으로 구분할 수 있으며, 전자와 정공의 형태가 평형에 가까운 상태를 유지하고 있다. 이러한 SCR과 QNR 영역은 태양전지 양 극단에서 인가되는 바이어스의 크기에 따라 다른 반응을 나타낸다.

그림 7.5에서와 같이 태양전지에 인가되는 바이어스 크기에 따라서 다른 영역의 반응성을 확인할 수 있으며, 각 영역은 서로 다른 손실 성분에 의해 지배를 받는다. 일반적으로 저준위 주입(low level injection)으로 표기되는 초기 바이어스에 반응하는 부분은 SCR 영역이다. 이는 태양전지의 영역을 회로의 형태로 분석하게 되면 SCR 영역의 저항이 낮은 전압에서는 QNR 영역보다 크기 때문에 저준위 주입 조건에서는 대부분의 바이어스가 SCR 영역에 인가되게 된다. 인가된 바이어스의 크기가 증가함에 따라 SCR 영역의 공핍층(depletion region)의 크기가 순방향 전압 인가로 인하여 점점 작아지게 되고 이로 인하여 전류의 흐름이 급속하게 증가하는 다이오드 전류의 형태를 보여주게 된다. 따라서 그림 7.5에서 확인할 수 있는 것과 같이 고준위 주입(high level injection) 조건에서는 더 이상 SCR의 저항이 크지 않고 QNR 영역의 저항이 크게 되기 때문에 대부분의 바이어스는 QNR 영역에서 반응하게 된다. 따라서 이러한 반응성에 대하여 이중 다이오드 모델을 통하여 표현하게 되며 개별적인 영역에서의 바이어스 반응성에 대하여 다이오드 이상 계수를 통하여 정확히 기술할 수 있게 된다. 저준위 주입에서는 이상적인 다이오드

이상계수의 값은 2를 가지며 고준위 주입에서는 1을 가지게 된다. 일반적으로 제작되는 태양전지의 경우 상기의 2개 값보다 더 작은 값을 나타내지 않는다.

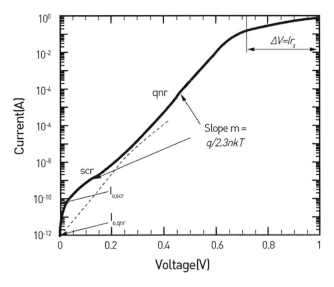

그림 7.5 DIV 내부에서 구분되는 SCR과 QNR 반응 영역 개념도

실제로 측정된 DIV 데이터에서 이중 다이오드 모델의 파라미터를 추출하기 위하여 개별 다이오드에 대하여 SCR과 QNR 영역의 다이오드 반응을 매칭하여 다음과 같이 개별적인 다이오드 공식을 정의할 수 있다.

$$I = - I_{01} \left(\exp \left[\frac{qV}{n_1 kT} \right] \right) \tag{7.3}$$

$$I = - I_{02} \left(\exp \left[\frac{qV}{n_2 kT} \right] \right) \tag{7.4}$$

여기서 식 (7.3)의 경우 저준위 주입에서만 성립되는 식이며 식 (7.4)의 경우 고준위 주입에서만 성립된다고 가정하게 되면 전류와 전압을 도시한 그래프 형태에서 전류의 값을 Log 형태로 변환하게 되면 그래프의 기울기와 절편을 통하여 개별적인 다이오드의 포화전류밀도와 다이오드 이상계수를 추출할 수 있음을 확인할 수 있다. 결론적으로 DIV 측정결과를 로그(Log) 형태로 변환하여 저준위 주입 부분과 고준위 주입 부분의 선형 반응성을 보이는 영역에 대하여 선형회귀곡선을 이용한 기울기와 절편을 구하게 된다면 태양전지의 이중 다이오드 등가회로상으로 표현되는 다이오드 특성을 수치화할 수 있게 된다. 상기의 이중 다이오드를 이용한 DIV 분석의 경우 가장 기초적인 태양전지의 성능을 표현하는 자료이며, 접합을 형성하기 위한 농도와 깊이 및 소수 전하의 수명과 같이 다양한 요소에 의하여 달라지는 부분이 있기 때문에 태양전지 제작 공정에 필수적으로 분석되는 방식이며, 추출된 파라미터를 통하여 수치화된 정량 비교가 가능하기 때문에 태양전지 연구 분야에서는 널리 활용되고 있다.

광 조사하에서의 태양전지의 I-V 곡선은 태양전지에 걸려 있는 가변저항을 변경하면서 태양전지 단자에서 전압과 전류를 기록하면 그릴 수 있다. 이는 매우 간단하지만 시간이 많이 소요되기 때문에 실제로는 좀 더 정교한 전자장비가 사용된다. 가장 널리 사용하는 방법은 전류를 싱크할 수도 있는 가변 전압 소스를 이용하는 것이다. 정확도를 향상시키기 위하여 개방전압과 단락전류는 항상 I-V 곡선의 나머지 부분과 별도로(전압을 제로로 그리고 전류를 각각 제로로 세팅하여) 측정한다. I-V 곡선은 변화 기울기가 극심한 부분이 있는데, 이것이 다른 문제를 야기할 수 있다. 정확도를 향상시킬 수 있는 여러 가지 방안이 있으나, 가장 간단한 방법 중 하나는 2단계로 구분하여 전압의 간격이 일정하도록 유지하여 측정하는 것이다. 첫 번째 구간은 Voc 대비 0%에서 70%까지 커버하는 넓은 구간으로 전압간격을 넓혀 측정한다. 두 번째 구간은 측정점들이 더 조밀하게 분포되어 Voc 대비 70%에서 100%까지 커버한다. 두 번째 구간에서 최대 출력점과 개방전압이 포함되고 기울기가 훨씬 더 가파르다.

I-V 측정 시 오류 부분은 주로 접촉 탐침(probing)이다. 접촉 탐침이 잘못되면 주로 충진율 FF에 영향을 미치는데, 개방전압과 단락전류에도 오류가 발생한다. 태양전지 측정에서는 접촉 탐침으로 4-point 프로브를 사용한다. 한 쌍의 전류와 전압탐침이 상단에 그리고 다른 하나의 전류와 전압 탐침이 태양전지 아래에 놓인다. 가장 널리 사용되는 배치는 후면 전류 probe로 금속 블록(block)을 사용하고, 그리고 그 사이에 하나의 전압 핀을

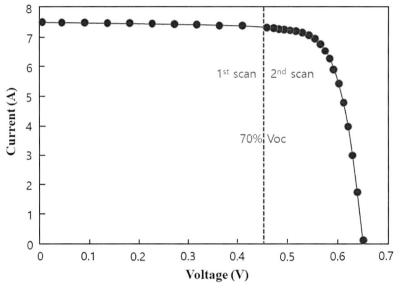

그림 7.6 광조사 태양전지의 I-V 측정 곡선

넣는다. 상단 접촉의 경우 한 쌍의 단일 전압과 전류 탐침으로는 불충분하며 전류 탐침으로 여러 개의 쌍이 사용된다.

오류가 발생할 수 있는 다른 원인은 측정 시 태양전지 소자의 전압 스윕 속도(sweep rate)가 너무 크면, 충진율 및 효율이 인위적으로 높아질 수 있다.

태양전지 측정에서 어려운 점은 대면적 태양전지에서 나오는 높은 전류이다. 실리콘 기판이 점차 대면적으로 옮겨가는 추세여서, 면적 15×15 cm^{2}에서 단락전류가 10 A에 가깝다. 암 상태 I-V 측정의 경우에도 시험 장치에 전류원(current source)이 필요하고 그 범위는 나노 암페어에서 수 암페어까지 10의 몇 승 이상까지 변화시킬 수 있어야 한다. 현재는 컴퓨터 제어를 통해 이들 요구조건들을 모두 만족시켜 하나의 패키지로 집적한 여러 종류의 시스템이 존재하고, 사용자는 원하는 크기 범위만 정해주면 된다. 그림 7.7은 태양전지 I-V측정을 위한 솔라 시뮬레이터 장비의 구성을 보여주고 있다.

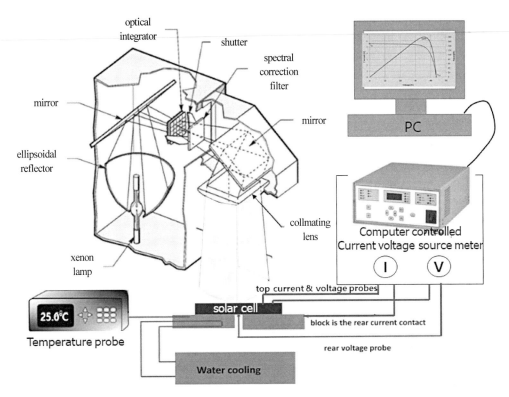

그림 7.7 태양전지의 I-V 측정 솔라 시뮬레이터 구성

2. 양자효율 측정

태양전지의 파장별 분광반응성을 분석하는 양자효율(Quantum Efficiency, QE) 측정법이 있다. 2장에서 설명된 것처럼, 태양전지의 양자효율은 주어진 파장의 입사 광자에 의해 생성되어 측정된 전자 수의 비율로 정의된다.

분광 반응(Spectral Response, SR)은 주어진 파장의 단색광 조명하에서 태양전지에 의해 생성된 광전류와 동일한 파장의 분광 방사조도(spectral irradiance) 값의 비율로 정의되며 단위는 A/W이다. 광자의 수와 방사조도가 연관되어 있기 때문에, 분광 응답은 양자효율의 관점에서 다음과 같이 쓸 수 있다.

$$SR(\lambda) = \frac{q\lambda}{hc} QE(\lambda) = \frac{\lambda}{1240} QE(\lambda) \tag{7.5}$$

$$EQE(\lambda) = 100 \times \frac{1240 \times SR(\lambda)}{\lambda}(\%) \tag{7.6}$$

여기서, q는 전하량, λ는 파장, h는 플랑크 상수(Plank's constant), c는 광속을 의미한다. 일반적으로 사용되는 양자효율 측정장치는 파장별 분광응답도를 측정하여 양자효율을 계산하여 표기한다.

양자효율은 외부 및 내부 양사효율(EQE, IQE)로 징의힐 수 있고, 대앙전지 표면에 충돌하는 모든 광자는 외부양자효율에 계산되지만, 내부양자효율은 반사되지 않은 광자만 고려한다. 실제 태양전지 양자효율 측정에서 태양전지 내부에 들어간 빛만 측정할 수 있는 방법이 없기 때문에 양자효율 측정은 외부양자효율 측정이다. 외부양자효율 측정값에서 태양전지의 반사율을 제외하면 내부양자효율을 구할 수 있으므로 다음과 같다.

$$IQE = \frac{EQE}{1-R} \times 100\% \tag{7.7}$$

여기서, R은 반사율(total reflectance)을 의미한다. 그림 7.8은 식 (7.7)을 이용하여 실제 측정된 태양전지의 외부/내부양자효율의 결과를 보여준다.

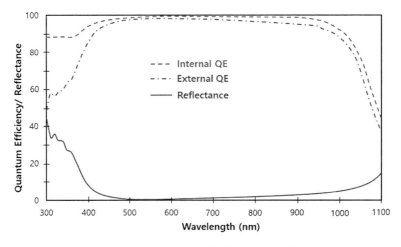

그림 7.8 태양전지의 외부양자효율, 내부양자효율, 반사율 측정

내부양자효율은 분광반응성에 따라서 태양전지의 깊이에 대한 정보를 나타낸다. 태양전지에 입사되는 광자는 물질에 침투할 수 있는 투과깊이(penetration depth)가 파장에 따라 달라지기 때문에 파장에 따라 침투한 영역의 반응성을 판단함으로써 태양전지의 깊이 방향으로의 결함이나 특성을 확인할 수 있다. 그림 7.9에서 보여주는 것처럼 태양전지의 표면 부분에 해당하는 단파장 영역(300~500 nm)에서 분광 반응 곡선은 파장이 증가함에 따라 증가한다. 이 영역에서는 태양전지 표면에서 발생되는 표면 재결합과 태양전지 표면에 존재하는 도핑층에 의한 영향으로 반응성이 감소한다. 예를 들어 태양전지 전면 패시베이션 층의 특성이 열화되어 전면 재결합 속도(Front Surface Recombination Velocity, FSRV)가 증가할 경우 이러한 분광 반응성이 낮아지게 되며, 전면 도핑층의 농도가 일정 이상 증가하게 될 경우 오제 재결합으로 인하여 분광 반응성이 낮아 질 수 있다. 장파장 광자의 투과 깊이는 깊어지고 pn 접합부에 가까우므로 변환 효율이 향상된다. 일반적으로 pn 접합부의 내부 전기장은 광자를 흡수한 후 전자-정공 쌍을 효율적으로 분리할 수 있기 때문에 가장 효율적인 부분은 pn 접합부의 대역에 있다. 따라서 가장 높은 효율은

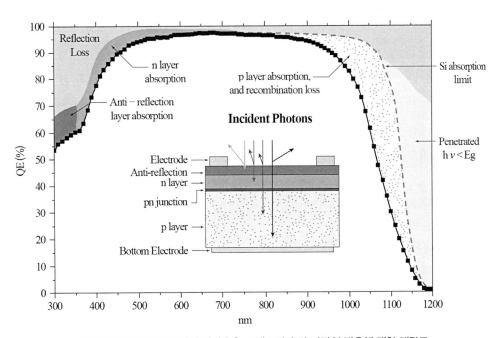

그림 7.9 실리콘 태양전지의 양자효율 스펙트럼과 각 파장의 반응에 대한 개략도

500~800 nm 대역에서 나타나며, 이는 pn 접합층의 특성을 반영한다. 이 파장 영역에서 내부양자효율의 낮을 경우에는 소수전하의 낮은 확산거리로 인하여 전극으로 소수전하 수집 과정에서 빠르게 소멸하기 때문이다. 900 nm 이상의 장파장 영역은 태양전지의 후면부에 해당되며, 소수 전하의 수명이 짧아지거나 후면 재결합 속도(Back Surface Recombination Velocity, BSRV)가 증가하기 때문에 감소되며, 밴드갭에 의해 더 이상의 광자를 흡수할 수 없다. 양자효율 측정 결과로부터, 태양전지의 각 층의 장단점을 쉽게 분석할 수 있어 효율 향상을 위한 가이드라인이 된다.

양자효율을 측정하기 위한 장치는 그림 7.10과 같은 구성을 가지고 있다. 태양전지 양자효율 측정에서 제논(Xe) 광원은 연속 파장 백색 광원으로 가장 많이 사용된다. 제논 램프의 발광 파장은 250~2,700nm로 태양전지 양자효율 스펙트럼 범위에 매우 적합하다. Si 태양전지(300~1,200 nm), CIGS 태양전지(300~1,300 nm), 유기/페로브스카이트 태양전지(300~1,000 nm)의 파장을 모두 포함된다. 할로겐 전구는 비교적 매끄러운 발광 방사 스펙트럼을 가지고 있지만, 단파장에서의 복사 강도(< 400 nm)는 불충분하고, 300~400 nm 까지의 태양전지의 양자효율을 측정하는 데 사용할 수 없다. 따라서, 양자효율 측정 시스템에 사용되는 광원의 대부분은 주로 제논 광원으로 0~1 sun(주로 약 0.1 sun) 크기의 스펙트럼을 이용한다. 단색광 장치(monochrometer)를 사용하여 단일 파장대의 광원을 형성하여 단색광원을 형성할 수 있다. 단색광 장치는 굴절(프리즘)이나 회절(grating)의 원리에 의해 연속적인 파장인 백색광의 특정 파장을 분리, 여과, 출력할 수 있는 광학 소자이다. 광학적 배열에서 빛은 입구 슬릿을 통과하고 굴곡진 콜리메이터 거울(collimator mirror)에 의해 그레이팅 평면(grating plane)에 반사된다. 광은 회절 그레이팅(diffraction grating)에 의해 일련의 단색 광선으로 분산된다. 그런 다음 거울은 회절된 단색광을 특정 각도로 출구 슬릿을 통과시키기 위해 사용한다. Band-pass 필터를 이용하여 특정 파장대를 제거하게 되는데, 이 필터는 단색광 장치 뒤에 설치하여 고차광(high-order diffraction light)인 미광(stray light)을 제거하여 단일 파장대의 광원을 형성하게 된다.

태양전지의 분광응답도를 측정할 때에는 몇 가지 주의해야 할 점이 있다. 첫째, 원칙적으로 분광응답도 측정은 표준시험조건과 동일한 환경에서 이루어져야 한다는 점이다.

성능이 안정된 결정질 실리콘 태양전지를 제외하고 많은 수의 태양전지들은 빛을 비춘 상태에서와 비추지 않은 상태에서의 광응답 특성이 다르다. 이에 따라 해당 태양전지가 실제로 작동되는 영역에서의 분광응답도를 측정하려면, 측정 대상 태양전지에 AM 1.5G 기준 스펙트럼과 유사한 빛을 조사한 상태에서 측정이 이루어져야 하며, 측정 동안 태양 전지의 온도도 25±1℃로 유지되어야 한다. 이와 같은 목적에서 대부분의 분광응답도 측정 장치들은 그림 7.10에서 보는 바와 같이 바이어스 광원(bias light)을 가지고 있으며, 이 바이어스 광원을 이용해서 측정 동안 AM 1.5G와 유사한 빛을 태양전지에 비춰주게 된다. 광바이어스는 시간에 따라 안정적인 직류 광 강도를 생성할 수 있는 광학이 적용된 연속 파장 백색 광원이다.

바이어스 광을 태양전지에 비춘 상태에서 분광응답도를 측정하려면, 측정용 단색광을 지속광원에서 간헐광원으로 변경하기 위해 AC로 변조해야 할 필요성이 추가적으로 생긴다. 바이어스 광원이 비춰진 상태에서 DC형태의 측정용 단색광을 사용하면, 바이어스 광에 대응하는 태양전지 응답전류와 측정용 단색광에 대응하는 응답전류의 구분이 불가능하기 때문이다. 측정용 단색광을 AC 변조하여 태양전지에 조사하면, 해당 단색광에 대응하는 태양전지의 응답전류 역시 AC 형태로 출력되게 되며, 이러한 AC 전류는 락인 증폭기(lock-in amplifier)를 이용하여 측정이 가능하다. 측정용 단색광의 AC 변조는 광학 초퍼(chopper)를 이용하여 수행하는데, 측정하고자 하는 태양전지의 광응답 속도에 따라 적절한 초핑 주파수를 선택해야 한다. 광초퍼 시스템은 전자 피드백 회로에 의해 제어되는 팬형 블레이드로, 단색광원은 초퍼의 특정 회전 속도에 맞추어 원판을 지나가게 되면 주기적인 차단광원을 통하여 특정 주파수의 주기적 간헐광으로 연속광을 변조한다. 광학식 초퍼는 제어부를 통해 초퍼 블레이드 및 초퍼 헤드를 제어하고, 초퍼와 연결된 락인 증폭기는 신호 입력에서 수신되는 다양한 주파수를 필터링하여 기준 주파수와 동일한 주파수의 신호만 남긴다.

태양전지의 분광응답도를 측정할 때 두 번째로 중요한 점은 광학 초퍼의 초핑 주파수 선택이다. 초퍼에 의하여 차단된 광원과 그렇지 않은 광원의 사각파 분석을 통하여 광바이어스가 인가된 상태와 단일광원이 추가로 조사된 상황을 구분하여 분광 반응성을 측정할 수 있게 되는 원리를 사용한다. 이러한 광바이어스가 인가되는 이유는 태양전지의 특성상 광자 입사로 인하여 발생되는 전자-정공 쌍으로 인하여 광바이어스가 없을 때와는 분광반응 특성이 달라지는 경우가 있기 때문이다. 따라서 일반적으로 광바이어스를 사용하여 태양전지의 AM1.5G 조건과 유사한 광자 에너지를 인가하며, 실제 구동상태에서 발생되는 분광 반응성을 측정하기 위하여 광바이어스를 많이 활용하게 된다. 양자효율 분석에 있어 분광반응성은 태양전지를 구성하는 물질에 따라 많은 차이를 나타내게 된다. 실리콘 계열 및 대다수 화합물 박막 태양전지는 대부분 수십 마이크로 초(μsec) 이하의 매우 빠른 광 응답속도를 가지고 있다. 이러한 태양전지들은 수십~100 Hz의 초핑 주파수를 사용하면 적절한 분광응답도 측정이 가능하다. 그러나 염료감응 태양전지와 같은 일부 태양전지들은 수~수십 밀리 초(msec) 이상의 상대적으로 느린 광 응답속도를 가지고 있으며, 이 경우에는 일반적인 분광응답도 측정 장비에서 제공하는 수십~100 Hz의 초핑 주파수로는 제대로 된 측정이 불가능하다. 광 응답속도가 느린 태양전지에 빠른 초핑 주파수로 AC 변조시킨 측정용 단색광을 조사하면, 측정용 단색광에 대응하여 태양전지의 응답전류가 안정된 상태로 포화될 수 없기 때문이다. 수십 밀리 초 정도의 느린 광 응답속도를 가진 태양전지의 경우, 올바른 분광응답도 측정을 위해서는 5Hz 이하의 느린 초핑값 또는 지속광원 형태로 유지하여야 정확한 측정이 가능하기 때문에 측정되는 태양전지이 종류에 따라 다른 값을 사용할 필요가 있다.

초퍼를 통과하여 발생된 간헐 단일광원의 경우 빔스플리터(beam splitter)를 통과하며 2개의 광경로로 분리된다. 첫 번째 광원은 기준 광소자(reference photodiode)에 조사되어 간헐 단일광원의 분광 반응성을 측정하게 된다. 두 번째 광원은 곡률 거울(concave mirror)을 통하여 초점을 조절하게 되며, 굴절 거울(bending mirror)을 통하여 태양전지 표면에 조사되게 된다. 이때 태양전지의 양 전극에서 발생되는 전압을 측정하여 분광 반응성을 측정하게 되며, 이러한 측정값을 이용하여 양자효율을 계산할 수 있게 된다.

양자효율 측정 시스템은 확산 반사된 빛의 차폐가 필요하여 암상태를 유지하여야 한다.

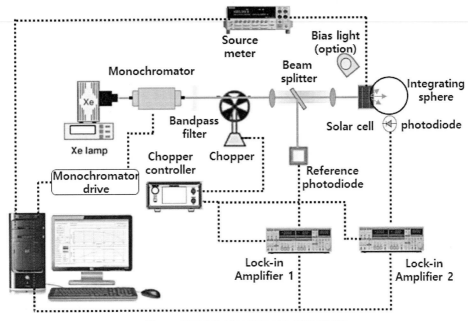

그림 7.10 양자효율 분석 장비 신호 변환 개념도

3. 전하 수명 측정(QSSPC/uPCD)

태양전지에서 생성되는 반송자(carrier)로 표현하는 전하는 다수(majority)와 소수(minority) 전하로 나눌 수 있다. 재결합 수명과 확산 길이 측정은 실리콘 웨이퍼 오염의 좋은 지표이 기 때문에 반도체에서 보편화되었으며, 반도체 내부에 존재하는 낮은 밀도의 결함에 관한 몇몇 정보를 전달해줄 수 있다. 전하수명은 재결합 수명(recombination lifetime)과 생성 수 명(generation lifetime)의 두 종류가 있다. 반도체 재료에서 재결합이 발생할 수 있는 기전 으로는 1장에서 언급한 바와 같이 방사(radiative) 재결합, 오제(Auger) 재결합, SRH 재결 합 3가지 방식이 존재한다. 재결합 수명은 생성된 캐리어가 재결합에 도달하는 시간의 개념이다. 생성 수명은 전자-홀 쌍(EHP)을 생성하는 데 평균적으로 걸리는 시간으로 생 성 시간이 더 적절하지만 일반적인 용어로 사용된다. 벌크 및 표면 재결합 또는 생성 모 두 동시에 일어나며, 이들의 분리가 상당히 어려운 경우가 있다. 벌크 및 표면 구성요소 로 구성된 측정 수명은 항상 유효 수명이다. 태양전지 내부의 소수전하 재결합 수명을 측정하기 위하여 반드시 과잉 전하(excess carrier)를 생성하여 여기된 상태를 유지할 필요가 있다. 일반적으로 반도체는 300 K에서 자연적으로 전하의 생성과 재결합이 발생하지만 그 크기가 미약하여 정확한 재결합 수명을 측정할 수 없다. 과잉 EHP들은 밴드갭보다 높은 광자 에너지에 의해 생성되거나 pn 접합에 순방향 전압을 가하여 생성될 수 있다. 이런 과잉 전하가 생성 후에는 재결합에 의해 평형 상태로 돌아온다. 따라서 외부의 광원을 조사하여 태양전지 내부에 과잉 전하를 대량으로 형성한 뒤 빛을 차단할 경우에 생성된 EHP가 서로 재결합 수명 시간 동안 존재하고 재결합 하여 소멸하게 되는데 이러한 특성을 시간의 변화에 따라 전하의 농도 변화를 관측하게 되면 정확한 수명을 예측할 수 있게 된다. 외부 여기 광원의 조사와 그 이후 실리콘 내부에 생성된 EHP의 생성 및 소멸 과정을 추적하기 위하여 연속방정식을 사용하여 내부 상태를 계산하게 된다.

반도체 내부의 전하 상태를 기술하는 연속방정식(continuity equation)을 이용함으로써 과잉 전하의 거동을 알 수 있다. 실제 반도체에서는 표동(drift), 확산, 생성-재결합이 지속적으로 발생하고 있으며, 이것들은 모두 동시에 발생하게 된다. 이러한 전하들의 작용은 시간과 공간의 함수로서 반도체에서 전하 농도를 변화시키며, 극성이 존재하는 전하들이 이동하기 때문에 전류가 발생한다. 반도체 내부에 존재하는 전자와 정공의 시간 변화에 따라 달라지는 거동을 다음과 같은 식으로 표현한다.

$$\frac{\partial n}{\partial t} = \left(\frac{\partial n}{\partial t}\right)_{Drift} + \left(\frac{\partial n}{\partial t}\right)_{Diffusion} + \left(\frac{\partial n}{\partial t}\right)_{Thermal\,R-G} + \left(\frac{\partial n}{\partial t}\right)_{Others\,light\,etc.} \tag{7.8}$$

$$\frac{\partial p}{\partial t} = \left(\frac{\partial p}{\partial t}\right)_{Drift} + \left(\frac{\partial p}{\partial t}\right)_{Diffusion} + \left(\frac{\partial p}{\partial t}\right)_{Thermal\,R-G} + \left(\frac{\partial p}{\partial t}\right)_{Others\,light\,etc.} \tag{7.9}$$

시간에 따른 전하의 변화는 표동 전하, 확산 전하, 열생성-소멸(thermal generation-recombination)하는 전하 및 그 외 다른 과정에 의한 전하 변화들의 합으로 나타낼 수 있다. 시간의 변화에 따른 전하의 변화는 3차원인 세 방향으로 거동하는 형태를 가지며 수학적으로 간단하게 정리하면 다음과 같이 기술할 수 있다.

$$\frac{\partial n}{\partial t} = \frac{1}{q} \nabla J_N + \left(\frac{\partial n}{\partial t}\right)_{Thermal\,R-\,G} + \left(\frac{\partial n}{\partial t}\right)_{Others\,light\,etc.} \tag{7.10}$$

$$\frac{\partial p}{\partial t} = \frac{1}{q} \nabla J_P + \left(\frac{\partial p}{\partial t}\right)_{Thermal\,R-\,G} + \left(\frac{\partial p}{\partial t}\right)_{Others\,light\,etc.} \tag{7.11}$$

위 식을 간단하게 처리하기 위해서는 3차원이 아닌 1차원의 공간으로 생각하여 모든 변수들은 1차원상에 존재한다고 가정한다. 소수전하로만 한정하고, 반도체 내부의 분석하고자 하는 영역에 대하여 전기장이 매우 작다고 가정한다. 평형 소수 전하 농도(net minority carrier concentration)는 위치에 따른 농도가 동일하여 반도체 위치에 대한 함수로 기술하지 않기 때문에 $n_0 \neq n_0(x)$, $p_0 \neq p_0(x)$로 정의할 수 있다. 전하는 저준위 주입(low-level injection) 상태를 가정한다. 저준위 주입의 의미는 기존에 존재하는 전하의 수에 비행 빛이나 외부 자극으로부터 생성된 전하의 수가 매우 작다는 가정이다. 광생성이 주요한 발생 과정이고 이외의 다른 전하 생성 과정(other process)은 없는 경우에 식 (7.9)를 다음과 같이 정리할 수 있다.

$$\frac{\partial n}{\partial t} = \frac{1}{q} \frac{\partial J_N(x)}{\partial x} + \left(\frac{\partial n}{\partial t}\right)_{Thermal\,R-\,G} + \left(\frac{\partial n}{\partial t}\right)_{Others\,light\,etc.} \tag{7.12}$$

p형 실리콘에서 J_N은 표동 성분과 확산 성분의 전류로 표현되며, 전기장이 작으므로 다음과 같다.

$$J_N(x) = q\mu_n nE + qD_n \frac{\partial n}{\partial x} \cong qD_n \frac{\partial n}{\partial x} \tag{7.13}$$

또한 $n_0 \neq n_0(x)$라는 가정에 의하여 전하 농도는 다음과 같은 관계로 정리된다.

$$n = n_0 + \triangle n \tag{7.14}$$

여기서 n은 전자 농도이며, n_0는 초기 전자 농도, $\triangle n$은 과잉 전자 농도를 의미한다. 따라서 1차원 위치의 변화에 따른 전자 농도의 변화는 다음과 같이 기술할 수 있다.

$$\frac{\partial n}{\partial x} = \frac{\partial}{\partial x}(n_0 + \triangle n) = \frac{\partial \triangle n}{\partial x} \tag{7.15}$$

따라서 식 (7.10)을 다시 정리하게 되면 다음과 같이 기술할 수 있다.

$$\frac{1}{q}\nabla J_N = \frac{1}{q}\frac{\partial}{\partial x}\left[qD_n\frac{\partial(n_0 + \triangle n)}{\partial x}\right] = D_n\frac{\partial^2 \triangle n}{\partial x^2} \tag{7.16}$$

식 (7.10)에서 저준위 주입상태이므로 열생성-소멸 전하는 식 (7.17)과 같이 나타낼 수 있고, 추가적인 변화는 빛에 의해서만 발생하여 광생성 전하 관련된 항목을 정리하면 식 (7.18)과 같이 정의할 수 있다.

$$\left(\frac{\partial n}{\partial t}\right)_{Thermal\,R-\,G} = -\frac{\triangle n}{\tau_n} \tag{7.17}$$

$$\left(\frac{\partial n}{\partial t}\right)_{Photogeneration} = G_L \tag{7.18}$$

최종적으로, 평형(equilibrium) 상태로 전자 농도는 시간의 함수가 될 수 없기 때문에 $n_0 \neq n_0(t)$이고, 다음과 같이 정리된다.

$$\frac{\partial n}{\partial t} = \frac{\partial n_0}{\partial t} + \frac{\partial \triangle n}{\partial t} = \frac{\partial \triangle n}{\partial t} \tag{7.19}$$

여기서 시간 변화에 따른 초기 전하 농도의 변화는 없기 때문에 과잉 전하의 농도로만 기술할 수 있게 된다. 식 (7.10)에 식 (7.16), 식 (7.17), 식 (7.18)을 대입하여 다시 정리하게 되면 다음과 같은 소수 전하 확산 관계식을 얻을 수 있게 된다.

$$\frac{\partial \triangle n_p}{\partial t} = D_n \frac{\partial^2 \triangle n_p}{\partial x^2} - \frac{\triangle n_p}{\tau_n} + G_L \tag{7.20}$$

$$\frac{\partial \triangle p_n}{\partial t} = D_p \frac{\partial^2 \triangle p_n}{\partial x^2} - \frac{\triangle p_n}{\tau_p} + G_L \tag{7.21}$$

여기서 n_p는 p형 영역에서 소수 전하인 전자의 농도를 의미한다.

연속방정식을 이용하여 소수 전하 수명을 구하기 위하여서는 온도, 전하 농도, 평형상태 등의 주어진 조건을 확인해야 한다. 1차원 형태의 n형 기판에 빛이 조사되어서 전자-정공 쌍이 균일하게 생성됨을 가정하면, 위치의 변화에 따른 n형 영역의 정공 농도의 변화가 없어 확산이 발생되지 않으므로 $D_p \frac{\partial^2 \triangle p_n}{\partial x^2} = 0$이 되고, 소수 전하 확산 관계식은 다음과 같이 된다.

$$\frac{\partial \triangle p_n}{\partial t} = - \frac{\triangle p_n}{\tau_p} + G_L \tag{7.22}$$

전기장이 없을 경우에 경계 조건(boundary condition)으로 다음과 같은 관계식을 정의할 수 있다.

$$\frac{\partial p_n}{\partial x} = 0 \tag{7.23}$$

시료에 빛을 균일하게 조사하면, 과잉 전하와 광전류(photocurrent) 변화를 발생시킬 수 있다. 광전류는 직렬로 연결된 저항의 전압 강하(voltage drop)로 기록되며, 광전류의 감쇠(decay)는 오실로스코프에서 관찰할 수 있으며, 이것이 수명 측정의 과정이다. 이때 조사되는 빛에 의하여 생성되는 전하의 생성률(Generation rate)을 G라고 하면, 시간의 변화에 따른 소수 전하 농도의 변화는 연속방정식에서 다음과 같이 기술할 수 있다.

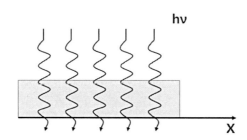

그림 7.11 1차원에서 균일한 광조사에 의한 전자-정공 생성도

$$\frac{\partial p_n}{\partial t} = G - \frac{p_n - p_{n_0}}{\tau_p} \tag{7.24}$$

이는 n형 반도체에서, 소수 전하 농도의 변화가 전하 생성률(G)에서 광여기 전하 농도에 비례하는 재결합률의 차이(τ_p는 소수 전하 수명)와 같다는 것을 의미한다. 시간에 따른 전하의 변화가 존재하지 않는 정상상태(steady-state)는 다음과 같이 표현된다.

$$\frac{\partial p_n}{\partial t} = 0 \tag{7.25}$$

그러므로 정상상태에서 식 (7.23)은 다음과 같이 표현할 수 있다.

$$0 = G - \frac{p_n - p_{n_0}}{\tau_p} \tag{7.26}$$

$$p_n = p_{n_0} + \tau_p G = constant \,(상수) \tag{7.27}$$

식 (7.27)에서 나타나 있듯이 정상상태에서는 일정한 상수 값의 소수 전하 농도를 가지는 것을 알 수 있다.

빛이 조사된 반도체 내부에서 생성된 소수 전하가 빛이 차단되어 소멸되는 경우를 살펴보자. 빛의 차단에 따른 과잉 전하의 소멸 곡선의 기울기를 구하기 위하여 미분방정식을 적용하면 다음과 같은 형태로 정의된다.

$$\frac{\partial p_n}{\partial t} = - \frac{p_n - p_{n_0}}{\tau_p} \tag{7.28}$$

여기서 식 (7.27)을 시간에 대하여 전개하면 다음과 같이 정리된다.

$$p_n(t) = p_{n_0} + \tau_p G \, e^{-t/\tau_p} \tag{7.29}$$

빛이 꺼진 시간이 0인 지점으로 정의($t=0$)하여 정상상태로 기술되며, $t = \infty$ 인 경우에는 생성된 과잉 전하가 모두 재결합하여 초기 전하만 남게 되어 다음과 같은 경계 조건의 형태로 나타낼 수 있다.

$$p_n(0) = p_{n_0} + \tau_p G \tag{7.30-1}$$

$$p_n(t \to \infty) = p_{n_0} \tag{7.30-2}$$

그림 7.12는 이러한 소수 전하의 시간 의존성을 보여준다. 이 방법은 광펄스 폭이 전하 수명보다 훨씬 작아야 한다.

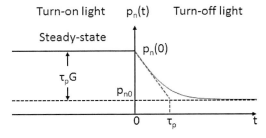

그림 7.12 시간 변화에 따른 광여기 전하(photoexcited carrier)의 농도 변화

시간의 변화에 따른 소수 전하 농도의 변화는 소수 전하 수명의 크기에 따라서 달라진다. 그림 7.13의 왼쪽에서 확인할 수 있는 것과 같이 식 (7.29)에 대하여 동일한 조건에서 소수 전하 수명이 달라진 경우에 소수 전하의 감쇠 형태가 달라지는 것을 확인할 수 있다. 7.13의 오른쪽에서 나타낸 바와 같이 소수 전하의 농도를 로그 스케일로 취하게 되면 초기 감쇠 구간에서 직선형태가 나타나는 것을 확인할 수 있다. 오른쪽 그림에서 나타난 직선 구간의 기울기의 역수는 소수 전하 수명과 비례 관계에 있다. 결론적으로 빈도체 내부에 존재하는 과잉 전하 농도를 시간의 변화에 따라 관측할 수 있다면 시간의 변화에 따라 소멸되는 과잉 전하의 농도 변화를 통하여 소멸되는 소수 전하의 수명을 계산할 수 있다.

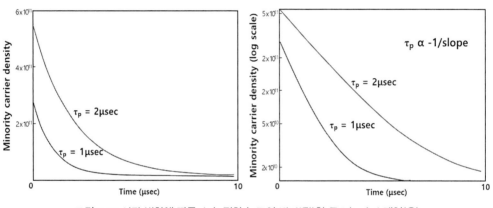

그림 7.13 시간 변화에 따른 소수 전하 농노의 변화(좌)와 로그(log) 스케일(우)

2장에서 설명한 재결합과정에서의 전하수명을 연속 방정식에서 사용된 개념들을 이용하여 더 설명하고자 한다. 재결합률(recombination rate) $R = \alpha np$로 표현할 수 있다. 여기서 α는 전하 포획범위(capture cross-section)이다. 광조사 후에서는 과잉 전하들이 $\triangle$만큼 생성되므로 전자는 $n = n_0 + \triangle n$, 정공은 $p = p_0 + \triangle p$로 표현할 수 있다. 광여기로 생성된 전자-정공 쌍(EHP)은 서로 똑같은 양으로 발생되어 $\triangle n = \triangle p$이다. 전자의 재결합률 $R_n = R_p = \alpha np = \alpha(n_0 + \triangle n)(p_0 + \triangle p)$으로 표현할 수 있다. 일정 시간이 경과한 후에 빛을 차단하면 전자와 정공의 생성률 Gn, Gp는 감소하고 과잉 전하의 수 역시 감소한다. 또한 재결합률도 감소한다. 따라서 전자의 감소량은 다음과 같이 표현할 수 있다.

$$\frac{dn}{dt} = G_{n_0} - R_n \tag{7.31}$$

열적 평형 상태에서는 반도체 mass action 법칙인 $n_i^2 = n_0 p_0$로 나타낼 수 있으므로 식 (7.31)은 다음과 같이 정리된다.

$$\frac{dn}{dt} = \alpha n_i^2 - \alpha(n_0 + \triangle n)(p_0 + \triangle p) = -\alpha(n_0 + p_0)\triangle n - \alpha \triangle n^2 \tag{7.32}$$

반도체 재료가 n형이면 $n_o \gg p_0$, 저준위 주입이라고 하면 $n_o + p_0 \gg \triangle n$이므로, 식 (7.32)는 다음과 같이 된다.

$$\frac{dn}{dt} = -\alpha n_0 \triangle n \Rightarrow \frac{dn}{dt} = \frac{d(\triangle n)}{dt} = -\alpha n_0 \triangle n \tag{7.33}$$

$$\triangle n = \triangle n(0)e^{-t/\tau}, \quad \therefore \ \tau_n = \frac{1}{\alpha n_0} \tag{7.34}$$

τ_n은 과잉 전하 수명이라고 정의하며, 이는 과잉 전하가 재결합할 때까지 갖는 평균 수명이다.

소수 전하 수명을 측정하기 위한 대표적인 방법으로는 준정상상태 광전도(Quasi-Steady-State Photoconductance, QSSPC) 측정법과 마이크로웨이브 광전도감쇠(Microwave Photoconductance Decay, μ-PCD) 측정법이 있다. 두 가지 측정법에서 정의하는 소수 전하 수명은 광여기된 전자나 정공이 유한한 시간동안 평균적으로 소멸되는 시간을 의미한다. 측정법과 별개로 연속 방정식에서 반도체 장치의 물리적인 상태에 따라서 소수 전하 동작 상태를 기술하는 관계식은 과도상태(Transient), 정상상태(Steady-State), 준정상상태(Quasi-Steady State)에 따라 다음과 같이 정의할 수 있다. 과도 수명 측정은 시간이 지남에 따른 캐리어들의 감쇠에 따르는데, 전하들은 매우 짧은 펄스광으로 생성되고, 시간에 따른 캐리어 밀도의 감쇠를 측정한다. 준정상상태(Quasi-Steady-State) 수명 측정은 빛이 지속적으로 시료에 조사될 때 존재하는 전하 개수에 의존한다. 플래시 램프의 세기가 충분히 느리게 변화하여 시료에서의 전하 개수들이 항상 변하지 않는 정상 상태(steady state)라고 가정한다.

$$R = \frac{d\triangle n}{dt} = -\frac{\triangle n}{\tau_{eff}}$$

(7.35)

여기서 식 (7.21)의 경우에서 위치에 따른 소수 전하 농도의 변화가 없어서 확산 전류 부분이 없어지고 과도 상태로 인하여 광생성이 갑작스럽게 없어진 경우에 식 (7.34)와 같이 재결합되는 형태만 계산할 수 있게 된다.

$$G = \frac{\triangle n}{\tau_{eff}}$$

(7.36)

식 (7.35)와는 다르게 반도체 상태가 빛이 계속해서 조사되는 정상상태를 가정하게 되면 시간의 변화에 따른 소수 전하의 농도 변화가 사라지게 되며 위치에 따른 소수 전하 농도의 변화도 없으며 입사되는 빛으로 인하여 생성되는 광생성량과 지속적으로 소멸되는 재결합량이 균형을 이루게 된다.

$$\tau_{eff} = \frac{\triangle n(t)}{G(t) - \frac{d\triangle n}{dt}}$$

(7.37)

기존에 잘 알려진 과도 및 정상 상태와는 달리 준정상상태의 경우 빛이 천천히 감쇠되어 반도체 소자 내부에 매우 짧은 시간 동안 존재하는 정상상태를 유지할 수 있는 상황을 의미하게 되며 소수 전하의 수명은 시간 변화에 따른 전하 생성 속도와 소멸 속도의 차이에 대하여 과잉 전하 농도의 변화를 계산함으로써 확인할 수 있다.

소수 전하 측정을 위한 정상, 준정상, 과도 상태에 대한 정의는 그림 7.14에서 나타낸 바와 같이 정상 상태의 경우 빛이 연속적으로 동일하게 조사되어 시간의 변화에 상관없이 동일한 전도도를 가지게 되며 과도 상태의 경우 빛이 순간적으로 조사되어 광 전도도를 상승시킨 후 빛이 소멸되어 반도체 내부에 생성된 과잉 전하가 시간의 흐름에 따라 천천히 소멸되는 형태를 보여준다. 준정상상태의 경우 광조사량이 일정하지도 간헐적이지도 않고 천천히 광량이 감소하면서 전도도 또한 과도 상태에 비하여 천천히 감소하는 현상을 보여준다. 준정상 상태의 그래프를 미소단위의 시간(dt)로 나누게 되면 미소 시간 단위에서는 정상상태와 거의 비슷한 형태의 그래프를 나타내는 것을 알 수 있으며, 이로 인하여 준정상 상태로 명명할 수 있게 된다. 결론적으로 과도 상태의 소수 전하 수명 해석을 위하여 레이저(마이크로 웨이브) 펄스를 인가하는 방식을 μ-PCD로 정의할 수 있으며, 플래쉬 램프(Flash lamp)를 이용한 지속 소멸광원을 이용하는 방식을 QSSPC 측정으로 정의할 수 있다. 각각의 장점은 정확성 측면에서는 μ-PCD의 결과가 우수하지만 주입되는 광생성 과잉 전하의 농도에 따른 수명 분석은 QSSPC에서 더 쉽고 빠르게 측정되기 때문에 측정 환경에 따라 다르게 분석할 필요가 있다.

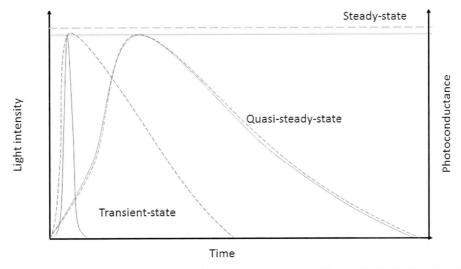

그림 7.14 시간 변화에 따른 광원 조사 특성(점선)과 반도체 소자 내부의 전도도 변화 특성(실선) 분석 모델

준정상 상태 광전도(QSSPC) 데이터를 통해 얻은 비파괴 방법인 소수 전하 수명의 비접촉 측정은 재료 특성 및 프로세스 제어 조사에 널리 사용되어 왔다. 실리콘 표면의 패

시베이션 품질을 평가하기 위하여 일반적으로 sinton사 WCT-120 장비를 많이 사용하고 있다. 그림 7.15에서처럼 WCT-120은 코일을 사용하여 데이터 분석 및 저장을 위해 시료 신호를 디지털 오실로스코프 및 컴퓨터에 유도 결합한다. 수 ms의 감쇠 시간을 갖는 시료는 수 cm²의 조명 면적을 갖는 플래시 램프로 조사된다. 느린 감쇠 시간으로 인하여, 빛의 강도가 최댓값에서 0까지 변화하기 때문에 시료는 준정상 상태 측정 조건하에 있다. 정상 상태 조건은 플래시 램프 시간이 유효 전하 수명보다 길면 유지된다. 광전도도는 유도 코일 위에 웨이퍼의 신호를 영점화한 후, 보정된 RF 브릿지를 통해 측정되며 시간변화 광전도가 검출된다. 과잉 전하 밀도는 광전도 신호로부터 계산되고, 광 생성률은 보정된 검출기로 측정한 광세기로부터 결정된다. 센서 영역의 지름 크기가 3 cm이기 때문에 측정 시료 크기는 최소 이보다 크게 제작하여야 한다.

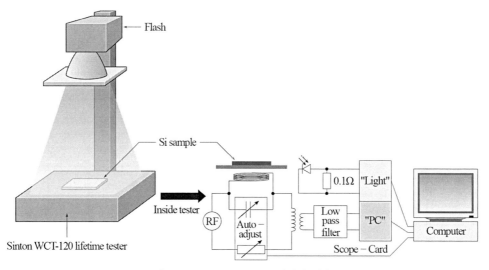

그림 7.15 QSSPC WCT-120장비의 개략도

플래시 램프의 설정값으로 QSSPC 모드와 Transient 모드로 바꿔서 측정할 수 있고, 보통 전하수명이 100~200 μs을 기준으로 측정 모드를 바꾸어 분석한다. 준안정 측정 모드에서 식 (7.37)의 전하 수명은 $\tau_{eff} = \dfrac{\triangle n}{G}$ 이 되고, 과도 측정 모드에서는 $\tau_{eff} = -\dfrac{\triangle n}{\dfrac{d\triangle n}{dt}}$ 으로

계산된다.

도판트 확산 후 에미터 영역은 일반적으로 포화전류밀도인 J_{oe}를 통해 특징지어진다. 이 포화전류밀도는 얇은 확산 영역의 벌크 내에서 재결합과 많은 양이 도핑된 표면에서의 재결합을 포함한다. p형 웨이퍼의 양면에 확산되었을 경우, 유효 전하 수명은 다음과 같이 표현되고, QSSPC를 이용하여 측정할 수 있다.

$$\frac{1}{\tau_{eff}} - \frac{1}{\tau_{Auger}} = \frac{1}{\tau_{SRH}} + [J_{oe(front)} + J_{oe(back)}] \frac{(N_A + \triangle n)}{qn_i^2 W} \tag{7.38}$$

여기서 N_A은 웨이퍼 도핑 농도, n_i는 진성 반도체 전하 밀도, 그리고 W는 웨이퍼 두께이다. 에미터 재결합 항은 벌크 및 표면 재결합 항과 전하 주입 준위에 대한 의존성이 다르기 때문에 고준위 주입영역에서 주입 준위를 조절하여 J_{oe}를 결정할 수 있다. 식 (7.38)은 고준위 주입 수준에서 의존성이 없는 SRH 전하수명을 알 필요가 없으므로, 광생성 소수 전하에 의한 오제 재결합이 전하 밀도의 알려진 함수로 임의의 주어진 전하 밀도에서 뺄 수 있다. 소프트웨어는 자동으로 이 작업을 수행하며, 식 (7.38)의 왼쪽(1/$\tau_{eff} - 1/\tau_{Auger}$)을 오른쪽($\triangle n$)과 비교하여 기울기가 J_{oe}와 관련되도록 표시한다. 측정된 기울기를 J_{oe}로 변환할 때 n_i 값을 결정해야 한다.

광전도 감쇠(Photoconductance Decay, PCD) 수명 측정 기법은 1955년에 제안되었으며 가장 일반적인 수명 측정 기법 중 하나이다. 이름에서 알 수 있듯이, EHP는 광학적 여기에 의해 생성되고 여기의 중단에 따른 시간의 함수로 그들의 감쇠가 측정된다. μ-PCD는 레이저에 의해 시료에 주입된 전하의 시간 변화가 마이크로파 반사율 시간 변화로부터 수명을 측정하는 방법이다.

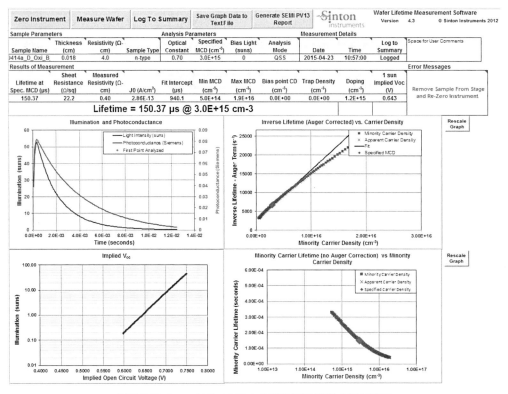

그림 7.16 Sinton사의 QSSPC 측정을 통한 전하 수명 그래프

μ-PCD는 작은 시료부터 웨이퍼 크기까지의 전하수명 맵핑을 할 수 있는데, 이러한 전하수명 맵핑은 4장의 그림 4.23에서 보여주고 있다. 마이크웨이브의 광전도 감쇠에 따른 시그널의 물리적 과정을 그림 7.17에서 보여주고 있으며, 그림 7.18에는 전하수명 측정 장비인 QSSPC(sinton사)와 μ-PCD(Semilab사) 장비를 보여주고 있다.

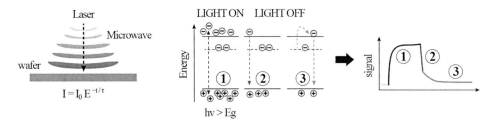

(1) generation and trapping of carriers, (2) fast recombination process,
(3) thermal reemission of trapped carriers

그림 7.17 측정 원리와 PCD 시그널에 해당하는 물리적 과정

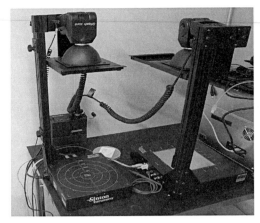

그림 7.18 Sinton사의 QSSPC, Suns-Voc측정기(좌)와 Semilab사의 μ-PCD(우)

4. 발광 검사(Luminescence)

발광 이미징 기술은 실리콘 웨이퍼 및 태양전지의 소수 전하 수명 측정을 수행하기 위한 빠르고 공간적으로 분해된 방법이다. 전도대 전자가 원자가대로 이완되어 방출(복사 재결합)된 광자를 감지함으로써, 실리콘 웨이퍼의 전하 수명을 이미지화할 수 있다. 이 발광 신호는 외부 조명(PL) 또는 태양전지의 순방향 바이어스(EL)에 의해 생성될 수 있다. 발광 이이징 기술은 실리콘 웨이퍼나 태양전지의 결함, SRH 재결합 자리(center), 결정립계, 전위(dislocation), 태양전지 접합의 션트(shunt)와 직렬저항, 철 원소 오염, 저효율영역 등을 검출할 수 있다.

발광 이미징 기술은 저가 실리콘 CCD의 개발로 점점 더 대중화되었고, 디지털 카메라에 사용되는 것과 유사하지만 근적외선의 감도에 최적화되어 있으며 열 노이즈를 줄이기 위해 냉각된다. 초기에는 흑백의 명암비를 이용하였지만, 고해상도 이미지를 가능하게 하는 다중 메가 픽셀 해상도를 가진 감지기가 나오면서 컬러 이미징도 가능하다. 실리콘 검출기는 실리콘의 낮은 흡수 계수로 인해 1,000 nm 이상의 파장 검출에서는 InGaAs 광다이오드를 사용하기도 한다.

4.1 전계발광(Electroluminescence)

태양광 열화 메커니즘 중 하나는 실리콘 태양전지의 미세 균열(micro crack)이다. 미세 균열은 태양전지 표면 온도의 변동, 태양광 모듈의 후면과 전면 사이의 습도 변화, 먼지, 구름 및 부분 차광 등의 다양한 이유로 인해 발생한다. 태양전지에 미세 균열이 있으면 영향을 받는 태양광 모듈의 전체 출력 전력 생성이 감소하여 태양광 발전 효율이 크게 감소한다.

전계발광(Electroluminescence, EL)검사는 태양전지의 미세 균열, 전극 불량, 저효율 영역, shunt 등의 국부적인 결함을 검출하는 데 사용하며, 1990년대초부터 태양전지 측정에 사용되기 시작하였다. 실리콘 태양전지는 광흡수 및 전하 수집에 최적화된 대면적 다이오드이다. 순방향 바이어스를 인가하여 전하 캐리어를 주입하여 정상 작동 모드를 반전시키면 태양전지 소자에서 재결합으로 인해 발광이 발생한다. 대부분의 태양전지는 특별히 LED(light emitting diode)와 같이 효율적인 발광체는 아니지만, 재결합의 일부는 복사(radiative) 방출이므로 태양전지의 밴드갭 주변에 에너지를 가진 광자의 방출을 감지할 수 있다. 특히, 간접 밴드갭 반도체인 실리콘 재료에서 대부분의 재결합은 결함 또는 오제 재결합을 통해 발생하게 되는데, 복사 방출 재결합의 양은 상대적으로 낮다. 따라서 실리콘에서도 소량의 복사 재결합이 발생하며 이 신호는 외부 감지기를 사용하여 검출할 수 있다. 이 기술은 전기 접촉이 필요하므로 금속 전극이 형성된 태양전지에 사용된다. 전계발광 측정은 온도나 주입 전류의 함수로 스펙트럼 측정을 해왔으나, 2005년에 전계발광 이미징 기술이 개발되면서 CCD(Charge-Coupled Device) 카메라로 전계발광을 감지하고 인가전압과 태양전지 또는 모듈의 품질에 따라 1초 미만에서 수 분 범위의 빠른 측정 시간으로 공간 분해 정보를 얻게 되어 태양전지 및 모듈의 균일성과 관련된 영역에 대한 데이터를 제공해준다. 그림 7.19에 전계발광 이미지 측정 시스템의 개념도를 보여주고 있다.

광출력은 국부 전압에 따라 증가하므로 접촉이 불량한 영역은 어둡게 표시된다. 미세 균열 감지 시 전계 발광 설정이 출력 감지 가능한 이미지에 노이즈가 추가될 수 있기 때문에 미세 균열의 이미지가 실제 크기와 일치하지 않을 수도 있으나, 소프트웨어와 하드웨어 기술 개발로 정확성이 많이 개선되었다. 또한, 다결정 실리콘 태양전지의 경우에 전계 발광 이미지에는 결정립 및 결정립계로 인한 어두운 영역(dark area)이 존재하기 때문에, 이런 명암이 마이크로 크랙과 유사하거나 더 높은 수준의 명암을 나타내어 제조사별, 생산 LOT별로 그 형태가 매우 다양하기 때문에 영상처리를 통한 자동 검사 기술이 향상되었다.

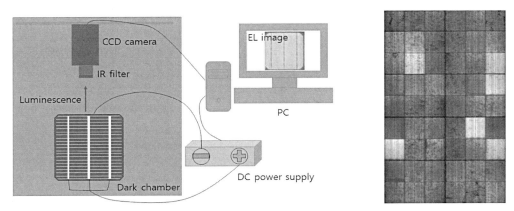

그림 7.19 전계발광(EL) 이미지 측정 시스템(좌) 및 이미지(우)

4.2 광발광(photoluminescence)

전계발광과 비교하여 광발광(photoluminescence, PL)의 발광 신호는 외부 소냉에 의해 발광 신호가 생성되며, 비접촉식 방법이다. 또한 태양전지 소자 구조가 필요하지 않으므로 모든 공정단계에서 실리콘 웨이퍼에 적용할 수 있으므로, 개별 공정 단계에서 인라인 (inline)으로 검사할 수 있다. 전계발광과 비슷한 시기에 광발광 이미징 기술이 보고되었고, 빠른 측정 속도도 유사하다. 외부 광조사에 의한 광여기는 발광 방출을 자극하고, 측정된 발광은 시료 내에서 자발적인 방출에서 비롯되기 때문에 광발광 강도를 통해 시료 내부의 벌크 전자 품질을 평가할 수 있다.

저준위 주입에서의 발광 강도는 다음 식 (7.39)에 따라 설명할 수 있다.

$$A_i I_{PL} = B(N_d + \triangle n) \triangle n$$

식 (7.39)

여기서 B는 복사 재결합 계수, N_d는 실리콘 웨이퍼의 도핑 농도, $\triangle n$은 광조사동안 생성된 과잉 캐리어 밀도, A_i는 상대 광발광 신호를 주입된 캐리어 밀도의 정량적 측정으로 변환하기 위한 보정 상수이다. 발광 이미지의 강도는 정공과 전자의 준페르미 준위 분리에 비례한다. 낮은 수준의 주입 조건에서 다수 전하의 준페르미 준위는 기판 도핑 수준에 의해 고정되고 소수 전하의 준페르미 준위는 초과 전하 밀도와 동일하다. 결과적으로, 균일한 기판 도핑 밀도를 갖는 실리콘 웨이퍼의 경우 광빌광 이미시에서 더 밝은 영역은 더 높은 유효 소수 전하 수명의 영역을 나타낸다. 시료 광전도도 측정으로 이러한 이미지를 보정하면 발광 강도를 실리콘 유효 소수 전하 수명 또는 iVoc의 정량적 이미지로 변환할 수 있다.

광발광 이미징 기술은 태양전지 웨이퍼 면적에 약 $100\ \text{mW/cm}^2$의 광출력이 연속적으로 균일하게 조사되어야 하며, 실리콘 브릭(brick)이나 웨이퍼의 벌크 전하수명을 측정할 수 있고, 웨이퍼의 특성 분석과 직렬 저항 이미징을 할 수 있다. 그림 7.20에는 광발광 이미지 측정시스템을 보여주고 있다.

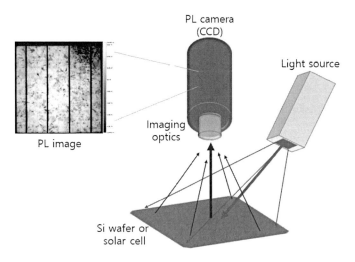

그림 7.20 광발광(PL) 이미지 측정 시스템

5. 저항 측정

5.1 면저항

면저항(sheet resistance, R_s)은 도핑층이 원하는 전기적 특성인 저항값을 갖는지 확인하기 위한 것으로, 단위면적당 저항으로 정의되며 단위는 $\Omega/\square$이다. 저항 R은 비저항 ρ, 길이 L, 면적 A의 관계로 다음과 같이 표현될 수 있다.

$$R = \rho\frac{L}{A} = \left(\frac{\rho}{t}\right)\left(\frac{L}{W}\right) = R_s\left(\frac{L}{W}\right) = R_s \times \#\ of\ squares$$

$$R_s = \frac{\rho}{t} \tag{7.40}$$

전체저항은 면저항과 정사각형 개수를 알면 쉽게 계산된다. 일반적으로 면저항 측정 시 접촉저항을 최소화하기 위하여 그림 7.21에서와 같이 4-포인트 탐침(4-point-probe)을 사용하여 저항을 측정한다. 바깥쪽 끝단에서 탐침을 통해 전류를 가해주면 안쪽 내부 2개의 탐침에는 옴의 법칙에 따른 전위차가 발생하게 되는데, 이를 측정한다. 실리콘 재료에 도핑 시 n형 물질과 p형 물질 사이의 접합부는 절연층으로 작용하며 에미터에서 전류 흐름을 유지한다. 탐침 간격 S와 두께 t가 $S \gg t$인 경우에 면비저항은 다음과 같이 표현된다.

$$\rho_s = \frac{\pi t}{\ln 2}\frac{V}{I} \tag{7.41}$$

탐침 측정의 전압 및 전류값을 사용하면 면저항은 다음과 같다.

$$R_s = \frac{\rho_s}{t} = \frac{\pi}{\ln 2}\frac{V}{I} \simeq 4.532\frac{V}{I} \tag{7.42}$$

벌크 비저항은 두께를 고려한 cm^{-3} 비저항을 제외하면 면비저항과 유사하며 다음과 같이 표현된다.

$$\rho = \frac{\pi t}{\ln 2}\left(\frac{V}{I}\right)t = 4.532\left(\frac{V}{I}\right)t \tag{7.43}$$

간단하게 두께를 알고 있으면 면저항으로부터 비저항을 다음과 같이 구할 수 있다.

$$\text{ohm/sq} \times \text{두께(cm)} = \text{ohm} \cdot \text{cm} \tag{7.44}$$

원칙적으로 4-포인트 탐침은 간단하고 사용하기 편하지만 고려해야 할 사항이 있다. 특히, 반도체에 금속을 적용하면 오믹접촉이 아닌 쇼트키 다이오드가 형성되어 화합물 반도체에서는 인듐을 접촉하여 측정하기도 한다. 또한 저항이 매우 높거나 매우 낮은 시료는 신뢰할 수 있는 판독값을 얻기 위해 구동 전류를 조정해야 한다. 낮은 비저항 시료는 일반적으로 실리콘에 대한 오믹 접촉하여 측정하기가 쉽지만, 매우 낮은 비저항 시료의 경우 시료를 통과하는 전류가 저항 가열을 유발하여 비저항 측정값을 증가시킨다. 고저항 시료의 경우 접점에서 과도하게 큰 전압을 가지지 않도록 전류를 줄여줘야 한다. 요철이 있는 표면은 접촉이 잘 안 되거나 측정 오차가 나타나기도 한다. 접촉식 측정 방법이기 때문에 기판에 손상을 주어 저항값이 변화되기 때문에 측정된 부위는 다시 측정하지 않는 것이 좋다.

5.2 접촉 저항

전극과 태양전지의 전극형성에 따른 접촉저항(contact resistance)은 TLM(transmission line method 또는 transfer length method)이란 수평 전극을 이용하여 계산한다. 이 방법은 1972년에 고안되어 당시에는 전력선(transmission line)과 유사한 모양으로 등가회로를 구성하여 수학적으로 계산하는 방식으로 반도체의 전기적 접촉을 계산할 수 있다. 그림 7.21의

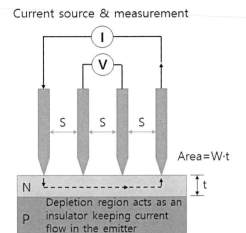

그림 7.21 4-포인트 탐침을 통한 태양전지의 면저항 측정

4-포인트 탐침 방식으로 측정할 수 있는데 탐침과 태양전지의 사이에 금속 전극이 있다고 한다면, 측정 탐침의 저항은 R_p, 금속전극과 탐침 사이의 저항은 R_{cp}, 태양전지(또는 반도체)의 면저항은 R_{semi}, 금속전극의 저항은 R_m, 금속 전극과 태양전지의 접촉저항은 R_c로 저항 성분이 구성된다. 전체 저항은 모든 저항 성분의 합이 되지만 탐침의 저항, 탐침과 금속 전극 사이의 접촉 저항, 금속 전극의 저항은 매우 낮아서 무시할 수 있다. 이때 태양전지의 저항은 $R_{semi} = R_s \dfrac{L}{W}$ 이다. 두 개의 접촉저항이므로, 전체저항은 다음과 같이 표시할 수 있다.

$$R_T = \frac{R_s}{W}L + 2R_c = \frac{V}{I} \tag{7.45}$$

여기서 V는 전압계에 걸린 전압이고, I는 양단 간의 전류를 나타낸다. 위 수식으로부터 접촉저항을 측정할 수 있는 방법을 제시해준다. 그림 7.22에서처럼 금속 전극이 다양한 길이로 구성되어 있다면, 각각의 전체 저항을 길이에 따라 측정하고 그래프로 그리게 되면 접촉 저항을 구할 수 있다. 거리가 0(그래프에서 y절편)인 저항체에서 잔류되는 저항은 접촉하는 위치가 2개이므로 접촉 저항의 두 배가 된다. 길이와 저항의 그래프에서 기울기로부터 태양전지의 면저항도 구할 수 있다.

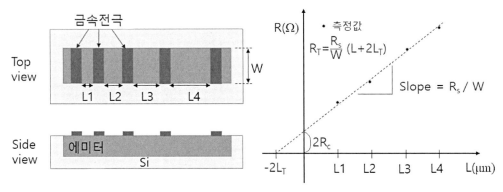

그림 7.22 선형 TLM 측정 전극 설계(좌) 및 TLM 측정 그래프(우)

02 시뮬레이션

1. PC1D

　시뮬레이션은 태양전지 소자에 영향을 주는 요소들을 파악하고, 여러 변수들의 조합을 통한 최적화 과정으로 개발 기간의 단축과 경제적 효용성을 높일 수 있다. 태양전지 변수들의 조합을 통한 태양전지 소자의 설계가 진행되고, 공정을 통한 특성과의 비교를 통하여 올바른 변수와 알고리즘 설정이 되었는지 확인하고, 정확도를 향상시켜서 예측을 효과적으로 실시할 수 있다. 가장 많이 사용되는 프로그램으로 PC1D를 사용하고 있다. PC1D는 호주의 UNSW에서 개발한 무료 프로그램으로 변수를 손쉽게 조절할 수 있고, 이용 가능한 결정질 실리콘 태양전지 모델링 프로그램 중 가장 일반적으로 사용된다. PC1D 프로그램은 Photovoltaic Cell 1 Dimensional 의 약자로서 일차원 태양전지 셀 해석 프로그램이다. PC1D가 가장 많이 사용되는 것은 프로그램의 속도, 사용자 인터페이스, 그리고 최신 셀 모델에 대한 지속적인 업데이트에 기반을 두고 있다. 현재 PV Lighthouse

에 배치 파일 생성기를 포함하여 더 많은 PC1D 리소스가 있다. PC1D는 Windows 7 버전까지만 동작한다.

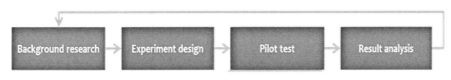

그림 7.23 태양전지 연구 개발 공정 과정 순서도

시뮬레이션 문제는 연산 결과의 정확한 신뢰성에 대한 부분이다. 일반적으로 시뮬레이션은 자연현상을 모방할 수 있는 대수 방정식을 연속적으로 풀어내는 과정이며, 묘사의 정도가 얼마나 정확한가에 따라서 시뮬레이션의 결과 신뢰성이 달라진다. 전산 시뮬레이션의 경우 최소 단위의 설정 방법에 따라서 상향식과 하향식으로 나뉘게 되어 있는데 대표적인 방법으로는 유한요소해석(FEA)과 Ab-Initio 시뮬레이션이 있다. PC1D 시뮬레이션은 이러한 방식보다는 조금 더 원천적인 완전연동 시간 의존 비선형 방정식(fully-coupled time dependent nonlinear equation)에서 전자와 정공의 준1차원 이동을 해결하는 데 수행된다.

PC1D의 경우 1차원의 해석만 수행하기 때문에 연산속도가 매우 빠르며 윈도우 기반의 프로그램으로 작성되어 범용성을 가지고 있으며, 사용자 친화적인 인터페이스를 통하여 프로그래밍 전문가가 아니더라도 충분히 사용할 수 있는 장점이 있다. 태양전지 구조의 정의에 있어서 확장성이 내포되어 있기 때문에 최근에 개발되는 복잡한 형상의 셀 모델에 대한 시뮬레이션 결과도 빠르게 적용해볼 수 있으며, 구성 방정식이 복잡하지 않아서 물리적 이해를 통한 새로운 디바이스 개발에도 많은 사용이 가능한 프로그램이다. 현재 무료로 공개된 프로그램이며 가장 널리 쓰이는 버전은 2008년에 발표된 5.9 버전을 주로 사용한다.

PC1D에서는 태양전지를 시뮬레이션하기 위하여 태양전지 소자를 영역(region)으로 나누게 되고 이러한 영역들을 모아서 장치(device)로 정의하게 된다. 장치 내부의 파라미터들이 설정되고 나면 장치 외부에서 조사되는 외부 바이어스에 대한 정의를 여기(excitation)에서 설정하게 되고 이러한 경계조건(boundary condition) 설정을 통하여 최종적인 태양전지의 성능을 분석할 수 있게 된다. 추출되는 결과는 시간의 변화에 따른 LIV 결과 및 QE 결과를 확인할 수 있으며, 입력된 구조의 태양전지가 특성 조건에 반응하는 내부 전하 분포 및 전기장 특성과 같은 공간 변화에 따른 결과도 연속적으로 확인 가능하다.

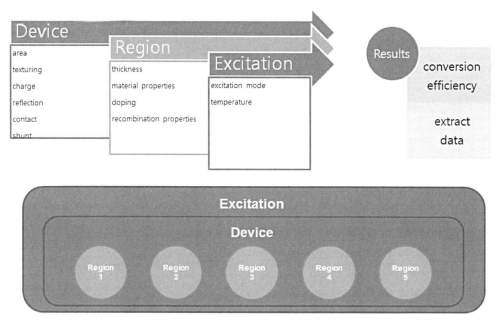

그림 7.24 PC1D 프로그램의 태양전지 시뮬레이션 구조도

예를 들어 자세히 설명하면, 시뮬레이션 파라미터는 그림 7.25와 같이 초기값에 제시되어 있고 시뮬레이션 프로세스 동안 아래에 제시된 모든 매개변수가 설정값으로 분석된다. PC1D 매개변수 구성은 5가지로 구성된다. 첫 번째는 소자(device) 부분으로 시뮬레이션하고자 하는 장치에 대한 일반적인 정보가 포함된다. 두 번째는 영역(region)으로 사용되는 결정성 재료의 종류, 두께, 도핑 유형 등 소자 영역과 관련된 필수 매개변수를 소개한다. 그림 7.25에는 단일 영역만 있지만 최대 5개까지 영역을 추가할 수 있다. 세 번째는 여기(excitation) 부분으로 소자의 여기(excitement) 매개변수를 설정하고 추후 특성을 시뮬레이션하는 데 제공한다. 태양전지의 광조사, 작동 온도와 다른 변수들을 해결할

수 있다. 네 번째로는 결과(result) 부분으로 시뮬레이션 시작 후에 Isc, Voc, 전력 최댓값을 나타낸다. 마지막으로 장치 개략도(device schematic)로 우리가 입력한 매개 변수로 구성된 소자 시뮬레이션의 계획을 그림으로 보여주며, 매개 변수에 따라 영역이 색상이 변할 수 있다.

그림 7.25 PC1D 인터페이스 화면

시뮬레이션의 차원은 어떠한 프로그램을 사용하더라도 그림 7.23의 경우를 크게 벗어나지 않으며, 차원을 해석하는 지배 방정식의 형태만 달라지게 된다. 1차원의 경우 그림 7.26에서 확인할 수 있는 것과 같이 반도체 장치의 깊이 방향으로의 변화만 발생하고 나머지 다른 방향으로는 모두 동일한 특성을 가지게 된다. 2차원의 경우는 깊이 방향으로의 변화와 너비 방향으로의 변화가 동시에 발생하게 되며 격자 구조를 통하여 해석하게 되어 1차원에 비하여 연산 속도가 느린 점이 있다. 3차원의 경우 깊이 방향과 너비 방향,

길이 방향이 모두 변화하기 때문에 가장 연산량이 많으며 실제 형태와 유사한 결과를 도출하여 주는 장점이 있다.

TandemCalc는 탠덤 태양전지의 최대 효율을 계산하기 위한 윈도우 독립 응용 프로그램이다. 응용 프로그램은 기본 코드로 MatLab을 사용하여 개발되었으며 MatLab Compiler Runtime(MCR)을 설치해야 작동한다. 응용 프로그램을 실행하려면 MCR을 설치한 후 TandemCalcv1.exe 프로그램을 실행한다. 변수들은 스펙트럼 유형, 농도, 단자 연결 유형, 출력 유형, 밴드갭 적층 수들이 있다.

태양전지의 시뮬레이션은 연산의 대상 범위에 따라서 태양전지 셀, 태양전지 모듈 단위, 태양전지 시스템 단위로 구분할 수 있으며 다양한 프로그램이 개발되고 있는 상황이다.

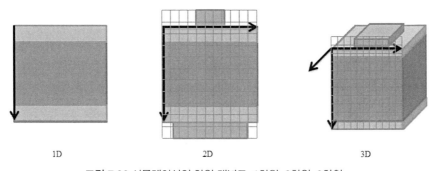

1D   2D   3D

그림 7.26 시뮬레이션의 차원 개념도, 1차원, 2차원, 3차원

2. 시뮬레이션 프로그램

가장 많이 사용되는 PC1D 이외에도 반도체 소자 및 박막 태양전지에 사용되는 다수 소프트웨어들도 있다.

- AFORS-HET : 태양전지 및 측정의 수치 시뮬레이션(www.helmholtz-berlin.de/forschung/oe/se/silizium-photovoltaik/projekte/asicsi/afors-het/index_en.html)
- PV Lighthouse : 태양전지 및 모듈 시뮬레이션(www.pvlighthouse.com.au)
- Silvaco TCAD : 2차원의 반도체 도핑 및 소자 특성(silvaco.com)

- gpvdm : 1D/2D 광전소자, 박막 태양전지 시뮬레이션(www.gpvdm.com)
- Setfos : 박막 태양전지. 재료 선택에서 효율적인 적층과 전하 주입에서 광 추출까지 OLED 모델링 (www.fluxim.com)
- AMPS : 1D 다이오드 소자 분석(www.ampsmodeling.org)

태양광 시스템에서 사용하는 소프트웨어는 다음과 같다.
- PVsyst : PV시스템 설계 및 시뮬레이션 표준
- Solar Pro : 분 단위 계산을 제공하는 유일한 소프트웨어로 가장 정확하고 PV 시스템 설치를 시각화하고 실시간으로 볼 수 있는 대화형 3D 사용자 인터페이스를 제공하는 소프트웨어
- Homer Pro : 마이크로 그리드 최적화 소프트웨어. 다중 에너지 자원을 위한 하이브리드 최적화 모델을 의미하며 시뮬레이션, 최적화 및 민감도 분석 도구와 함께 제공
- PV F-Chart : 태양열 복사 데이터를 사용하여 모듈, 인버터 및 기타 변수로 인한 변동을 고려하지 않고 PV발전량을 계산하는 PV시스템 분석 설계 프로그램
- pvPlanner : 태양광 자원 데이터베이스 제공업체의 플랫폼에서 작동하는 클라우드 기반 소프트웨어
- System Advisor Model(SAM) : 프로젝트 계획 단계에서 의사 결정에 도움이 되도록 설계된 성능 및 재무 모델 무료 소프트웨어

03 박막물성 분석

태양전지뿐만 아니라 재료의 특성 평가는 주로 광자, 전자, 이온, x-선 중에 하나의 입자가 시료에 조사되고 시료들과 작용하여 나온 입자들 종류를 어떻게 검출하는가에 따라서 분석법이 정해진다.

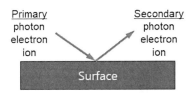

그림 7.27 조사된 입자의 종류와 시료에서 검출되는 입자들에 의한 재료 평가

1. 광전자 분광법

광전자분광법(photoemission spectroscopy, PES)은 단일 파장의 빛을 시료에 입사할 때 시료 표면에서 광전효과에 의해서 튀어나오는 전자의 세기를 운동에너지에 따라 분석하여 시료의 전자구조에 관련된 성질을 알아내는 기술이다. 광전자분광 기술은 X-선 영역의 단일 파장 빛을 사용하는 X-선 광전자 분광(X-ray Photoelectron Spectroscopy, XPS)과 자외선(UV) 영역의 빛을 사용하는 UV 광전자 분광(UV Photoelectron Spectroscopy, UPS)으로 나눌 수 있다. XPS는 시료 구성성분 원자의 화학적 구조와 산화상태에 대한 화학적 정보를 동시에 제공하기 때문에 화학분석을 위한 전자분광법(Electron Spectroscopy for Chemical Analysis, ESCA)으로도 알려져 있다. 시료에서 방출된 광전자의 경우 공기나 다른 분자에 의해 에너지가 잘 흡수되므로 전자의 운동에너지를 측정해야 하는 XPS는 초고진공이 필요하게 된다. 일반적으로 1000~1500 eV 정도의 에너지를 갖는 X-선을 고체 표면에 방사하여서 시료 상부 1~10 nm의 내각 준위(core level)에서 방출되는 전자를 분석하여, 시료에 있는 원소의 종류, 화학상태, 농도 등을 알아낼 수 있다.

UPS는 10~20 eV 정도의 극자외선 영역의 빛을 사용하여 시료의 외곽 준위인 가전자 영역의 전자를 방출하도록 하여 화학결합에 직접 참여하는 전자들이 고체 내에서 가질 수 있는 다양한 상태를 알 수 있도록 해주는 기술이다.

그림 7.28에 XPS와 UPS 과정을 나타내는 개략도이다. 고체 시료는 화학결합에 직접 참여하지 않으면서 개별 원자에 속박되어 있는 내각(core)전자와 화학결합에 직접 참여하며 밴드를 이루면서 개별 원자에 속박되지 않고 고체 전체에 퍼져 있는 가전자가 존재한다. 가전자들은 밴드를 이루면서 일정한 에너지 폭을 가지면서 존재하고 내각 전자들은 이산적(discrete)인 값을 가지는 일정한 에너지 상태에 존재한다. 이러한 시료에 $h\nu$의 에너지를 가진 빛을 입사시키면, 분석 시료의 전자가 전달받아 에너지와 운동량 보존 법칙을 만족하면서 결합에너지(E_B)를 끊고 물질의 일함수(Φ)를 뛰어 넘어 방출된 광전자의 운동에너지(E_K)를 측정함으로써 그 물질에 해당하는 전자의 에너지를 다음 식을 통해 구할 수 있다.

$$E_K = h\nu - \Phi - |E_B| \tag{7.46}$$

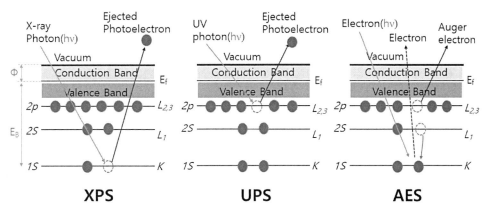

그림 7.28 광전자분광기술의 XPS, UPS, AES 과정 개념도

분석 챔버에 붙어 있는 전자에너지 분석기를 이용하여 방출되는 전자의 운동에너지에 따른 세기를 측정하면 시료 내부에 있는 전자들의 결합에너지에 따른 상태밀도(density of state)를 알 수 있다. 이산적인 값을 가지는 코어 전자들은 에너지 분포곡선에서 피크로 나타나며, 가전자대에 있는 전자들은 상태 밀도에 비례하는 세기의 스펙트럼이 나타나게 된다. XPS를 이용해 측정된 결합에너지는 원소의 고유한 에너지이므로 분석 시료의 원소를 분석할 수 있으며 결합에너지는 화학적 결합상태에 따라 변하기 때문에 화학적 결합 상태에 대한 정보를 얻을 수 있다.

X-선은 내각준위 전자를 시료로부터 방출시키기 위해 Al-Kα($h\nu = 1486.6$ eV) 또는 Mg-Kα($h\nu = 1253.6$ eV)의 X-선을 주로 사용한다. 수십 kV 전자가 Al anode에 충돌하면 anode로부터 고유 X-선이 발생하게 된다. 발생된 X-선의 반폭치(FWHM)를 개선하고 세기가 약한 X-선에 의해 나타나는 위성(satellite) 스펙트럼을 제거하기 위해 단색화 장치(monochromator)를 이용한다. 단색화 장치로부터 X-선을 샘플 표면에 조사하여 방출된 광전자는 현재 가장 많이 사용되는 반구형 전자에너지 분석기(Hemispherical Sector energy Analyzer, HSA)를 통해 안쪽과 바깥쪽에 특정 전압을 인가했을 때 분석기 안으로 들어온 전자 중 특정 운동에너지를 가진 전자만 반구를 지나 검출기에 도달하게 된다. 이렇게

측정된 광전자의 결합에너지는 원소의 종류뿐만 아니라 원자의 전자 분포 변화에 따른 전하 포텐셜 변화에 따라 결합에너지 변화로부터 XPS의 가장 큰 특징 중 하나인 원자의 산화상태 및 화학적 결합상태에 대한 정보를 제공한다.

빛은 시료 속 수 μm까지 침투하여 광전자를 여기시키지만 이 전자들이 시료 표면에 도달하기 전에 비탄성 충돌에 의해서 에너지를 잃으면서 가지고 있던 정보를 잃어버리기 때문에 수 nm 정도의 표면 근처에서 튀어나온 전자만 유용한 정보를 전달한다.

XPS 피크는 화학적(chemical) 효과, 전자적(electronic) 효과, Final 상태 효과(state effect), 전자 산란(electron scattering) 효과에 의해 피크 이동(shift)이 일어날 수 있다. 화학적 효과에 의한 chemical shift는 산화 상태(oxidation state)나 전자친화도(electronegativity)에 의한 것을 발생한다. 산화수가 높아질수록 원자의 전자 개수가 줄어들고, 남아 있는 전자들이 핵과 속박되어 있는 결합에너지 값이 더욱 커지게 되어 산화수에 따른 피크이동이 나타난다. 또한 원자가 전자친화도가 높은 원자랑 결합할수록 전자를 더 많이 주게 되므로 전자를 더 많이 잃는 효과가 나타나 결합에너지가 커지게 된다. 전자적인 효과에서는 스핀-오비탈 쌍(spin-orbital coupling)효과에 의해 나타난다. 먼저 설명한 효과는 시료 자체의 결합상태에 의해 나타나는 피크 이동 현상이고, 지금은 시료와 X-선이 상호작용하여 발생 가능한 피크 이동들이다. Final 상태 효과는 shake-up, shake-off, 다중 분할(multiple splitting)이 있다. 입사된 X-신이 내각 준위 전자를 때려 광전자로 방출되어야 하지만, shake-up은 입사된 X-선이 원자에 들어와 하나의 광전자를 방출시키고, 다른 하나의 더 높은 쉘(shell)의 전자를 더 높은 에너지 준위로 여기시킨다. 즉, shake-up에 의하여 광전자 1개와 여기된(excited) 전자 1개가 생기고, shake-off는 2개의 광전자가 생성된다. shake-up/shake-off 모두 원래의 경우보다 더 많은 부산물을 만들어내는 데에 에너지를 소비했기 때문에, 피크가 더 낮은 운동에너지 영역에서 나타난다. 여기된 전자보다 광전자를 생성하는 데에 더 많은 에너지가 필요하므로 shake-off가 shake-up보다 더 낮은 에너지 영역에서 나타나고, 낮은 에너지 영역에서 나타날수록 피크가 넓어(broaden)진다. 이들 피크는 특성 피크(main peak) 주위에 존재한다 하여 위성 피크라고도 불린다. 다중 분할 현상은 모든 경우에서 나타나지는 않고, 어떤 특수한 조건이 만족될 때 나타나게 된다. unpaired된 전자들끼리 쌍이 되어 피크 이동이 나타나게 되는 현상이며, 이 현상으로 다양한 final 상태가 생긴다. 마지막으로, 전자 산란 효과에 의한 에너지 손실 피크가 있다. 일반적으로 금속의 전도대역 안의 전자들 집단적으로 진동(group oscillation)을 하며 움직이는 것을 입자로 취급해 플라즈몬(plasmon)이라 한다. 플라즈몬은 금속마다 특정(specific)한 에너지를 가지고 있어서 X-선으로 인해 방출된 광전자들이 플라즈몬 충돌하여 발생하는 에너지 손실의 크기가 정해지기 때문에 이를 통해 원소 분석이 가능하다. 이 현상은 금속에서 주로 나타나며, 자유전자가 적은 절연체의 경우에는 드물다.

XPS를 이용하여 깊이에 따른 조성정보(depth profiling)는 이온 스퍼터링을 이용해 박막을 식각하여 분석할 수 있지만, 표면에 손상을 준다. 각도 변화(Angle-Resolved)에 의해서 광전자의 경로 길이 차이로 시료에 손상 없이 표면과 박막의 조성 차이를 분석할 수 있다.

UPS는 진공용기인 방전 램프 내부에 채워 넣는 가스(He, Ne, Ar, Kr, Xe)의 종류에 따라서 발생되는 극자외선 빛의 에너지가 결정된다. 불활성 가스의 방전에 의해서 생성하는 빛은 그 선폭이 수 meV에 불과해서 거의 이상적인 단색광이라고 할 수 있지만 빛의 에너지를 쉽게 바꿀 수 없는 단점도 있다. 장비적인 부분은 XPS와 유사하다. 단결정 시료가 아니고서는 밴드 맵핑은 의미가 없고, 물질의 가전자 준위 근처에 있는 중요한 에너지 준위를 측정하는 데 유용한 정보를 제공한다. 그림 7.29는 실리콘 기판에 MoOx 박막 시료를 He I UPS를 이용하여 측정한 스펙트럼을 보여주고 있다. 그림에서 x축의 영은 시료의 페르미 준위(E_F)이고 −4.24 eV로 표시한 부분이 이 물질의 VBM(valence band maximum)을 나타낸다. 따라서 이 스펙트럼으로부터 VBM 상대적 위치를 알 수 있다. 또한 10.07 eV로 나타낸 부분은 진공 준위에 의해서 나타나는 컷오프에너지(E_{cutoff})로서, 이로부터 아래 식에서 시료의 일함수를 알 수 있다.

$$\Phi = h\upsilon - |E_{cutoff} - E_F| \tag{7.47}$$

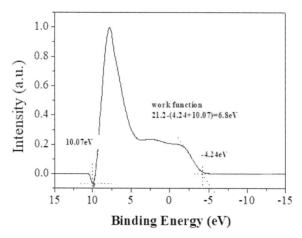

그림 7.29 실리콘 기판 위에서 MoOx 박막의 UPS 측정 그래프

AES(Auger Electron Spectroscopy) 기술은 일반적으로 3~25 keV 범위의 1차 전자빔을 사용하며 전자 빔에 의해 여기된 원자는 오제(Auger) 전자의 방출 에너지를 측정한다. 방출된 오제 전자의 운동 에너지는 시료 표면에 존재하는 원소의 특성을 나타나기 때문에, 결과 스펙트럼은 대개 신호 강도 대 운동 에너지의 미분으로 표시되며 각 요소는 요소 식별을 위한 물질의 고유한 특성을 나타낸다.

AES의 고유한 장점은 원자 번호가 낮은 원자에 대해 감도가 높아서 H와 He를 제외한 모든 원소를 검출할 수 있으며 대부분의 원소에 대해 0.1~1원자 %의 검출 한계를 가진 정량 분석을 할 수 있다. 오제 전자의 낮은 에너지로 인해 고체의 약 3~20 Å 정도만 투과할 수 있어 앞에서 언급한 XPS보다 정확한 표면 정성분석이 가능하다. 표면을 이온 스퍼터링으로 깎아내면서 표면의 조성 원소를 측정하여 작은 면적의 조성 깊이 프로파일링을 할 수 있다. XPS는 표면의 5~10 nm 상부에서 단거리 화학 결합 정보를 제공하는 표면 민감 기술이지만, XPS는 최소 빔 크기가 10 μm인 반면 AES는 최소 빔 크기가 10 nm 미만이다. XPS의 강도는 스펙트럼에서 얻을 수 있는 화학 정보이며, AES는 화학 성분이 제한적인 원소 성분을 주로 제공한다.

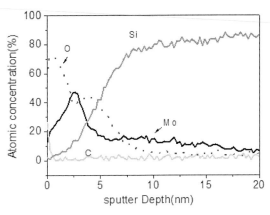

그림 7.30 MoOx박막의 오제(AES)를 이용한 조성 깊이 프로파일링

2. 이차이온질량 분석법(SIMS)

이차이온질량 분석법(Secondary Ion Mass Spectroscopy, SIMS)은 수 100 eV~수 10 keV 정도의 에너지를 갖는 이온을 이용하여, 스퍼터된 시료원자의 이차 이온을 질량 분석계를 통하여 원소분석을 한다. 에너지를 가진 일차이온을 시료에 주입하면 일차이온은 시료 내로 들어가 시료 원자와 연쇄 충돌(collision cascade)이 일어나며 주변의 시료 원자에 운동에너지를 전달한다. 전달된 운동에너지가 결정격자의 전위 장벽을 넘을 경우 시료원자가 격자점으로부터 이탈되어 가까운 원자와 차례로 충돌되는 연쇄반응이 일어난다. 연쇄반응에 의해 변위를 받은 원자 중 표면 근처의 시료 원자는 진공 중으로 방출된다. 이로 인해 시료는 식각되는 스퍼터링이 일어난다. 방출되는 원자는 대부분 중성입자이지만 양이온, 음이온, 전자가 시료 표면의 원소 특성에 따라 스퍼터링된다. 스퍼터된 원자의 탈출 깊이는 분석 조건에 따라 다양하지만 일반적으로 약 1~12 nm 정도의 표면층으로부터 방출되는 원자를 이용한다. 수소부터 우라늄 원소까지 검출할 수 있으며, 1 ppm 또는 1 ppb 수준까지의 원소 농도를 검출할 수 있다. 스퍼터링 효율은 수 eV에서 10~30 keV 범위까지는 일차이온 에너지에 따라 거의 비례하여 증가한다. 또한 스퍼터링 효율은 입사각에 따라 $1/cos\theta$ 함수로 변하는 경향이 나타난다. 정량분석에서 가장 중요한 물리량은 시료에서 방출된 입자의 이온화 효율이다. 이온화 효율은 일차이온 효과에

의해서도 영향을 받는다. 산소 이온(O_2^+) 충격은 표면에 산소 농도가 증가되어 양이온 효율을 증가시키며, 세슘 이온(Cs^+) 충격은 음이온 효율을 증가시킨다. 물질에 따른 이차 이온화 효율을 알면 SIMS를 활용하여 정량분석이 가능하다. 하지만 이차 이온화 효율은 시료를 구성하는 물질에 따라 크게 변하는 매트릭스 효과(matrix effect) 때문에, 표준시편이 없으면 정량 분석을 할 수 없다.

SIMS는 10^{-9} Torr 이하의 초고진공 분위기에서 분석된다. 그림 7.31과 같이 일차이온을 생성하고, 일차이온을 시료까지 운반하는 일차이온컬럼(primary ion column), 시료에서 튀어나온 이차이온을 추출하여 에너지차와 질량차 등에 의해 분류하는 질량분석계(mass spectrometer), 분류된 이차이온의 양을 측정하는 데이터 처리 시스템(detector system), 진공 시스템(vacuum system)으로 구성된다.

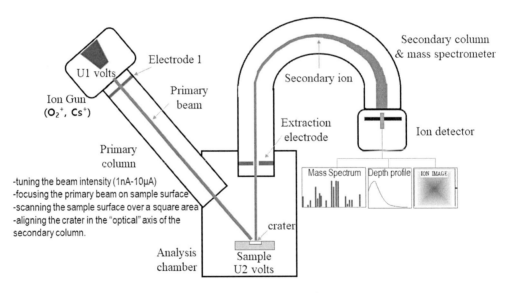

그림 7.31 Magnetic sector SIMS 장비의 구성도

일차 이온빔은 수백 eV에서 15 keV 범위의 에너지와 20°에서 70° 범위의 입사각으로 시료에 충격을 가한다. 저지능(stopping power)은 입사되는 이온을 늦추고 멈추게 하는 물질의 능력으로, 거리 단위당 이온에 의해 손실된 운동에너지로 정의된다. 이 저지능은 크게 원자핵(nuclear)과 전자 저지능(electronic stopping power)으로 나눌 수 있는데, 일차 이

온 에너지 범위의 경우 주된 요인은 원자핵 저지능이다. 그 결과 앞에서 설명한 스퍼터링 현상은 타겟 원자를 향한 이온 운동량 전달의 결과이다. 일차 이온 빔은 일반적으로 정사각형으로 시료 표면을 가로질러 래스터(raster) 스캔(scan)으로 면적이 정의되고 바닥이 평평한 크레이터(crater)가 생성된다. 이온 빔은 일반적으로 가우시안 분포를 가지므로 크레이터 가장자리가 다소 구부러지고 빔이 근처에 있을 때 크레이터 벽의 이온 특성이 방출된다. 이를 극복하기 위해 이온은 빔이 크레이터 바닥의 중앙 영역인 게이트(gate) 영역 안에 있을 때만 기록된다. 이온을 가속하거나 느리게 하는 정전기 전위(electrostatic potentials)는 분석에 많은 영향을 준다. 전압 U2(샘플 인가 전압)는 양전하 이온(Na^+, Mg^+, Fe^+ 등)을 감지하기 위해 양으로 설정되고 전자 친화도가 높은 이온(O^-, S^-, Cl^- 등)을 감지하기 위해 음으로 설정된다. 그러나 이 극성 전압은 1차 이온 충격 에너지(impact energy)에 매우 큰 영향을 미친다. 예를 들면, U1전압이 $+3\,keV$이고, U2전압이 $-2\,keV$이면 충격에너지는 극성 전압에 따라 $5\,keV$와 $1\,keV$로 달라진다. 결과적으로 음이온 분석보다 양이온 분석으로 훨씬 더 낮은 충격 에너지에 도달할 수 있다. 따라서 충돌 혼합 효과(collision mixing effect)로 인해 음이온 감지 시 깊이 분해능(depth resolution)이 나빠진다. 이차 전압은 시료 표면의 일차 이온 입사각에 또 다른 영향을 미친다. 일차 이온이 시료에 가까워지게 될 때, U2가 음수이면 가속되고 U2가 양수이면 속도가 느려지게 되어 입사 궤적이 두 가지로 제공한다. 이것 또한 깊이 분해능 및 스퍼터링 조건에 중요한 역할을 한다.

질량분석기 차이에 의해 TOF(time-of-flight), Quadrupole, Magnetic sector SIMS로 종류를 나눌 수 있다.

3. X-선 회절 분석법(XRD)

X-선 회절(X-ray Diffraction, XRD)법은 결정 구조, 결정질 크기, 변형, 우선 방위 및 층 두께 등 구조 정보를 확인할 수 있는 분석법으로, X선을 결정에 부딪히게 하면 그중 일부는 회절을 일으키고 그 회절각과 강도는 물질구조상 고유한 것으로서 이 회절 X-선을 이용하여 시료에 함유된 결정 물질의 종류와 양에 관계되는 정보를 알 수 있다.

X-선이 입사되어 입자에 충돌하면 산란(scattering)이 발생되지만, 주기적인 원자 배열을 갖는 결정에 입사된 X-선은 회절(diffraction)이 발생한다. 회절은 두 개 이상의 파동 사이에서 서로 위상 차이(phase difference)에 따라 상쇄간섭 또는 보강간섭이 발생하게 된다. XRD에 나타나는 데이터의 수는 결정 내에서 입사한 빛의 보강간섭에 의한 강도(intensity)가 나타나는 것이다. 비정질과 같이 결정성이 부족한 재료는 모든 방향으로 산란되므로 빛의 강도가 약하여 피크 폭이 넓게 나타난다. 하지만 주기성을 가진 결정 재료는 입사한 빛이 브래그(Bragg) 법칙을 만족하면서 회절되어 강한 강도의 빛으로 나타난다. 그러므로 재료가 가지고 있는 고유의 성질인 결정구조, 면간거리에 따라 회절 패턴이 다르게 되며, 회절이 일어나는 조건은 브래그 법칙을 만족해야 한다. 회절현상이 발생하는 경우, 입사 X-선의 파장 λ 및 입사각 θ와 격자면간거리 d 사이에는 다음과 같은 관계가 성립된다.

$$n\lambda = 2d \ \sin\theta \tag{7.48}$$

이 관계식을 브래그 식이라 부르며, 회절 X-선이 나타내는 입사각 θ가 정해지면 격자면간거리 d를 계산할 수 있다.

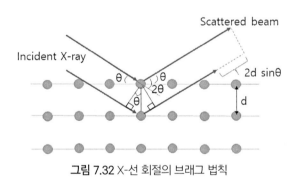

그림 7.32 X-선 회절의 브래그 법칙

일반적으로 가장 많이 사용되는 측정방식으로는 $\theta/2\theta$ 축 측정 방법으로 소스가 고정되어 있어 시료는 θ로, 측정기는 θ로 회전하여 측정하는 방법이다. 2θ축 측정 방법은 시료를 고정하고(θ를 고정) 검출기만 2θ로 회전하면서 측정하는 방법이다. 매우 얇은 박막의 XRD 측정을 할 때 사용하는 방법으로 X-선이 박막에 입사하는 양을 늘려주기 위해 사용한다. θ축 방법은 2θ인 검출기를 고정하고 시료를 θ로 회전시켜 측정하는 방법으로, rocking curve를 측정할 수 있다.

측정된 그래프는 X축으로 2θ를 Y축으로 강도로 도식화되며, 각각의 그래프상의 피크 위치(2θ)를 이용하여 브래그 각을 찾으며, 이후 면간거리를 계산할 수 있다. 결정격자에 의한 X선의 회절현상을 쉽게 이해하기 위하여 Ewald가 역격자(reciprocal lattice)의 개념을 도입하여 이해하게 되었으며, 결정격자가 클수록 피크 사이의 간격이 좁아진다.

미지시료의 회절 형식과 이미 회절 데이터를 알고 있는 물질의 회절 형식을 비교하여 전자 중에 후자의 회절 형식이 포함되어있으면 시료에는 비교한 물질이 함유되어 있다고 판정된다. 이러한 이유로 각종 물질의 X-선 회절 데이터가 축적, 정리되어 있어 ASTM의 JCPDS에 의해 국제적으로 수행되어진 JCPDS 카드로 수록된 데이터베이스를 제공한다.

브래그 법칙으로부터 식을 변형하게 되면 결정의 크기를 구하는 식을 얻을 수 있으며, 이 식을 Scherer공식이라고 한다. 여기서 d는 결정의 평균 크기, λ는 X-선 파장(Cu Kα 파장은 1.54 Å), FWHM은 반폭치이다.

$$d = \frac{0.9\lambda}{FWHM \cdot \cos\theta} \tag{7.49}$$

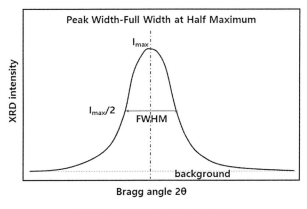

그림 7.33 XRD 결정 피크의 반폭치

4. 전자현미경

전자현미경은 크게 투과전자현미경(transmission electron microscope, TEM)과 주사전자현미경(scanning electron microscope, SEM)이 있다. TEM은 고분해능 이미징 기술로서, 전자빔이 얇은 시료를 통과하여 이미지를 생성한다. 전자빔은 시료의 두께, 밀도, 조성, 그리고 결정성에 영향을 받을 수 있다. TEM의 원리는 광학현미경의 원리와 매우 유사하시만 가시광선 대신에 전자선을 이용하고, 광학렌즈 대신에 자기렌즈를 사용하는 점이 다르다. 그리하여 광학현미경과 비교할 수 없을 정도의 고배율과 고해상도의 확대상(magnified image)을 얻을 수 있다. 고해상도를 갖는 이유는 가시광선에 비해서 파장이 매우 짧은 전자선을 이용하기 때문이다.

전자총에서 발생한 전자선은 집속(condenser)렌즈를 통하여 적당한 크기와 밝기로 시료에 조사된다. 시료를 투과한 전자선은 대물(objective)렌즈에 의하여 1차 확대상을 형성하고, 중간렌즈와 투사렌즈에 의하여 연속적으로 확대되어 형광판이나 필름 위에 최종의 확대상을 형성한다. TEM에서는 100만 배의 고해상도의 확대상 뿐만 아니라 전자회절패턴도 얻을 수 있다. 전자회절패턴은 1차적으로 대물렌즈의 후방초면에 형성되는데, 중간렌즈와 투사렌즈의 초점을 여기에 맞추면 형광판이나 필름에 전자회절패턴이 형성된다. 전사선이 조사된 시료의 영역에서는 X-선이 발생한다. X-선의 파장이나 에너지에 대한 강도의 스펙트럼을 얻어 전자선이 조사된 영역의 조성에 대한 정보를 얻을 수 있으므로 EDS(Energy dispersive X-ray spectroscopy)를 측정할 수 있다.

확대상을 얻는 방법에 따라서 3가지로 구분할 수 있는데, 가장 보편적으로 사용하는 것이 명시야상(bright field image)이다. 대물렌즈 조리개로 투과전자선만 통과시키고 나머지의 회절 전자선은 차폐시켜서 확대상을 얻는 방법이다. 전자선의 회절이 많이 일어나 시료의 영역은 투과전자선의 강도가 떨어지기 때문에 확대상에 명암대비(contrast)가 나타난다. 두 번째는 암시야상(dark field image)으로, 대물렌즈 조리개로 특정한 회절전자선만 통과시키고, 투과전자서 및 나머지의 회절전자선은 차폐시켜서 얻는 확대상이다. 여기에서는 선택한 전자선이 강하게 여기된 영역이 밝게 나타난다. 세 번째는 격자상(lattice image)으로, 대물렌즈 조리개로 투과전자선과 한 개 또는 몇 개의 회절전자선을 동시에 통과시켜서 얻는 확대상이다. 여기에서는 투과전자선과 회절전자선의 간섭에 의한 명암대비가 나타나는데, 격자의 구조, 즉 결정의 원자 배열을 관찰할 수 있다. 우수한 고분해능(high-resolution TEM) 격자상을 얻기 위해서는 가속전압이 높아서 전자선의 파장이 짧고 대물렌즈의 성능이 우수한 TEM을 사용하여야 한다. 그리고 축조정이 잘 되어 있어서 대물렌즈의 수차에 의하여 화질이 나빠지는 것을 최소화하여야 한다. 이러한 조건이 만족된 후에 대물렌즈의 최적 초점에서 수 Å 수준의 고해상도 격자상이 얻어진다. 최적의 격자상은 정초점이 아니고 최적의 부초점(unfocus)에서 얻어진다. 이러한 초점의 조건에서는 대물렌즈의 구면수차에 의해서 화질이 나빠지는 것을 적정한 값의 부초점이 보상하기 때문이다.

전자가 투과하려면 시료가 대략 100 nm 두께보다 얇아야 해서 샘플링 과정을 통해 시료를 준비해야 한다. 시료의 샘플링 과정에 의해 TEM 이미지의 해상도에 영향을 준다.

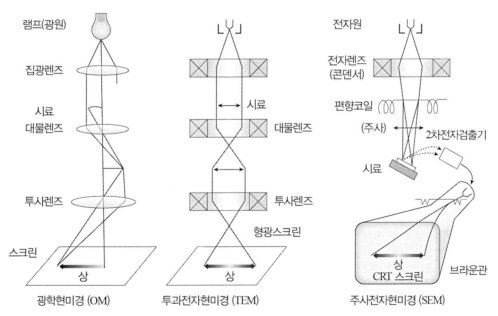

그림 7.34 광학현미경, 투과전자현미경, 주사전자현미경의 기본 원리(출처: 한국기계연구원)

SEM은 시료에 1차 전자빔을 시료에 주사하여 상호작용하여 방출되는 2차 전자 강도를 스캔함으로써 3차원으로 표면 형상과 구조를 알 수 있다.

전자총에 의해 생성된 전자빔을 수십 keV 에너지로 가속시키고, 자기집광렌즈로 집속시켜 시료 표면에 조사시킨다. 전자빔이 조사된 시료표면에서는 이차전자, 오제전자, X-선이 발생되고 후방산란되기도 한다. 이중에서 이차 전자를 감지하여 전류로 바꾸어 증폭되어 스캔된 이미지를 형성한다. 이차 전자상은 표면 상태의 모양(morphology)에 의한 정보로 입체적인 이미지를 볼 수 있다는 특징이 있다. 후방산란모드에서는 이차 전지 대신에 후방산란전자(back scattered electron)들을 감지하여 시료의 표면을 관찰할 수 있는데, 모든 원소는 원자핵의 크기가 다르고, 원자핵인 커질수록 후방산란전자도 늘어나 시료 상에서 다른 원소들을 구분할 수 있다. 시료 스테이지(stage)는 수평움직임(X, Y축)과 수직움직임(Z축)이 가능해야 하며 또한 회전움직임과 기울임이 모두 가능해야 한다. 수평움직임은 주로 전계의 조절에, 수직움직임은 해상도와 초점을 맞추는 데 이용된다. 가속전압이 클수록 영상의 분해능이 향상되나, 표면 구조의 선명도가 저하되고 대전효과가 커져 부도체 관찰이 불리하며 시료의 빔 손상이 커진다. 프로브(probe) 전류가 크면 이차 전자 신호가 증가되어 신호대 잡음비(signal-to-noise)가 증가되면서 화질이 향상되고 부드러운 영상 관찰이 가능하지만, 영상의 분해능이 저하되고, 빔 손상이 커져서 시편이 손상되기 쉽다.

부도체 시료의 경우에 시료 내부나 시료 표면에 전자가 누적되는 charging현상이 발생되어 표면에 누적된 전자와 전자빔의 반발력 발생으로 이차전자의 검출에 영향을 미치게 된다. 이러한 현상을 방지하기 위해서 시료표면을 백금, 팔라듐 등의 금속으로 코팅을 한다.

5. 편광분석법

편광분석법(Ellipsometry)이란 빛의 편광 특성을 이용하여 박막의 두께, 굴절률과 같은 광학적 특성을 측정할 수 있는 기술이다. 단색 광원을 편광판을 통해 한 방향의 파장을 가지도록 편광을 만들고, 편광의 정도를 알고 있는 빛을 시료에 조사시키면 시료표면에 의해 반사되는 편광상태가 바뀌며, 이 빛의 편광 상태를 측정하여 박막의 두께 및 굴절률을 알 수 있다. 그림 7.35는 편광분석법의 원리를 나타낸다. 편광을 측정하는 김출기가 광성분의 진폭의 비(amplitude component, Ψ)와 위상차(phase difference, $\triangle$)를 측정하여 박막 두께와 굴절률을 계산한다. 박막에 입사하는 빛이 표면에서 반사되는 반사광 중에서 입사면에 평행한 진동성분이 종파(p편광)와 입사면에 수직인 진동성분 횡파(s편광)의 위상차($\triangle$), 반사진폭비(Ψ) 복사반사계수비(complex reflectance ratio, ρ), 종파 및 횡파의 진폭(r_p, r_s)의 관계를 프레넬 공식(Frenel's formula)을 이용해 계산 가능하다.

$$\rho = r_p/r_s = \tan\Psi \tan(i\triangle)$$

$$\tan\Psi = |r_p|/|r_s| \tag{7.50}$$

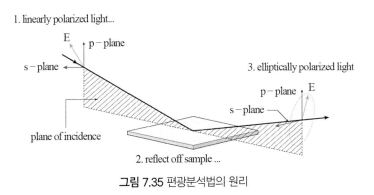

그림 7.35 편광분석법의 원리

적합한 모델링을 통하여 측정된 데이터로 박막의 두께, 굴절률의 정보를 얻기 때문에 모델링에 따라 해석 결과가 달라질 수 있다. 투명물질에서는 빛의 굴절률과 파장 사이의 관계를 나타내는 Cauchy 모델을 사용하며, 흡수가 있는 물질에서는 흡수 계수와 굴절률 사이의 관계를 나타내는 Kramers-Kronig 모델을 주로 사용하여 분산(dispersion)을 계산한다. 모델링의 주요 변수는 기판과 박막의 광학상수와 박막의 층수, 그리고 박막의 두께이다. 광학상수는 입사되는 파장의 전자기파에 의해 시료가 여기(excitation)되어 어떻게 반응할 것인지를 특징하는 요소이다. 실수(real part, n)와 허수(imaginary part, k)로 구성된 복소수(complex index) 형태의 굴절률로 표현되는 광학상수는 전자기파가 재료와의 상호작용 정도에 대한 광학 성질을 나타낸다. 굴절률의 실수부분은 재료에서 빛의 측정할 수 있는 위상속도(phase velocity)이고, 허수 부분은 파장의 진폭이 감소되는 속도를 결정하여 소광계수(extinction coefficient)라고도 한다. 소광계수는 물질이 빛을 흡수하는 정도를 나타내는 상수이다. 광학 밴드갭은 대부분 흡수단(absorption edge) Tauc 모델을 사용하여 계산한다. 박막의 두께는 물질마다 다르나 수 옹스트롬(Å) 단위까지 측정이 가능하다. 분광의 파장에 따라 분광타원계(spectroscopic ellipsometer, SE)와 하나의 파장을 사용하는 단파장(single wavelength ellipsometer, SWE)으로 크게 나눌 수 있는데, 분광타원계는 다파장 타원계로도 불리며 광학 스펙트럼을 측정하여 물질의 밴드 구조 등 광전자적인 특성 연구뿐만 아니라 복잡하거나 물질이 알려져 있지 않은 다층 박막의 두께 측정에도 활용 가능하며, 공정 관측에는 연속적인 데이터 획득이 유리한 단파장 타원계가 널리 사용되고 있다.

C·H·A·P·T·E·R

08

태양광 모듈

08 태양광 모듈

01 모듈 제조

태양광 모듈이란 태양광발전시스템의 최소단위인 태양전지를 여러 개 직·병렬 연결하여 회로를 구성한 후 결정되는 전기적 성능을 확보하고, 가혹한 외부환경에서의 물리적인 파손, 습기침투, 절연파괴, 단선, 셀 파손 등 다양한 내구성능을 확보하여 약 25년 이상 장기간 동안 사용할 수 있도록, 진공상태에서 열 봉합한 후 프레임과 단자박스를 연결하여 필드에서 설치 및 결선이 용이하도록 만든 최초의 태양광발전장치를 태양광 모듈이라 한다. 태양광 모듈은 설치방식에 따라 크게 일반 지상용 태양광 모듈과 건물일체형 태양광 모듈(building integrated photovoltaic module, BIPV)로 구분된다. 최근에는 반투명 태양전지 모듈, 컬러 태양전지 모듈 등 소비자의 요구에 맞춘 다양한 형태의 모듈이 소개되고 있다. 박막 태양전지 모듈의 경우 반사방지막이 없기 때문에 다양한 컬러의 모듈을 제작할 수는 없지만 기판의 형태에 따라서 휘어지는(flexible) 태양전지 모듈의 제작이 가능하다.

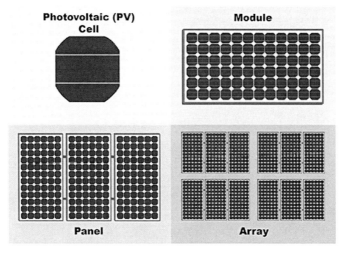

그림 8.1 태양전지, 모듈, 패널, 어레이

1. 모듈 구성 재료

태양광 모듈(photovoltaic module, PV)은 적절한 용량의 전압과 전류를 생성하기 위하여 여러 개의 태양전지를 서로 직렬 또는 병렬로 연결하고 외부환경으로부터 보호하기 위하여 충진재, 유리 등과 함께 구조층을 구성하여 진공상태에서 적층(lamination)한 것이다. 결정질 실리콘 태양전지 모듈은 여러 개의 태양전지를 얇은 도체선(ribbon)으로 연결하여 충진새와 유리기판, 백시트(back sheet) 등과 함께 적층시켜 제조하게 되며 후에 프레임 및 단자박스 등을 조립 및 부착하게 된다. 박막 태양광 모듈은 태양전지 자체가 대면적 형태로 제작되기 때문에 결정질 실리콘계 태양광 모듈 공정처럼 여러 개의 태양전지를 연결하는 결선 공정이 필요 없게 되며, 제조된 대면적의 태양전지에 보호 구조 층 적층공정과 프레임, 단자박스 등을 부착하는 공정으로 진행하게 된다.

현재 상용화되고 있는 태양전지 모듈의 구조는 수퍼스트레이트(Supper Straight) 타입, 더블유리(Double Glass) 타입, 서브스트레이트(Sub-Straight) 타입, 엔캡(Encap) 타입으로 구분할 수 있고, 박막형의 경우 수퍼스트레이트 타입, 서브스트레이트 타입, 플렉시블 타입으로 구분된다. 현재 상업용으로 슈퍼스트레이트 타입이 가장 대표적이며, BIPV용으로는 더블 유리타입으로 제작되어 사용되기도 한다. 태양전지 모듈에 사용되고 있는 구성 부재는 일반적으로 셀, 표면재, 충진재, 백시트, 실(seal)재, 프레임재로 구성된다. 우선 표면 재료에는 저철분 강화유리가 이용되고, 태양전지 전·후면에는 EVA sheet(Ethyl Vinyl Acetate), 표면에는 불소수지(테드라)와 알루미늄이 적층된 백시트가 사용되고 있다.

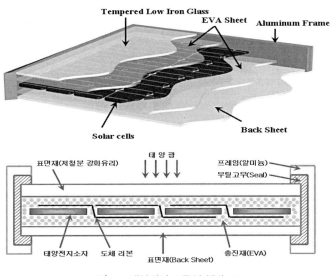

그림 8.2 태양전지 모듈의 일반 구조

표면재는 내구성이 우수한 저철분 강화유리를 사용하며, 특수한 용도에는 아크릴, 폴리카보네이트, 불소수지 등의 합성수지가 이용되기도 한다.

충진재로서는 실리콘 수지, PVB, EVA가 많이 이용되고 있다. 처음에는 실리콘수지의 사용이 주였으나, 충진하는 데 기포방지와 셀의 뒤틀림 현상이 없도록 고정하는 데 시간이 많이 걸리는 단점 때문에 현재는 PVB와 EVA가 많이 이용되고 있다. 그러나 PVB도 재료적으로 흡습성이 있다는 단점이 있으며, EVA는 자외선 열화 문제때문에 UV-cut 기술이 포함된 EVA sheet를 가장 많이 사용하고 있다.

백시트의 재료는 PVF가 대부분이지만, 그밖에 폴리에스테르, 아크릴 등도 사용되고 있다. PVF의 내습성을 높이기 위해 PVF에 알루미늄호일을 씌우거나, 폴리에스테르를 씌우는 형태의 3층 샌드위치 구조를 취하고 있다.

최근에는 백시트 대신 유리를 사용하는 경우도 있는데, 이것은 더블유리 타입(glass to

glass, G-to-G)이라 한다. 더블유리 타입은 다소 오래된 타입이라고 생각할 수 있지만, 현재에도 많이 사용되고 있으며, 특히, BIPV모듈의 경우에는 가장 많이 사용되고 있는 구조라할 수 있다.

실재는 전극 리드의 도출 부위나 모듈 4면의 모서리 부분을 실링(Sealing)하기 위해 이용되며, 재료로서는 실리콘 실란트, 폴리우레탄, 폴리 설파이드, 부틸고무 등이 있지만, 신뢰성 면에서 부틸고무가 자주 사용되고 있고, 근래에는 작업편의성을 고려하여 테이프 형태의 부틸고무 제품이 많이 사용되고 있다.

태양전지 모듈 단면부에 끼워지는 프레임은 통상 표면 산화 알루미늄이 사용된다.

태양전지 모듈의 구조는 설치 장소나 설치 형태에 따라서 다르게 된다. 일반적으로 상용화 되어 있는 지상용 태양전지 모듈의 경우 대부분 저철분 강화유리와 백시트 타입의 구조로 제조되고 있고, 건물 지붕이나, 벽면 등에는 백시트 대신에 알루미늄 plate 등

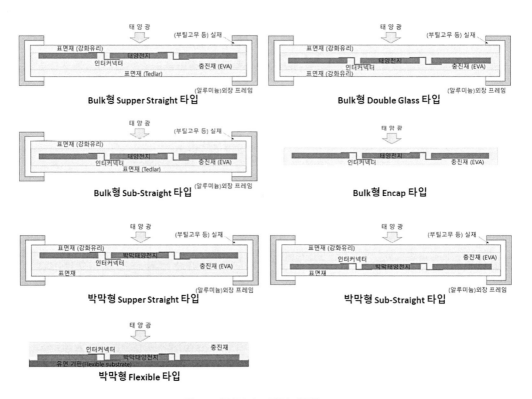

그림 8.3 태양전지 모듈의 다양한 구조도

을 사용하여 밀착된 공간에서의 열을 최대한 방열함으로써, 태양전지 모듈의 전기적 특성이 감소되는 것을 최소화하는 데 목적이 있다. 그러나 이러한 후면 금속층 구조의 태양전지 모듈은 후면에서의 절연파괴 등의 문제점이 발생될 수 있어, 매우 주의가 필요하다. 또한, 건물의 발코니나 채광을 목적으로 하는 태양전지 모듈의 경우 백시트 대신에 투명 유리 또는 투명 PVF 등을 사용하여 빛이 투과할 수 있도록 한다.

위에서 설명했듯이 태양전지 모듈에 사용되는 구성 재료는 제조사 및 사용 용도에 따라 다를 수 있지만, 일반적으로 태양전지 소자를 제외하면 대략 표 8.1에서와 같이 요약할 수 있다. 이와 같이 태양전지 모듈에 사용되고 있는 셀 이외의 구성 부재는 크게 나누어 고분자 재료, 유리 및 알루미늄 등으로 구분할 수 있으며, 외장 프레임에는 표면을 내부식 처리한 알루미늄, 표면재에는 강화 유리 또는 투명 PVF, 충진재에는 EVA(Ethylene Viny Acetate), PVB(Poly Vinyl Butyl), 후면재에는 다층 테드라(Poly Vinyl Fluoride, PVF) 및 유리, 실재에는 부틸 고무 등이 주로 이용되고 있다.

표 8.1 태양전지 모듈 구성 부재의 일람표

표면재	충진재	후면재	외장	실재
유리	실리콘	유리	Al	폴리우레탄
투명 PVF	EVA	외층 테드라	고무	부틸 고무
	PVB	고분자	고분자	수지
	Ionomer	에폭시	수지	
		수지		

1.1 저철분 강화유리

태양광 모듈용 투과체로 주로 사용되는 재료는 유리, FRP(fiber reinforced plastics), 필름, 경성플라스틱 등이 있으나 유리는 다른 투과성 재료보다 비교적 값이 싸며, 강화가 가능하기 때문에 열응력, 즉 바람, 적설이나 우박 또는 다른 물체의 낙하에 잘 견딜뿐만 아니라 물리적, 화학적인 성능이 우수하기 때문에 내구성이 가장 높다.

태양광 모듈 전면은 모듈을 보호하면서 태양빛의 입사량을 크게 하기 위하여 투명한 재질을 사용한다. 보통 저철분 강화 유리(low rion glass)를 사용하는데, 이 모듈 커버 유리는 열적 저항성(thermal resistance), 강도(stiffness), 높은 광투과율(high transmission), 화학적 안정성(chemical resistance), 구성물질의 균질성(homogeneity), 평평도(flatness) 및 열충격 저항성(thermal-shock resistance)을 골고루 갖추고 있어야 한다. 강화유리(toughened glass 또는 tempered glass)는 제조된 플로트(float) 유리를 600~700°C로 가열한 다음 에어제트(air jet)로 표면을 급격히 냉각시키고 안쪽 중심 부위를 더 느리게 냉각시킴으로써 강화유리를 만든다. 이렇게 하면, 유리의 표면에 강한 압축 응력이 형성되고, 중심은 장력을 갖게 된다. 유리가 부서질 경우, 중심은 탄력 에너지를 방출해서 작은 유리 입자가 형성되게 한다. 열강화 유리는 ASTM C 1048 규정한 표면 압축 응력은 최소한 69 MPa이 되어야 한다. 유리의 광투과율은 총 철분 함량에만 의존하는 것이 아니라 같은 양의 철분을 함유한 경우에도 유리 용융과정 중의 산화-환원 조건에 따라서 광투과율은 달라질 수 있다. 유리 중에 함유된 철분은 Fe^{2+}과 Fe^{3+}상태로 공존하는데, 유리 중에 존재하는 총 철분 함량(Fe_2O_3) 중 태양에너지 흡수에 주로 영향을 미치는 것은 +2가 철(Fe^{2+})이온이다. 건축용으로 사용되는 유리는 용융에 사용하는 원료에 함유되거나 공정상에서 혼입된 800~1,000 ppm 정도의 철분(Fe) 함량으로 인해 청록색을 나타내며, 저철분 강화유리는 철분 함량을 150~200 ppm 정도로 낮춘 백색유리라 할 수 있다. 그림 8.4에서 저철분 강화

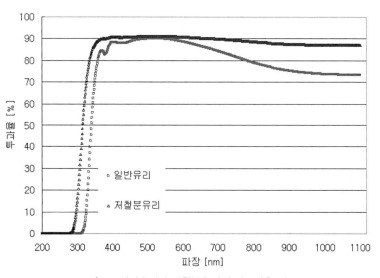

그림 8.4 일반유리와 저철분유리의 광투과율 비교

유리와 일반 유리의 파장에 따른 투과율을 보여주고 있다. 저철분 유리의 UV Cut-Off 파장은 약 280 nm로 일반유리의 310 nm보다 30 nm 정도 짧으며 가시광선 영역에서 높은 투과율을 나타낸다.

일반적으로 태양광 모듈용으로 많이 사용되고 있는 유리는 표 8.2에서 보는 바와 같이 높은 투과율과 표면 텍스처링 처리된 유리로써 태양전지 표면에 많은 에너지를 투과하여 전달하게 되며, 태양전지는 많은 양의 에너지를 흡수할 수 있는 저철분 강화유리를 사용하게 된다. 특히 결정질 태양전지 모듈의 경우 300 nm에서 1200 nm까지 태양빛에 의해 발전하는 특성을 나타내고 있으며 380 nm부터 1200 nm 영역에서는 저철분유리의 광 투과율이 일반유리의 투과율에 비하여 약 8% 높은 특성을 나타내고 있다. 미국의 AFG 사와 호주의 Pilkington사의 제품의 저철분 강화유리가 많이 사용된다.

표 8.2 태양광 모듈용 저철분 강화유리의 특성

구분	특성
투과율	90% 이상
반사율	8% 이하
두께	3.2±0.2 mm
철분량	0.02% 이하(150~200 ppm)
강화	열처리
표면	Texture

1.2 EVA(Ethylene Vinyl Acetate)

태양광 모듈에서 EVA sheet의 역할은 글라스와 셀 그리고 백시트를 완전히 접합시키는 접착기능과 셀을 습기, 먼지 등으로부터 완벽하게 차단시키는 셀 보호 기능을 하기 때문에 태양전지 모듈에서는 없어서는 안 되는 중요한 소재이다. EVA는 폴리 올레핀계 수지의 일종으로, 상온상태에서 유연성과 탄력성이 우수한 특성을 나타내어 광범위한 분야에 적용되고 있다.

EVA sheet는 투명성과 유연성 및 접착성, 인장강도, 내후성을 갖춘 EVA 수지 본래의 특성이 잘 활용된 것이며 옥외 혹독한 환경에 대응하기 위하여 가교제, 자외선 흡수제,

접착 보조제 등이 EVA 수지에 배합되는 것이 일반적이다. 가교형 EVA sheet는 Ethylene Vinyl Acetate라는 올레핀계 고분자를 모재료로 하여 통상 과산화물계의 가교 촉진제, 산화방지제, 자외선 안정제를 기본 요소로 하고 여기에 커플링제 및 기타 첨가제를 배합하여 그 원료를 구성하게 되고 이후 압출기를 통해 시트 상태로 생산한다.

태양광 모듈의 충진재로 사용되고 있는 EVA Sheet는 투과율이 높고 접착력이 좋아야 하며, 가교결합(crosslink)이 잘 되어야만 외부환경에서 태양광 모듈의 수명을 높일 수 있다. 태양전지는 태양광 모듈에서 가장 중요한 소재이며, 고가이면서 깨지기 쉬운 소재이다. 그러나 사용되는 환경이 열악한 상태이므로 주변의 사용 소재가 이러한 환경을 견디기 위한 조건을 만족해야 하므로 이에 대한 제조 및 재료의 특성이 특별하게 취급되어야 한다. 따라서 태양광모듈에 사용되기 위한 EVA sheet는 다음과 같은 조건들이 요구된다.

- 태양광 모듈 제조 시 취급이 간편
- 전기적으로 절연
- 높은 광 투과율(400~1,200 nm의 파장 범위에서 90% 이상)
- 수명이 반영구적(약 25년 이상)
- 급변하는 온도에 태양전지 모듈의 형태 변화가 없어야 한다(특히 이탈, 공기층 형성, 변색, 탈착 등).
- 90~ -40°C에서도 구성품의 변형 및 파손이 없어야 하다.
- 외부환경과 물리적인 충격에 태양전지의 파손이 없어야 한다.
- 염해 및 온도의 변화에 따라서 모듈에 스트레스가 없어야 한다.

EVA sheet는 장기간 외부에 노출될 경우 습기 침투로 인하여 태양전지 전극의 부식 등을 유발시켜 전기적인 특성을 저하시킬 우려가 있으며, 또한 변색되어 태양전지에 도달하는 광 투과율을 저해시킬 수 있어 제품의 특성에 적정한 공정 조건으로 태양전지 모듈을 제조하여야만 수명을 연장하고, 신뢰성을 확보할 수 있게 된다.

또한, EVA sheet는 태양전지 전후면과 저철분 유리 사이에 위치하기 때문에 태양전지 표면의 광 흡수율을 높이기 위해서는 400~1,200 nm의 파장범위에서 투과율이 약 90% 이상되어야 한다.

EVA sheet의 특성은 제조사별로 다소 차이가 있지만, 사용자에 따라서 서로 판단의 기준이 다르므로 어떤 제품이 좋다고는 말할 수 없다. 하지만 서로의 장단점이 있으므로 사용자의 공정조건 등에 따라서 충분히 내구성 있는 태양광 모듈을 제조할 수가 있다. 특히, 태양광 모듈의 내구성을 좌우하는 라미네이션 공정에서의 가교율(Crosslinking ratio)은 제품별로 특성을 표기하고 있지만, 어느 제품을 사용할지라도 80% 이상이 가교율이 확보되어야만 태양전지 모듈의 수명과 신뢰성을 높일 수 있다. 표 8.3에 EVA의 일반적인 물성을 나타내었다.

표 8.3 EVA 물성

Thickness	~0.45 mm
Density	0.957 g/cm^3
Breakdown elongation	900~1,100%
Elasticity modules	4.8 MPa
Electrical resistivity	10^{14} Ωcm
Melting point	63℃
Water absorption	0.05~0.13%
Refractive index	1.482

가교형 EVA sheet는 태양광 모듈 제조 공정 중 라미네이션 공정을 거치게 되는데 이때 일정시간 동안 열과 압력을 인가하여 구성요소 간의 접착 및 밀봉시키게 된다. 라미네이션 공정은 태양광모듈의 수율을 결정하는 가장 중요한 공정 중의 하나이므로 태양광 모듈 제조회사는 보유설비에 적합한 가교형 EVA Sheet의 선택 및 공정을 최적화하여 검증하여야 한다. 가교형 EVA sheet는 물리적, 기계적, 전기적, 열적, 광학적 특성(내구성)으로 구분하여 살펴볼 수 있는데, 이 중 특히 겔 분율과 접착력, 황화도(Yellow Index) 등은 라미네이션 공정 및 damp heat 평가(85℃, 85% 상대습도)와 직접적으로 연관되는 특성이므로 태양전지 모듈 생산라인에서는 특히 중요시하는 항목이 된다.

EVA sheet의 종류는 크게 라미네이션 조건에 따라서 Standard Cure용과 Fast Cure용 EVA로 나눌 수 있다. 그림 8.5는 Standard Cure용 EVA의 경우로 별도의 경화 오븐에서 큐어링을 실시하게 된다. 공정은 라미네이션이 완료된 후 외관검사를 실시하여 불량이 발생했을 경우 부분 수정이 가능해 경제적 손실을 최소화할 수 있고, 짧은 시간동안에 라미네이션을 수행한 후 별도의 운반대에 저장해 놓고 한꺼번에 큐어 오븐 내에서 큐어링을 실시하기 때문에 생산량을 높일 수 있는 장점이 있다. Fast Cure용 EVA sheet로 라미네이션 공정과 큐어링 공정을 동시에 수행할 수 있어 생산성면에서는 효율적이긴 하나 안정성 부분, 즉 겔화도가 균일하지 않고 태양전지 모듈의 불량 발생 시 수정이 불가능하여 경제적 손실이 많은 단점도 있다. EVA sheet의 종류별 라미네이션 공정 시간을 비교분석하였다. 그림에서 보는 바와 같이 Fast cure용 EVA 쉬트의 경우 Pumping시간 약 5분, press시간 약 1분, curing시간 약 5분, 냉각 약 3분으로 1사이클당 약 14분 정도 소요되나, Standard cure용 EVA 쉬트의 경우 Pumping시간 약 5분, press시간 약 1분, curing시간 약 20분, 냉각 약 3분으로 1사이클당 약 29분이 소요된다. 따라서 라미네이션과 큐어링을 동시에 실시할 경우 Fast cure용 EVA sheet를 사용하는 것이 생산성면에서 효율적이며, Standard cure용 EVA sheet를 사용할 경우 먼저 라미네이션만 실시하여 1사이클당 약 10분 내에 라미네이션을 종료하고, 외관검사를 실시한 후 불량이 발생되지 않았으면, 별도의 큐어 오븐에서 수십장의 모듈을 한꺼번에 약 30분간 큐어링을 실시함으로써 생산량을 증가시킬 수 있다.

그림 8.5 EVA Sheet

EVA에 일정온도 이상의 열이 가해지면 개시제에 해당하는 peroxide가 OH 라디칼을 형성하여 EVA 고분자의 $-C=O-$ 이중결합을 공격함으로써 3차원적 그물구조를 형성하게 된다. 이때 유기용매에 용해되지 않는 gelation이 일어나게 된다. EVA의 접착제는 또 다시 유리 표면에 생성되어 있는 OH(수산기)와 공유결합을 하거나 수소결합을 하여 강인한 접착력을 갖게 되는 것이며, 봉입제로서 유리와 일체가 되어 외부의 유해 환경에 대해 방어를 하게 된다. 하지만 이때 EVA sheet에 단지 가교제와 접착제만을 첨가한다고 해서 저절로 가교화가 되는 것은 아니다. EVA sheet를 가교와 접착을 시키기 위해서는 두 가지의 요소가 더 필요하게 된다. 그중 첫 번째는 반응개시제(peroxide)이며 두 번째는 그 개시제를 활성화시키기 위한 에너지인 열이다. peroxide는 일정한 열을 받으면 그 자체가 두개의 불안정한 분자로 나누어진다. 또한, 분해된 라디칼 구조(HO*)는 적정한 온도에서 가교제, 접착제 그리고 EVA의 VA(Vinyl Acetate)기와 동시에 반응을 하여 결합하는 반응을 하게 된다. VA의 함량은 약 28~33%가량이다. 그림 8.6은 모듈의 라미네이션 공정 동안의 시간에 따른 온도와 압력의 변화를 나타내었다. 라미네이션 공정 전에는 일반적으로 투과율이 10% 이하로 불투명하지만 라미네이션 공정을 거치면 투과율이 상승해 거의 투명하게 된다. 투과율은 공정 조건 및 EVA의 종류에 따라 다르게 나타나고 모듈의 효율에 큰 영향을 미친다. 일반적으로 가시광선(380~770 nm) 영역에서의 투과율이 보통 90% 이상을 나타낸다. Delamination 현상이 발생될 경우 변색을 야기하는 이중결합이 과량 존재하여 EVA가 누렇게 변색될 수 있으며 자외선 흡수, 수분의 침투, 발전시 셀로부터 발생되는 열에 의해 EVA가 분해되어 내구성이 저하할 수 있다. 따라서 모듈의 내구성 향상을 위해 최적의 라미네이션 공정 조건을 도출하는 것이 중요하다. EVA 필름은 모듈 공정에서 가교 공정을 통하여 글라스와 백시트 사이를 접합시키게 되는데 이때에 필름의 두께 편차가 없이 균일하여야 하며 열 수축이 최소한으로 제한되어야 봉지 재료로서의 성능을 발휘한다.

자외선이나 열에 의해 생성된 초산은 EVA 분해의 촉매작용을 해 EVA의 열화로 인한 황변 현상이 일어난다.

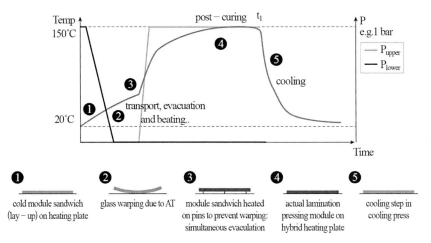

그림 8.6 모듈의 전형적인 라미네이션 공정 동안의 온도 및 압력 변화(출처: 3S Swiss Solar Systems)

태양광 모듈에서 자외선 노출에 의한 EVA sheet의 변색현상은 일반적으로 제조공정에서 라미네이션 공정조건의 문제점에 의해 노화가 가속되는 경우가 많다. 태양광 모듈에 사용되는 모든 구성재료는 모두가 매우 중요한 재료로써 역할을 하게 되지만, 무엇보다도 충진재로 사용되는 EVA는 외부 환경의 영향에 가장 민감하다. EVA는 태양전지를 보호하기 위한 완충재료이기도 하지만 물리적인 파손을 방지하기 위해 사용되는 전면의 유리, 습기침투를 방지하기 위해 사용되는 후면시트와의 접착력이 매우 좋아야 하며, 가혹한 외부환경, 즉 자외선에 의해 변색이 없어야 하고, 빗물이나 습기를 태양전지 표면에 침투하지 못하도록 막아주어야 한다. 그러나 일반적으로 EVA는 라미네이션 공정에서 가교조건에 따라 자외선 또는 온도변화에 의해 접착력이 저하되고, 가수분해되어 백화현상, 황변현상 등이 발생하게 된다. 따라서 모듈 공정에서는 항상 가교시험을 실시하게 되는데, 일반적으로 가교율이 80% 이상이 되어야만 변색현상을 줄일 수 있고, 반대로 가교율이 너무 높을 경우에는 온도차에 의해 내부 태양전지의 크랙 현상이 발생되는 것으로 보고되고 있다.

1.3 백시트(Back sheet)

태양광 모듈은 각 재료를 순차적으로 적층시키고, 그 적층된 모듈을 진공 상태에서 고온 압축 라미네이팅 처리하여 제조한다. 여기서, 백시트는 태양전지를 방수, 절연 및 자외선을 차단시키는 역할을 함과 동시에, 태양광 모듈의 수명을 연장시키기 위하여 높은 온도 및 습도에서도 잘 견딜 수 있어야 하며 내구성 확보를 위하여 백시트의 중요성이 더 커지고 있다.

태양광 모듈은 옥외에 노출되어서 발전하기 때문에 각 재료의 재질, 구조 등에 있어서 충분한 내구성과 내후성이 요구된다. 특히 후면에 사용되는 백시트는 바로 외부환경과 맞닿아 있기에 때문에 수분 침투율이 적어야 한다. 이것은 수분 침투에 의하여 EVA sheet가 벗겨지거나 변색하거나 태양전지의 부식을 일으켜 모듈의 출력에 영향을 줄 수 있기 때문이다.

일반적으로 백시트는 3개의 기능 층으로 적층된 필름이며 내습성이 뛰어난 PET 필름을 내후성이 뛰어난 기재 필름(대표적으로 PVF, Poly-Vinyl Flouride)으로 양면에서 감싸는 형태의 구조로 되어 있다. 일반적인 백시트를 구성하는 각 층에 대한 요구 특성을 정의하면 다음과 같다.

최외부층은 내후성이 뛰어난 필름이나 시트 재료, 중앙부에는 수증기 차단성이 높은 필름이나 재료, 반대 면에는 내열, 내습성, 전기적 특성, 기계적 특성이 좋은 필름이나 재료, 중간층인 내습 기능 층에는 고가인 알루미늄 호일 대신 알루미나(Al_2O_3), 실리카(SiO_2) 증착 PET필름이 사용되기도 한다. 기재 필름으로 주로 사용되어 왔던 불소계 필름 PVF는 수증기 차단성과 기계적 강도에서 문제가 있으면서도 고가이기 때문에 최근에는 PET필름으로 대체가 진행되고 있다.

BIPV용 모듈에서는 일반적으로 백시트 대신에 Al plate나 유리 등을 사용하기도 하지만, 일반적으로 사용되는 백시트의 재질은 PVF/Adhesive/PET/Adhesive/PVF, PVF/Adhesive/Aluminum foil/Adhesive/PET 층으로 구성된 얇은 sheet로 구성되어 있다.

백시트는 사용하는 필름기재에 의해 PVF계와 PET계의 2개 타입으로 크게 구별된다. 일반적인 구조는 표 8.4와 같으며 각 층은 접착제 층으로 라미네이팅된다.

표 8.4 백시트(back sheet) 분류

PET계	PVF계
PET 필름	PVF 필름
증착 필름	알루미늄 호일, 증착 PET
PET 필름	PVF 필름

지금까지는 PVF필름으로 듀폰의 제품인 'Tedlar'가 주로 사용되어 왔으나 태양전지 시장의 급속한 확대에 따른 공급 안정성 및 저가화를 위하여 PET필름으로 대체가 급속하게 추진되고 있다. 가장 널리 사용되고 있는 불소계 수지(대표적으로 듀폰의 'Tedlar')는 내후성에서 매우 뛰어난 물성 때문에 장기 신뢰성을 보장하는 재료였다. 그러나 태양전지 시장의 급속한 확대에 따라서 공급 안정성 면에서 문제가 지적되어 왔으며, 물성에서도 수증기 차단성이 떨어지고 기계적 강도가 약하여 모듈 가열 공정에서 수율을 떨어트리는 요인이 되어 왔다. 나아가서 공급 가격 면에서도 고가이기 때문에 저가화를 필요로 하는 태양광 업계에서는 이의 대체 재료가 지속적으로 연구되어 왔으며 대표적으로 불소코팅 필름과 PET필름 등이 대체 필름으로 등장하고 있다. 알루미늄 호일에 대해서도 원재료인 알루미늄의 가격 변동이 심하기 때문에 알루미늄 증착 필름의 형태로 대체가 진행되어 왔으며 이에 대하여는 수증기 차단성에 대한 보강이 필요하기 때문에 이를 향상시키는 방향으로 변형 및 대체가 추신되고 있다. PET보다 내가수분해성이 뛰어난 PEN필름을 PET필름의 보강 및 대체하는 백시트나 배리어 필름과 EVA를 일체화시킨 백시트 등도 제안되고 있다.

다층 복합화되고 있는 백시트의 제조에서는 코팅, 증착 등 개별 층의 제조 기술과 개별 층을 복층화시키기 위한 접합 기술(라미네이팅)이 필요하다.

코팅기술은 유기계의 도막을 필름상에 코팅하는 기술이며 진공 증착 기술과 더불어 박막 가공 기술의 기본으로 다양한 분야에서 이용되고 있다. 다양한 코팅 방법이 있으나 일반적으로는 그라비아 코팅과 리버스 코팅이 사용된다. 백시트에서는 불소계 재료를 코팅하거나 최 외부면 및 EVA접합면에 대하여 기능성을 부여한 코팅이 실시되고 있다. 코팅에서는 도료의 배합기술과 도막 프로세스의 안정 관리 기술이 필요하게 된다.

진공 증착 기술은 진공 공간에서 주로 금속을 기화시켜 필름에 매우 얇은 피막을 형성 시키는 기술이다. 백시트에서는 산소나 수증기의 투과를 막아주는 특성을 가진 실리카 등의 재료를 기재에 부착시키는 공정에 사용된다.

라미네이트는 기능이 다른 필름 등을 접합시켜서 원하는 복합 성능을 갖도록 제조하는 기술이며 일반적으로 2~3층을 적층하지만 4층 이상의 적층도 늘어나고 있다. 백시트에 있어서는 이 라미네이팅 기술을 통하여 각 재료들을 접합시키는 것이며 개별 층에 접착제를 도포하는 공정(코팅 기술)을 포함하여 설비가 매우 긴 것으로 알려져 있다. 최근의 장치업계에서는 양면을 한 번에 접합시킬 수 있는 장비 등이 제안되고 있어서 저가화에 기여할 것으로 기대된다.

백시트의 내구성은 그 특성상 모듈의 내구성과 동시에 평가되는데, 인증방법의 일환인 IEC 61215/UL1703에 근거한 Damp Heat 테스트가 대표적이며, 85℃/85% 상대습도 조건에서 모듈상태로 통상 최소 1,000시간 이후의 폭로를 실시한 후의 태양전지의 효율 변화와 변색 등을 확인하게 된다. 그 외 Thermal Cycling(85~-40℃), Humidity Freeze(85~-40℃), 화염 전파 시험(ASTM E 162), 연소성 시험(UL) 등의 평가방법이 있다. 한편 태양전지 모듈의 인증(백시트 포함)을 위해서는 추가적으로 UL 1703, IEC61215, IEC61730(부분방전시험), TUV등과 같은 산업 표준에 의해 다양한 신뢰성 평가가 이뤄지게 되는데 이외에도 박리 저항성, 자외선 안정성, Hot spot, 계면 접착성, 정션박스에 대한 접착력, 주름 유무 등 백시트에 요구되는 특성은 장기 내구성과 라미네이션 공정에서의 가공성을 중심으로 광범위하게 있지만 백시트의 종합 특성 평가하는 방법은 표준화되지 않고 있다.

1.4 접속 단자함(juncton box)과 커넥터

단자 박스는 태양광 모듈로부터 발생된 전기를 연결시켜주는 중요한 역할을 한다. 그러나 태양광 모듈의 후면에 위치하고 있기 때문에 비, 눈 등 외부 환경적 요인에서 절연성에 대한 위험요소가 있기도 한다. 단자 박스 내부의 전기회로 연결부는 동 및 황동이 사용되고 있다. 그리고 단자 박스 내부에 위치한 전기회로 연결부에 직접 비 또는 습기가 침투하지 못하도록 고분자 재료의 보호 커버로 구성되어 있다. 또한, 이 보호 커버와 태양광 모듈의 후면 백시트와는 실리콘 또는 접착 양면 고무 테이프 등 고분자 재료를 사용하여 부착시키게 된다. 일반적으로 고분자 재료는 자외선 및 온도변화에 노화가 심화된다. 즉, 고분자 재료는 온도 환경에서 본질적으로 영향을 받기 쉬운 재료이다. 따라서 장기간에 걸쳐 사용하는 경우 외관상으로 영향이 거의 보이지 않아도 노화를 일으키는 경우가 많다.

태양광 모듈 접속함(PV module junction box)은 전기적으로 연결되어 있는 회로를 내부에 밀폐시키거나 또는 보호할 수 있는 단자함으로써, 하나 또는 여러 개의 연결이 가능하도록 되어 있으며 태양광 모듈과 모듈을 직렬 또는 병렬연결 되도록 구성한다. Junction Box 내부의 전기회로 연결부는 동 및 황동이 사용되고 있다. 그리고 단자 박스 안에 있는 다이오드를 Bypass 다이오드라 한다. 이 다이오드는 셀 하나 이상이 그림자나 이물질로 인하여 어느 특정 부분의 셀이 전력을 발생하지 못하면 그 셀의 전류가 감소하여 직렬로 연결된 전체 셀의 전류 흐름을 막게 되어, 모듈 전력 손실을 가져오게 되며 열이 발생되게 된다. 이를 피하기 위하여 전류감소를 막고 나머지 정상적인 셀들의 전류를 원활히 작동하기 위하여 일정 셀 수마다 병렬로 다이오드를 설치한다. 다이오드는 태양전지 전류의 역류를 방지하는 정션박스의 핵심 부품이다.

그림 8.7에 현재 일반적으로 사용되고 있는 Junction Box 및 케이블의 형태를 보여주고 있으며, 표 8.5와 표 8.6은 전기회로 단자부 및 보호커버, 테이블에 대한 일반 특성을 보

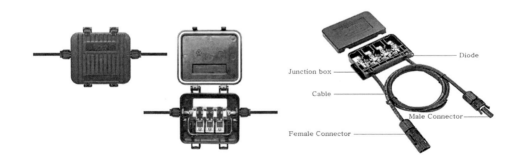

그림 8.7 일반적인 Junction Box 형상

표 8.5 전기회로 단자부 일반 특성

Materials	Socket and Pin Contacts	CuZn
	Housing	PPO, weatherproof against UV radiation and ozone
Color	Connector, Junction Box	Break
Electrical Features	withstanding Voltage	1,000 VDC
	Current Rating	25 A
	Contact Resistance(typical)	1 mΩ
	Protection Class	II

표 8.6 전기회로 보호커버 및 커넥터 일반 특성

Junction Box	Temperature Range	$-40 \sim 105$°C
	Wire Size	up to AWG12
	Protection Degree	IP65, closed
Connector	Temperature Range	$-40 \sim 105$°C
	Wire Size	AWG14, AWG12, AWG10 straned wire
	Protection Degree	IP67, mated
	Contact finish	silver plated
	Mating Cycle	50, silver plated
	Unmating Force	$30 \sim 40$ Newton
	Additonal Features	Coded housing ensures mating safety Contact voltage-proof Connector with crimp technology
Standard	IEC61215, 61646, Protection classII, UL 1703	

여주고 있다. Junction Box는 안정된 재질의 설계로 케이스의 노화를 방지하고 자외선에 강해야하며 열악한 외부 환경 요인에 최적화되어야 한다. 또한 Bypass diode 탈부착이 가능해야 하며 케이블의 연결방식을 너트 조임 방식으로 보수에 용이하도록 해야 한다. 태양광 발전시스템에 사용되는 결선 케이블(photovoltaic wiring cable)은 태양광발전 급전 케이블(photovoltaic supply cable), 태양광발전 스트링 케이블(photovoltaic string cable), 태양광발전 어레이 케이블(photovoltaic array cable)로 구분할 수 있다. 태양광발전 급전 케이블은 인버터와 전기 설비로 이루어진 배전 회로를 연결하는 케이블이며, 태양광발전 스트링 케이블은 태양광발전 스트링을 구성하고 있는 모듈과 모듈을 연결하거나, 태양전지 모듈의 스트링을 접속함이나 출력 조절 장치의 직류 단자에 연결하는 케이블이다. 마지

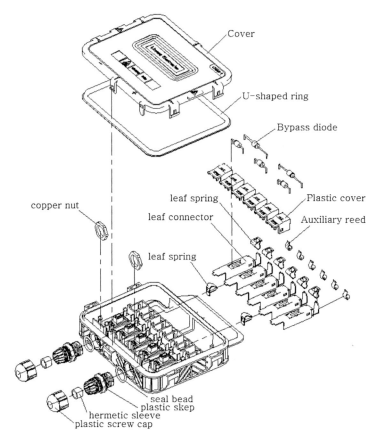

그림 8.8 Junction Box 박스 상세 구조

막으로, 태양광발전 어레이 케이블은 어레이와 어레이를 전기적으로 연결하는 케이블이며, 주로 태양광발전 어레이 접속함을 태양광발전 어레이 차단 장치에 연결하는 태양광발전 어레이 출력 케이블을 가리킨다.

케이블 설치 시 일반적인 사항들은 다음과 같다.

- 케이블은 항상 이중 절연되어야 한다.
- 직류 커넥터를 항상 사용해야 한다.
- 케이블 또는 퓨즈는 로드되어 있지 않을 때는 절연되어 있어야 한다.
- 태양전지 모듈의 케이블은 Junction Box까지 최단 경로를 따라 설치되어야 한다.
- 모든 직류 케이블을 명확하게 식별되어야 한다.

- 케이블은 위험한 공간에 설치하지 않는다.
- 케이블은 항상 지정된 규정에 따른 시험을 통과해야 한다.

그림 8.9 PV Cable과 Connector

Connector는 male connector와 female connector로 구분할 수 있다. 커넥터는 케이블과 케이블을 연결해주는 역할을 한다. 태양전지 모듈에서 나오는 (＋)극이 male connector가 되고, (－)극이 female connector가 된다. 극이 서로 다른 두 개의 케이블을 구분하기 위하여, 주로 male connector에 제조사별로 다르지만, 컬러 패킹이 커넥터에 끼워져 있다.

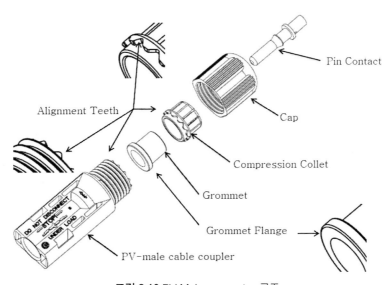

그림 8.10 PV Male connector 구조

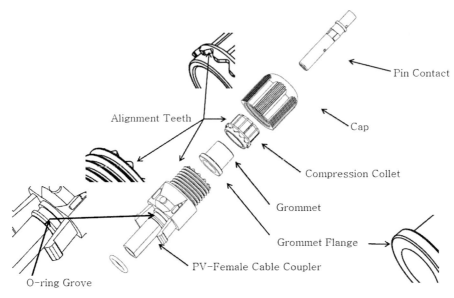

그림 8.11 PV Female Connector 구조

2. 모듈 제조 공정

태양광 모듈을 제조하는 방법은 제조사마다 제조설비의 구성이 어떻게 되어 있는가에 따라서 다소 차이가 있을 수 있다. 그러나 제조설비가 어떻게 구성되어 있든 제조를 하는 공정순서는 일반 지상용 모듈이나 BIPV모듈이나 동일하다. 하지만 BIPV모듈의 경우 제조하는 순서가 일반 지상용 모듈과 동일하다 할지라도 공정 전 또는 공정 후 처리 방법에 있어서 많은 추가 공정을 수반한다.

태양광 모듈의 제조공정 순서를 그림 8.12에 요약하였다. 먼저 태양전지를 등급별로 분류하는 Cell Sorting 공정, 셀과 셀을 직렬로 연결해주기 위해 Inter connection ribbon을 납땜하는 Tabbing & String 공정, 셀을 중심으로 전면부에는 표면유리와 완충 재료인 EVA sheet를 적층하고 셀을 중심으로 후면부에는 백시트와 완충 재료인 EVA sheet를 적층하여 Lamination 공정에 투입할 수 있도록 모듈구조를 형성하는 Lay-up 공정, 적층된 태양광 모듈을 진공상태에서 열을 가하여 봉입하는 Lamination 공정, 모듈 내부에서 구성 재료로 사용되는 EVA sheet를 가교시키는 Curing 공정, 그리고 Edge Trimming 공정 및

Frame과 단자박스를 결합하는 Assembly 공정 등으로 전개할 수 있으며, 최종적으로 인공 광원법에 의해 Solar simulator를 이용하여 전압-전류, 출력을 결정함으로써 출하시험을 실시하게 된다.

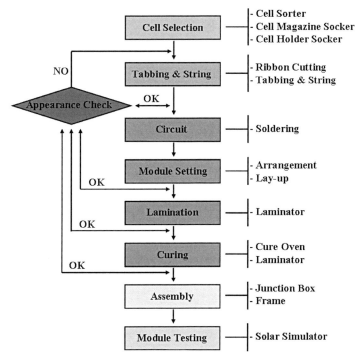

그림 8.12 태양전지 모듈 제조 공정도

2.1 셀 분류

일반적으로 태양광 모듈 업체들은 태양전지 제조업체로부터 셀을 공급받아 태양광 모듈을 제조하게 되는데, 이때 태양전지 제조사에서는 셀 출력에 따라서 등급별로 셀을 분류(cell sorting)해서 태양광 모듈 제조사에 공급하게 된다.

그러나 셀 제조사에서 제공하는 태양전지의 특성을 100% 신뢰할 수만은 없다. 그 이유는 단위 태양광 모듈에는 수개 또는 수십 개의 태양전지가 직·병렬로 연결되어 모듈이 구성되는데, 그중 태양전지 한 장이라도 낮은 출력의 성능을 갖고 있거나, 또는 셀 제조사에서 제공한 태양전지의 성능이 정격에 미치지 못할 때에는 태양전지의 전류 특성상 낮은 전류 특성을 따라가게 되고 결과적으로 태양광 모듈의 전류값이 낮게 결정되어 많은 경제적 손실과 태양광 모듈의 내구성을 장담할 수 없기 때문이다.

따라서 태양광 모듈 제조공정에서 가장 첫 번째 공정은 태양전지의 각종 파라미터를 측정하여 모듈 생산에 필요한 적합한 성능과 효율을 가졌는지 검사하고 자동으로 분류하는 공정이다. 그림 8.13은 Cell Sorter를 보여주고 있다.

먼저 태양전지의 선별을 위해 셀 분류기에 장입하면 셀의 진류-전압 특성이 측정되고 등급별로 셀 홀더에 태양전지를 분류해서 저장하게 된다. Cell Sorter에서 분류된 셀 홀더를 다음 공정인 Tabbing & Stringing 장치로 옮겨지면 본격적으로 태양광 모듈 제조를 위한 준비가 완료된다.

그림 8.13 Cell Tester와 Sorter

2.2 태빙/스트링

Tabbing & String 공정은 태양전지를 직렬로 연결하기 위해 전면과 후면의 버스 바에 엇갈리도록 도체 리본(ribbon)을 연결하고 IR램프 또는 Hot-air를 통해 열을 가하여 리본을 융착시키는 공정이다. 따라서 Tabbing & String 공정에서는 기본적으로 수개의 태양전지를 일렬로 납땜을 하게 된다. 이송장치가 셀 홀더에 저장되어 있는 태양전지를 예열판 위를 지나는 벨트 위에 안착시킴과 동시에 태양전지의 앞, 뒤 전극(bus bar)을 따라 플럭스가 발라지게 된다. 플럭스를 도포하는 방식으로는 크게 두 가지 방식으로 이송벨트를 타고 움직임과 동시에 태양전지 위·아래 버스 바 전극을 따라 플럭스가 묻힌 롤러를 지나가는 직접 접촉방식과 태양전지의 위·아래전극에 맞춰진 노즐을 통해 플럭스가 분사되는 비접촉방식이 있다. 다음 그림 8.14는 두 가지 방식을 도식화한 것이다. 롤러 방식은 버스 바에 직접 접촉하여 균일하게 도포할 수 있는 반면 접촉으로 인한 태양전지의 스트레스로 크랙의 원인이 될 수 있다. 또한 스프레이 방식은 태양전지와의 비접촉으로 기계적 스트레스로 인한 크랙의 위험은 없지만 버스 바 외적인 부분에도 플럭스가 분사되어 태양전지의 노화를 촉진시킬 수 있다.

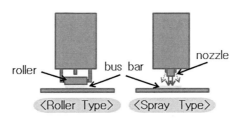

그림 8.14 플럭스를 태양전지에 분사하는 방법

이렇게 플럭스가 전극에 도포된 태양전지는 벨트 위에서 예열과정을 거치게 되고, 그 후 납땜을 하기 위한 다음 단계의 가열 판에 도달되면 금속 리본 절단기가 작동하여 리본을 적절한 길이로 절단하고 태양전지의 버스 바 위치로 이동시킨다. 그 다음 버스 바 위에 올려진 리본 양끝에 전압을 가하여 리본 저항에 의해 열을 발생시키거나 적외선램프 또는 열풍(hot air)으로 가열하여 셀 전극에 순간적으로 접합시켜 납땜을 하게 된다. 그림 8.15는 Tabbing & String 장치의 납땜 방식을 그림으로 보여주고 있다.

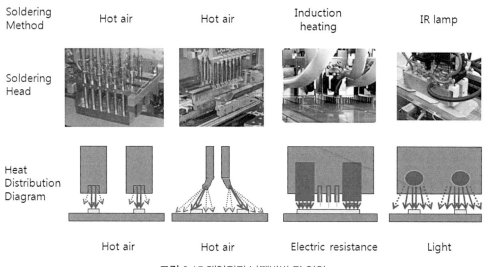

Soldering Method	Hot air	Hot air	Induction heating	IR lamp
Soldering Head				
Heat Distribution Diagram				
	Hot air	Hot air	Electric resistance	Light

그림 8.15 태양전지 납땜방법 및 열원

따라서 그림 8.16, 그림 8.17과 같이 Tabbing & String 공정은 정해진 셀 수 만큼씩 일렬로 납땜만을 반복적으로 수행하며, 일반적으로 1분에 8~12장의 태양전지를 접합시켜준다.

Tabbing & String 장비는 태양전지 모듈 제조장비 중에서 가장 고가이면서, 높은 기술이 요구된다. 그 이유는 다른 공정에 비해 단위 공정이 많고 정밀성이 요구되며, 본 공정에서 태양전지의 파손율 저하 및 납땜 불량률을 최소화 하고 생산성을 향상시킬 수 있는 가장 중요한 공정이기 때문이다.

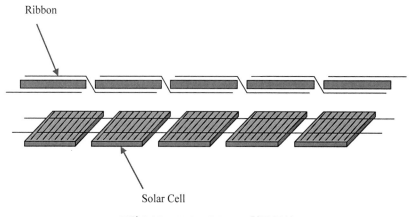

그림 8.16 Tabbing & String 회로 구성

그림 8.17 Tabbing & Stringer의 형태

이렇게 Tabbing & String 공정이 끝난 후 검사기로 이동하여 전지의 파손 여부 및 버스바와 리본의 접합 여부 등을 육안으로 검사하게 된다. 또한 스트링된 전지들의 간격의 일정함과 직진성 등도 검사한다.

2.3 레이업

Tabbing & String 공정에서 일렬로 납땜된 태양전지는 태양광 모듈의 구조를 갖추기 위해 구조 층을 형성하게 된다. 이러한 공정을 모듈 셋팅 공정 또는 레이업 공정이라 하며, 예전에는 수작업으로 수행되었지만, 근래에는 본 공정까지도 자동화로 이루어지는 곳이 많다. 본 공정은 일렬로 납땜된 태양전지를 저철분 강화유리 위에 놓인 EVA sheet 위에 복수로 배열하고, 회로를 구성하기 위해 버스 바 리본을 사용하여 배열된 다른 태양전지와 납땜한다. 스트링된 전지들을 연결하는 작업은 아직까지 수작업으로 진행되기도한다.

납땜이 완료되면 그 위에 EVA 시트를 한 장 더 올려놓고, 다시 그 위에 후면 백시트를 올려놓게 된다. 이때 접속 단자함(junction box)이 접합될 위치의 백시트와 EVA 시트를 찢어 버스 바 리본 전극을 빼낸다. 이러한 공정을 모듈 셋팅 공정이라 하며, 레이업(Lay-Up) 공정이라고도 한다.

그림 8.18은 모듈 배열 및 회로 연결 공정의 예를 보여주고, 그림 8.19는 모듈 라인에서의 Lay-up 공정을 도식하였다.

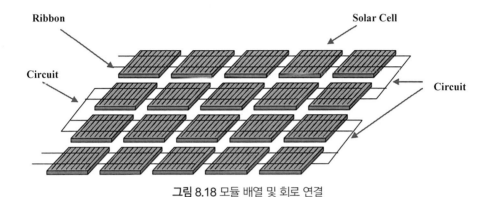

그림 8.18 모듈 배열 및 회로 연결

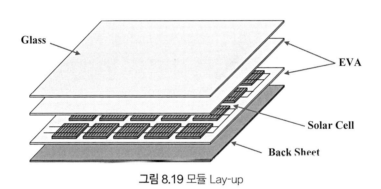

그림 8.19 모듈 Lay-up

2.4 라미네이션과 큐어링

태양광 모듈 구조 형태로 적층이 완료되면 로딩장치에 의해 라미네이터 가열판에 적층된 태양광 모듈 구조층을 안착시키고 Upper Chamber를 닫은 후 라미네이션(lamination)을 실시한다. 라미네이션 공정은 Lay-up 장비에서 적층된 태양광 모듈 자재들을 고온에서 진공 펌프를 통하여 진공 압착하여 태양광 모듈이 충격에 견디고 방수성을 갖도록 충진재(EVA)를 접합하는 공정이다. 라미네이션 공정은 태양전지 모듈 제조공정에서 가장 경제적 손실을 줄 수 있는 매우 중요한 공정이다. 그 이유는 문제 발생 시 수십 개의 태양전지로 구성된 모듈 한 판이 모두 불량처리될 수 있기 때문이다. 그림 8.20은 라미네이션 공정 중의 온도와 압력 개념도를 나타내고 있다.

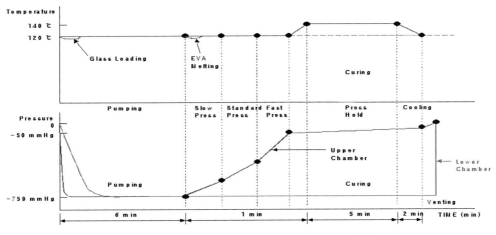

그림 8.20 라미네이션 공정 중의 온도와 압력 프로파일

라미네이션 공정은 크게 라미네이션(lamination)과 큐어링(curing) 공정으로 나눌 수 있다. 라미네이션은 EVA가 녹는 적정한 온도범위에서 진공으로 봉합시키는 단계로써, 기포현상, 태양전지의 뒤틀림 현상, 파손 현상 등을 유발시킬 수 있다. 그렇기 때문에 모듈 제조 시 다양한 온도 프로파일 작업을 수행하여 최적화된 EVA 경화 조건을 찾아야 불량률을 최소화할 수 있다.

또한 큐어링은 일반적으로 라미네이터 내에서 라미네이션과 동시에 수행하는 방법(fast cure)과 라미네이션이 종료된 후 별도의 오븐에서 큐어링을 하는 방법(standard cure)이 있는데, 큐어링 공정의 제조 조건에 따라 태양전지 모듈의 내구성을 저하시키거나 향상시킬 수 있다.

그림 8.21은 라미네이션 공정의 원리를 개략적으로 나타내고 있으며, 그림 8.22는 실제 라미네이터의 모습을 보여주고 있다.

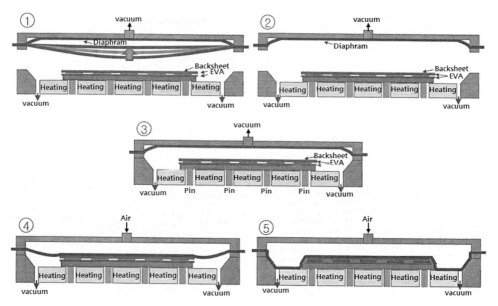

그림 8.21 라미네이션 공정 원리

그림 8.22 라미네이터((laminatior) 장비

2.5 외관 검사(Appearance Check)

태양광 모듈 제조공정에서는 전 공정에서 모듈에 불량을 초래할 수 있는 태양전지의 파손, 배열의 틀어짐, 이물질 등을 수시로 점검한 후 다음 공정이 진행되어야 한다. 따라서 Tabbing & String 공정이 완료된 후 납땜이 정상적으로 수행되었는지 판단하고, 불량이 발생했을 경우 부분 수정으로 납땜을 완결하고, 정상적인 스트링 셀은 다음 공정을 진행하게 된다. 또한 모듈 배열 및 셋팅 공정에서 배열의 틀어짐, 이물질 등이 있는지를 검사하고, 회로 구성 시 태양전지의 파손 등이 추가로 발생되었는지 검사한 후 수정사항이 발생되었을 경우에는 다시 부분 수정을 실시하게 된다. 이렇게 모든 공정에서 불량검사를 실시하는 이유는 라미네이션이 완료되면 부분 수정 작업이 타 공정에서 실시하는 것보다 매우 복잡해지기 때문이다.

앞에서 언급했듯이 큐어링 공정은 EVA를 가교시키는 공정으로써, 크게 라미네이터에서 라미네이션과 큐어링을 동시에 수행하는 방법과 라미네이션 후 별도의 큐어 오븐에서 큐어링을 하는 방법이 있다. 두 개의 공정을 비교해보면, 라미네이터 내에서 큐어링을 동시에 수행하게 되면, 지금까지 말했던 불량 모듈에 대해서 수정이 어려워져 경제적인 손실이 많이 따르게 된다. 하지만 큐어 오븐을 사용할 경우 라미네이션만 수행한 후다시 불량 검사를 실시하고, 수정사항이 발생할 경우에는 큐어링을 하기 전에 다시 부분수정이 가능해서 경제적 손실을 절감할 수 있는 장점이 있다. 하지만 큐어 오븐을 별도로 사용하는 방법에서도 단점은 있다. 일반적으로 라미네이션이 완료되면 시료를 보관해 두었다가 한꺼번에 라미네이션된 모듈 수십개를 동시에 큐어링을 하게 되는데, 큐어오븐의 결함 등 예상하지 못했던 장비의 결함이 발생될 경우에는 수십 개의 모듈이 동시에 불량을 초래할 수 있다. 또한, 큐어 오븐 내부 공간의 온도편차가 클 경우에는 시료마다 가교율이 제각기 다를 수 있기 때문에 품질관리에 많은 노력이 필요하게 된다.

2.6 어셈블리

태양광 모듈 제조공정에서 가장 마지막 공정이라 할 수 있는 본 공정은 라미네이션 및 큐어링 공정에서 정상적으로 완성된 모듈에 대해 테두리를 밀봉하여 알루미늄 프레임을 조립하고, 단자박스와 바이패스 다이오드, 컨넥터 등을 접속하는 공정이다.

본 공정은 라미네이션을 마친 합격 모듈의 가장자리에 흘러나온 잔여 봉합제를 커터기로 정리하고, 곡면의 밀봉(seal)을 위한 Foam 테이프 작업하며, 알루미늄 프레임을 부착한다. 모듈 작동에 중요한 스트링 바이패스(string bypass) 회로 구성, 접속 단자함 부착 공정, 방수 가능한 커넥터 연결 케이블 부착 공정, 접속 단자함 내 바이패스 다이오드와 리드선과 부착부분의 부식 방지를 위한 실리콘 발포 공정 진행된다. 그림 8.23은 어셈블리(Assembly) 공정 후 완성된 태양광 모듈의 구조도를 나타내고 있다.

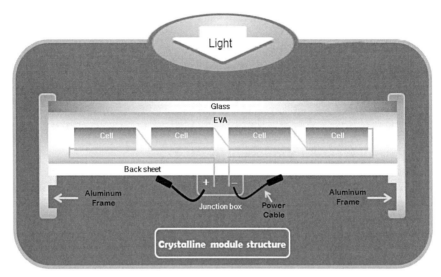

그림 8.23 태양광 모듈 완성품 구조도

2.7 품질 검정(Quality Test)

1) EVA Gel 테스트

라미네이션 공정을 마치면 최초의 태양광 모듈 공정이 완료되며, 최종 접속 단자함 부착, 프레임 조립, 포장 등 어셈블리 공정들만 남게 된다. 즉, 라미네이션 공정이 끝나면 모듈 적층 공정이 모두 끝났다고 볼 수 있으며, 모듈 적층구조 내부의 부품소재에 대한 내구성능은 이미 라미네이션 공정 조건에서 결정되었다고 볼 수 있다.

이러한 공정조건의 적정성에 대해서는 일반적으로 겔 테스트(EVA Gel Test)를 실시하게 되는데, 그 목적은 큐어링 과정 중에 발생하는 Crosslinking(용매접합)량을 측정하는 것으로 최소 gel 수용량은 80% 이상이어야 한다.

실험도구 및 장비는 다음과 같다.

- 작은 EVA 조각 약 2 g
- Toluene 100 ml
- 400 ml 이상의 비커와(비커를 덮는 데 사용될 수 있는 알루미늄호일) 커버
- 비커를 지탱하기 충분한 크기의 Hot-plate
- 거친 여과지(커피여과지가 좋다)
- 여과지에 맞는 깔때기
- 삼중저울대 혹은 분석저울
- Exhaust hood

실험절차는 아래와 같다.

① 라미네이션된 모듈에서 백시트를 제거한 후 EVA 시트를 채취한다.

② 채취된 EVA를 약 5 mm×5 mm 이내의 사이즈로 조각을 낸다.

③ 채취하여 자른 약 5 mm×5 mm 이내 사이즈의 EVA 조각을 정밀 저울을 사용해서 약 2 g을 채취한다. 이때 저울에 여과지를 올린 후 저울의 영점을 먼저 맞추고 여과지 위에 조각난 EVA를 올리며 무게를 정확하게 측정해야 한다.

④ 비커에 톨루엔(Toluene) 100 ml를 채우고 Hot Plate에서 60℃로 가열한다.

　※ Toluene 용액의 온도가 60℃로 일정하게 유지될 때까지 기다린다.

　※ Toluene 증발을 최소화하기 위해 비커를 랩 또는 알루미늄 호일로 덮는다.

⑤ Toluene 용액이 60℃로 일정하게 유지되면 용액에 EVA 조각을 넣고 3시간 기다린다.

⑥ 정밀저울에 여과지를 올려놓기 전에 영점을 맞춘 후 여과지의 무게를 정확하게 측정하여 기록하고, 준비된 또 다른 비커 위에 깔때기와 조금 전에 무게를 잰 여과지를 올려놓고 3시간 동안 용해시킨 EVA-Toluene 혼합물을 붓는다.

　※ 이때, Gel content가 낮은 것은 EVA의 형태 변형이 많을 것이며, Gel content가 높은 것은 EVA의 형태가 그대로 남아있을 것이다.

⑦ 60℃로 세팅된 오븐에 여과된 EVA 조각을 4시간 건조시킨다.

　※ 이때, 오븐 내부의 팬 바람에 여과지가 흔들리거나 날리지 않도록 잘 고정시켜야 한다.

⑧ 건조된 EVA와 여과지의 무게를 잰다.

※ 이때, 미리 측정된 여과지의 무게를 제하고 남은 EVA의 무게를 계산한다.

⑨ 다음 Toluene 용액에 담그기 전의 EVA 조각 무게와 Toluene 용액에 담근 후 오븐에서 건조시킨 EVA 무게로 아래 수식에 의해 Gel content를 계산한다.

$$Gel\ content(\%) = \frac{m}{m_o} \times 100 \ (m_o : 초기\ EVA\ 무게,\ m : 최종\ EVA\ 무게)$$

2) 전류-전압 측정(I-V test)

태양광 모듈 제조공정이 모두 완료되면, 최종적으로 제품에 대한 성능측정이 수행되어야 한다. 그 이유는 동일한 태양전지와 동일한 제조공정으로 모듈이 제조되었다 하더라도 작업자의 실수에 의한 회로의 불량, 태양전지의 파손에 의한 출력의 저하, 불량 태양전지에 의한 출력의 불균일성 등의 문제점이 발생될 수 있기 때문이다. 일반적으로 발전성능 시험은 실내에서 인공태양광을 이용하여 성능시험을 실시하게 된다. 그 시험조건은 일사강도 1,000W/m², 온도 25℃, A.M 1.5 조건 하에서 실시하게 되며, 그 시험방법의 정확도를 기하기 위해서 숙련된 기술자와 동일한 실내 환경의 유지가 가장 중요하다. 그림 8.24는 태양전지 모듈의 발전성능시험 장치인 솔라 시뮬레이터의 구성도이다.

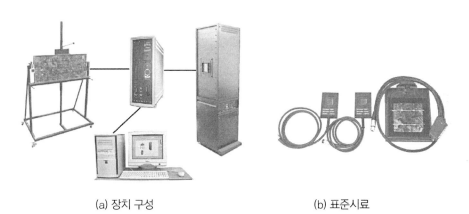

(a) 장치 구성　　　　　　　　　　　(b) 표준시료

그림 8.24 Solar Simulator 구성

2.8 성능 향상 태양광 모듈 제조

기존 태양광 모듈의 경우 2018년까지만 해도 M2 크기의 실리콘 웨이퍼를 주로 사용하였다. 결정질 실리콘 태양전지 연결의 경우, 앞에서 설명한 바와 같이 셀 전면의 버스바 전극에 금속 리본을 솔더링하고 다음 셀의 후면 전극 패드에 금속 리본을 솔더링하는 태빙 공정을 진행하여서, 일반적으로 10~12개의 셀을 연결하여 셀 스트링을 구성하였다. 제작된 셀 스트링은 그림 8.25와 같이 2개의 셀 스트링에 1개의 바이패스 다이오드를 연결하였고 기존의 태양광 모듈의 경우, 60~72셀이 직렬연결 및 3개의 바이패스 다이오드로 구성된다.

그림 8.25 태양광 모듈에서의 셀 연결 구조

제작된 기존 태양광 모듈은 태양전지 간의 크랙 방지 및 전기적 분리를 위하여 분리할 수 있는 간격(gap)이 요구되며, 이 공간들은 모듈 표면에서 광전류를 생성할 수 없는 빈 여백으로 모듈의 출력 손실을 발생시킨다. 기존의 태양광 모듈의 경우, 셀은 직렬 연결되어 있으며, 태양광 모듈에 그림 8.26의 좌측 그림과 같이 1번 위치에 음영이 있다면 약 33%의 출력이 감소한다. 하지만 만약 음영이 우측 그림과 같이 1, 2번의 위치에 걸쳐 있다면 약 67%의 출력 감소가 발생하여 음영에 따른 출력 손실이 크다는 단점이 있다.

셍글드(shingled) 태양광 모듈은 동일한 비용으로 높은 출력을 목표로 하며, 태양전지를 5~6개 스트립(strip)으로 절단하고(이것을 shingle로 부른다), 각 셍글(shingle)의 전면 전극과 다음 셀 연결 부분의 후면 전극 패드에 전도성 접착제인 ECA(Electrically Conductive Adhesive)로 상호 연결하는 기술이다. 기존의 방식과 달리 셀과 셀 연결을 위하여 금속 리본이 필요하지 않으며, 셀과 셀 사이에 간격이 필요하지 않다. 각각의 셀 스트립이 약

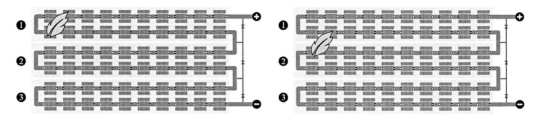

그림 8.26 음영에 따른 태양광 모듈 동작

간 겹치면 셀 스트립을 상호 연결하는 단일 버스 바가 숨겨져서, 외관적으로 전극이 보이지 않아 깨끗하고 심플한 이미지를 보인다. 이러한 독특한 디자인은 셀에 부분적으로 음영을 주는 전면부 버스 바 연결을 필요로 하지 않기 때문에 모듈 표면적을 더 많이 만들어서 후면 전극 태양전지와 마찬가지로 모듈 효율을 향상시킨다. 슁글드 태양광으로 구성함으로써 셀 그룹별로 배선하고 병렬로 구성할 수 있어 음영으로 인한 손실을 크게 줄일 수 있기 때문에 기존 태양광 모듈보다 슁글드 태양광 모듈의 출력 손실이 적다. 부가적으로 기계적 부하시험에서 기존 태양전지판에 비해 외력에 의한 고장에 더 강한 것으로 나타났다.

태양전지를 슁글로 분할하는 것은 레이저 스크라이빙(laser scribing)과 기계적 분할을 이용한다. 레이저 스크라이빙 공정은 태양전지에 레이저 손상이 없도록 레이저 파워, 반복율(repetition rate), 스캐닝 스피드 등을 잘 조절하여야 한다. 전도성 Ag 입자가 포함된 ECA는 필요한 정확도, 정밀도, 중량 조절을 위해 주로 분사(dispense) 및 스크린 인쇄라는 두 가지 방법이 사용된다. 슁글 조립(assembly) 공정의 가장 중요한 변수는 하나의 슁글과 다음 슁글 사이의 겹침(overlap)이다. 큰 겹침은 ECA 인쇄에 사용할 수 있는 면적이 더 커져서 상호 연결의 더 높은 기계적 강도를 보장하지만, 동시에 각 분할된 태양전지의 활성 면적을 감소시키고 주어진 길이의 스트링을 얻기 위해 더 많은 슁글이 필요하기 때문에 재료 활용도에 영향을 미친다. 작은 겹침은 더 좁은 버스 바를 설계할 수 있기 때문에 셀 그리드의 스크린 인쇄에서 은 소비량을 줄일 수 있고, 상호 연결을 위해 인쇄해야 하는 ECA의 양을 줄일 수 있다. ECA는 증발하는 용제(solvent)가 없기 때문에 셀 그리드에 스크린 인쇄하는 Ag 페이스트와 다르며 약 200℃ 이하에서 수 초 내에 열처리

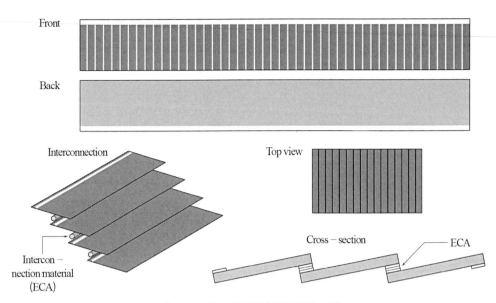

그림 8.27 싱글드 태양전지 셀간 연결 모식도

하여 큐어링(curing)한다. ECA는 열을 가할 때 그물망처럼 되는 유기 매트릭스를 포함하고 있으며, Ag 입자들이 전류 흐름을 위한 침투 경로(percolation path)를 만들기 위해 서로 접촉하도록 하면서 기계적 강도를 제공한다. ECA 인쇄 레이아웃을 주의 깊게 설계하면 만족스러운 기계적 강도를 보장할 수 있으며, 싱글과 싱글 겹침이 약 0.8 mm 이하인 경우에도 양호한 전기 전도도를 보장할 수 있다. 싱글 조립 공정에서 고려해야 할 다른 변수는 싱글 간 정렬의 정확도와 총 스트링 길이이다. 이러한 변수는 모든 스트링에서 균일한 출력, 신뢰성 및 미적 일관성을 달성하는 데 중요하다. 접촉 저항을 증가시킬 수 있는 접촉 문제를 방지하려면 높은 정렬 정확도가 필요하다. 싱글드 태양광 모듈의 제조 공정의 예를 그림 8.28에 나타내었다.

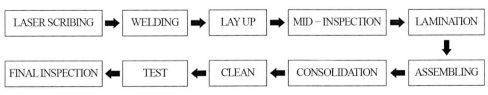

그림 8.28 싱글드 태양전지 셀간 연결 모식도

셍글드 태양광 모듈은 5BB(5버스 바) 태양광 모듈 대비하여 소비되는 높은 Ag 소비량 문제, 높은 ECA 비용 문제, 셀과 셀 연결 겹침의 셀 영역 손실 및 모듈 제조공정상의 정확도 마진(margin)의 단점이 있다.

하프컷(Half-cut) 셀 기술도 효율을 높여 태양광 모듈의 출력을 높이는 기술이다. 2014 년 REC에 의해 개발되었으며, 기업에 따라 다르지만 태양전지를 셀 깊이의 50%만 레이저로 제거하고 나머지는 물리적으로 절단한 후, 반 절단 셀을 금속 리본으로 연결하는 방식이다. 하프컷 셀은 기존 풀(full) 셀과 동일한 전압을 가지며, 모듈 내 셀 수량은 두 배가 되고 기존 풀 셀과 비교할 경우 전류가 절반으로 감소한다. 셀을 반으로 자르면 전체 모듈의 전기 저항 손실이 감소하므로 시스템의 효율이 높아진다. 또한, 셀의 크기를 줄임으로써 많은 태양전지가 들어갈 수 있어 태양광 모듈의 에너지 출력을 증가시킨다.

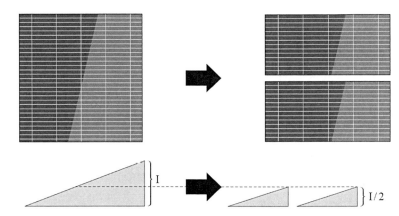

그림 8.29 절반으로 자른 태양전지의 전류 변화. 풀 셀 전류는 I, 하프컷 셀 전류 는(1/2)×I임(출처: 프라운호퍼 연구소)

반절단 셀을 상단과 하단 부분이 두 개의 별도 패널로 작동하도록 하여 절반이 음영 처리되어 있더라도 에너지를 생성한다. 하프컷 셀 설계의 핵심은 모듈을 위한 직렬연결의 다른 방법으로, 태양전지를 함께 배선하고 모듈 내에서 바이패스 다이오드를 통해 전기를 전달하는 방법이다. 그림 8.25의 1열의 태양전지 부분에 음영이 생기면 그 직렬 내의 모든 셀은 에너지를 생산하지 못하여, 1/3이 출력 감소가 된다. 하지만 그림 8.30처럼 하프컷 6줄의 태양전지판은 약간 다르게 작동한다. 1열의 태양전지가 음영 처리되면 해당 행 내의 셀들이 전력 생산을 중지한다. 4열은 계속해서 전력을 생산하게 되면서 모듈의 1/3이 아닌 1/6만이 전력 생산을 멈췄기 때문에 기존의 직렬 배선보다 더 많은 에너지를 생산한다.

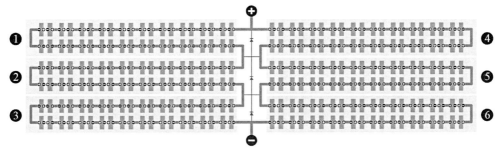

그림 8.30 금속 리본에 의한 하프컷 태양광 모듈 구조

따라서 하프컷 셀은 기존 풀 셀과 비교하여 동작전류가 절반으로 줄어 열 손실이 적으며, 이에 따라 동작 온도가 낮아져 모듈 신뢰성이 향상된다. 슁글드 태양광 모듈과 마찬가지로 하프컷 셀도 태양전지 절단과 스트링 공정이 중요하다. 하프컷 셀은 종종 4 버스바 이상의 버스 바를 사용하기 때문에 매우 좁은 연결 스트립을 걸쳐 연결하려면 정밀한 장비를 사용해야 한다.

그림 8.30과 같이 태양전지가 직·병렬 구조로 연결되어 있고, 그림 8.32에서와 같이 바이패스 다이오드는 위의 기존 배선처럼 한쪽이 아닌 패널 중앙에 연결되어서 기존의 풀 셀 태양광 모듈과 다르게 더 작은 정션박스로 3개 구성되어 있다. 하프컷 태양광은 저항 손실과 음영 손실을 줄일 수 있으며, 열전달을 낮추어 안정성을 높여서 내구성을

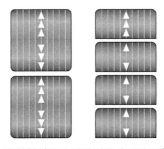

그림 8.31 (좌)풀 셀과(우)하프컷 셀에 따른 온도분포(출처: solar fabrik)

증대시킨다. 레이저로 태양전지를 절단하는 비용 상승과 솔더링 공정 시의 결함이 나타날 수 있는 단점이 있다.

이전에 제조된 실리콘 태양전지는 2 버스 바(2BB)를 기본으로 하다가 3BB, 4BB 이상으로 버스 바를 다중 버스 바(Multi Bus Bar, MBB)를 사용하여서 높은 모듈 전력을 얻을 수 있다. MBB 방식은 핑거 그리드와 BB 모두에서 흐르는 전류량을 줄여 저항 손실을 줄이는 것을 목표로 한다. BB 수가 증가되면 BB 사이의 거리가 짧아져 직렬 저항 손실의 큰 원인인 핑거 그리드에 전류가 흐르는 길이가 짧아진다. 또한 BB와 핑거 그리드의 크기를 줄일 수 있어 태양전지 제조에 가장 비싼 재료 중 하나인 Ag 소모를 줄일 수 있다. 게다가, 앞면의 Ag 전극이 적으면 핑거 그리드의 음영도 줄어든다. BB의 개수는 상호 연결된 태양전지의 총 직렬 저항을 감소시키기 위해 변경될 수 있다. MBB와 기존의 '더 많은 BB' 방식이 다른 점은 단면도(cross-section)와 기능이다. BB는 일반적으로 평평하게 인쇄되며 셀로부터 전류를 전달하기 위해 솔더링된 평평한 리본이 필요하므로 더 많은 음영 및 저항 손실을 초래한다. MBB는 얇고 둥근 구리선으로 태양전지를 가로지르는 리본이 필요하지 않으며, 핑거 그리드에서 전지 전면 바깥으로 연결된 리본까지 전류를 전달한다. 그림 8.32에서 보듯이, 둥근 단면은 또한 광학 성능을 증가시켜 더 많은 빛이

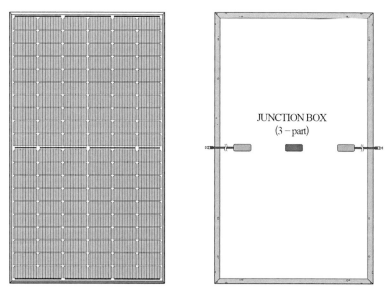

그림 8.32 하프컷 태양광 모듈 및 정션박스 위치(출처: solar fabrik)

태양전지로 반사되어 효율적인 광 재활용이 가능하여 CTM(cell-to-module) 손실을 최소화한다. 60개의 셀 기준으로 MBB 연결을 사용할 때 4.5% 미만의 CTM 손실을 나타낼 수 있다. 그리드 핑거가 짧고 좁아지면 충전율이 높아지고 전류가 높아져 비용이 저렴해진다.

MBB 기술은 전통적인 스크린 인쇄 방식과 다르다. 이 기술은 직경이 약 350 μm 정도인 구리선에 얇은 저융점 합금인 SnPbAg를 사용하여 코팅하며, 여기에 폴리머 호일(polymer foil)이 둘러싸인다. 이 와이어는 특수 평행 그리퍼(gripper)로 고정되어 있고 예열된 척에서 비접촉 적외선 솔더링으로 저온에서 수행되며, 고정밀 화상 시스템과 함께 모션 축 시스템은 0.05 mm의 정확도로 정확한 셀 배치를 할 수 있다. 따라서 최소의 솔더 패드 크기에서도 작은 와이어와 태양전지의 전극 패턴과 정확한 정렬을 하게 되고, 폴리머 호일은 둥글고 얇은 구리선이 태양전지의 핑거 그리드와 접촉할 수 있게 하여 태양전지에 라미네이션된다.

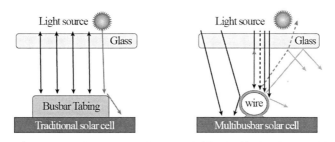

그림 8.33 다중 버스 바(MBB)의 둥근 구리선을 이용한 광 이용 증대 기술

MBB 커넥터는 18개의 둥근 구리선의 배열이 가능하고 와이어당 20개 정도의 납땜 패드(pad)를 사용하여 태양전지를 스트링에 연결한다. 납땜 패드는 전선을 셀에 부착하기 위해 필요하다. BB가 필요 없어 심미적인 셀 디자인이 가능하며, 6~9 W 더 많은 전력 출력을 가진 모듈을 제조할 수 있다.

MBB는 PERC 셀의 양면성(bifaciality)을 증가시킬 수 있는 잠재력을 가지고 있다. 양면성은 후면 전력에 대한 전면 전력의 비율이다. MBB를 사용하면 더 작은 후면 알루미늄 핑거를 인쇄할 수 있어 셀 후면의 음영을 줄여 셀의 양면 광 수집 기능을 향상할 수 있다.

2.9 양면 태양전지 모듈

앞의 5장 4절에서 설명한 것처럼 양면 태양전지를 사용한 태양광 모듈은 전면과 후면의 태양광 빛을 흡수하여 최대 30% 더 증가된 전력을 생산할 수 있어 균등화발전비용(levelized cost of electricity, LCOE)을 감소시킨다.

양면 태양전지판은 패널이 높을수록 패널 아래에 더 많은 빛이 들어갈 수 있기 때문에 지면에서 약 4 m 떨어진 곳에 있을 때 가장 질 작동하는 것으로 알려져 있다. 또한 흰색 판과 같이 반사판이 있을 때에도 후면에서 빛의 흡수가 증가되어 발전이 증대된다. 양면 태양광 모듈은 경제성과 효율성으로 인해 2010년대 후반부터 점점 대중화되고 있는 추세이다.

그림 8.34(a)는 단면 모듈을, 그림 8.34(b)는 양면 모듈을 보여준다. 차이점은 금속 그리드로, 후면에도 노출된 반사 방지막(ARC)이 있다. 양면 모듈의 경우 후면 커버는 유리 또는 투명한 폴리머 백시트로 구성된다. 백시트를 사용할 경우 모듈을 알루미늄 프레임으로 지지해야 하지만 유리 모듈의 강성은 프레임이 필요하지 않고 가장자리만 씰링되는 경우도 있다. 장착 시스템은 모듈에 프레임이 있는지에 따라 달라진다.

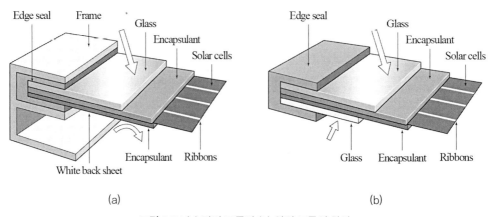

그림 8.34 (a) 단면 모듈과 (b) 양면 모듈의 차이

앞에서 설명한 것처럼 양면 태양광 모듈의 장점은 효율성 향상이다. 양면 모듈은 태양전지 양쪽에서 전력을 생산할 수 있기 때문에 전반적으로 에너지 생성량이 증가한다. 이

렇게 효율성이 높아지면 와트당 설치공간이 줄어들기 때문에 주택 소유자들은 그들의 요구를 충족시키기 위해 더 적은 수의 모듈을 설치할 수 있다. 또한 확산 일사(diffuse light)에서도 잘 작동한다. 표면적이 더 넓은 양면 모듈이 확산광에서 더 나은 성능을 발휘하며 단면 모듈보다 비용을 낮출 수 있다. 다른 장점으로는 양면 모듈은 프레임이 없고 양쪽이 강화 유리로 덮여 있기 때문에 내구성이 더 좋은 경우가 많다. 이 강화유리는 내후성(weather-resistant), 자외선 차단, 고온과 강풍에도 견딜 수 있다. 내구성 때문에, 양면 태양전지판은 수명이 더 길어질 것으로 예상된다. 양면 모듈은 프레임 없는 것을 포함하여 다양한 디자인을 할 수 있어서, 대부분의 사람들은 유리 프레임이 단면의 태양광 모듈에 비해 미적으로 아름답다(aesthetically pleasing)고 생각한다. 프레임 없는 양면 패널의 경우, 태양전지는 PID(Potential-induced degradation)를 겪을 가능성이 적다. 이것은 전류가 의도된 경로에서 벗어나 결과적으로 태양전지를 부식시킨다. 게다가 금속 프레임이 없는 양면 모듈은 외부에는 금속 접촉부가 없기 때문에 접지할 필요가 없다.

제조 공정으로 인하여 양면 태양전지는 단면 태양전지판보다 최대 10%의 비용이 더 들 수 있어 초기 비용이 높고, 양면 태양광 모듈이 더 무거우며, 장점을 최대한 활용하기 위해 전문 장비가 필요하기 때문에 설치비용이 더 높은 단점이 있다.

PID는 태양전지와 그라운드(프레임 및/또는 유리) 사이의 전위차로 인해 발생하는 열화 현상이다. 육안으로 식별할 수는 없지만 전력 및 온도 측정으로 현장에서 PID를 식별할 수 있다. 프레임, 유리, 봉지제와 같은 모듈 패키징의 구성요소는 태양광 모듈의 PID 열화 정도에 중요한 역할을 하는 것으로 나타났다. PID는 태양전지 근처의 접지 전위가 부족하기 때문에 양면 모듈이 프레임이 없을 때 감소된다. 봉지재로 POE를 사용하면 EVA 사용에 비해 PID를 상당히 줄일 수 있다. 또한 유리를 투명한 백시트로 교체하면 PID 저하를 낮출 수 있는 것으로 알려져 있다. 하지만 투명 백시트와 프레임 없는 이중 유리 모듈의 사용은 잠재적 열화의 다른 원인이 될 수도 있으며, 추가적인 연구들이 진행 중에 있다.

양면 태양전지의 기판과 구조는 태양광 모듈이 양의 전위차에 의해 영향을 받을지 음의 전위차에 의해 영향을 받을지를 결정한다. 붕소 기반 p형 기판은 음전압(셀에 인가된 전압)에서 열화를 하는 반면, 인 기반 n형 기판은 양전압에서 열화를 한다. 그림 8.35에서와 같이, 양면 모듈은 두 가지 유형의 PID, 즉 션팅 타입(PID-shunting, PID-s)과 편광 타입(PID-polarization, PID-p)을 보여준다. PID-s는 적층 결함(stacking fault)으로 이온 이동으로 인한 pn 접합부를 션트하여 션트 저항에 영향을 미치는 반면 PID-p는 패시베이션 층에 이온 축적으로 인한 표면 패시베이션의 상실에 해당한다. 전면 접합부가 n+/p인 p형 태양전지의 경우, PID-s는 태양전지가 프레임 또는 전면 모듈 표면에 대해 음전압으로 될 때 PV 효율 손실의 근본 원인으로 확인되었다. PID-s는 주로 션트 저항(R_{sh})의 현저한 감소로 인해 태양전지/모듈의 FF에 영향을 미치지만, V_{oc}와 I_{sc}는 영향이 적다. 반면에, n-PERT와 같은 p+/n 또는 IBC와 같은 n+/n 전면 접합을 가진 n형 웨이퍼 기반 태양전지의 경우, 표면 편광 효과로 표면 패시베이션의 저하인 PID-p가 성능 저하의 원인이라고 일반적으로 여겨진다. 이러한 열화 과정은 I_{sc}와 V_{oc}의 현저한 감소를 초래하는 반면, FF는 미미한 영향을 받는다. 풀사이즈 모듈의 경우에는 다양한 열화 셀 간의 불일치로 인해 FF도 크게 감소한다. PID-s는 광범위하게 연구되어 잘 이해되고 있지만, PID-p 메커니즘은 아직 명확하지 않다. PID-p는 유리로부터 나트륨 이온이 이동하여 n형 도핑 층에 영향을 미치는 것으로 설명할 수 있다. 그러나 PID-p에 의해 p형 도핑 층들 또한 영향을 받지만, 음이온 이동의 원인에 대한 설명이 없다. 마지막으로, 모듈이 후면보다 전면에서 더 많은 영향을 받는 것으로 보여진다.

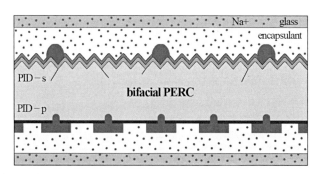

그림 8.35 유리/유리 모듈 사용 시의 양면 p-PERC 태양전지의 PID: PID-s는 전면/에미터 측에서 발생하며 PID-p는 태양전지의 후면 측에서 발생함

태양전지 구조가 복잡할수록 열화 메커니즘의 수는 증가한다. 단면 모듈은 양면 모듈과 주로 후면부에서 다르지만, 경우에 따라서는 모듈의 가장자리에서도 차이가 난다. 모듈 내부에서부터 셀 레벨에서 중요한 열화 메커니즘은 여러 열화 메커니즘의 합으로 구성된 소위 LeTID(Light and elevated Temperature Induced Degradation)이다. 후면에 인쇄된 Al 또는 Ag 핑거는 EVA 봉지제 분해에 의해 아세트산이 형성되거나, 봉지제 안 태양전지의 '플로팅(floating)'에 의해 핑거 그리드가 분리된다면 열화 효과를 유발할 수 있다. 양면 모듈에서는 반사방지막(ARC)이 후면 측에 노출되기 때문에 후면 PID가 발생할 수 있으며, 태양전지의 에미터가 전면에 있는지 후면에 있는지에 따라 그 효과가 달라진다. 후면의 불균일한 일사는 핫 스팟(hot spot)을 추가로 발생시킬 수 있다.

양면 태양전지는 단면 태양전지와의 공정 차이는 후면부 유전체 처리 온도가 다르기 때문에, LeTID는 단면 구조와 다르며 주로 HID(Hydrogen Induced Degradation)의 추가 기여에 기인한다. B-O 복합체의 형성, 금속 불순물의 수소화 또는 PERC의 후면 패시베이션 열화(depassivation)에 의해 야기되는 가장 두드러진 열화 메커니즘을 표 8.7에 요약하였다. 표 8.7에 기재된 바와 같이 결정질 실리콘 재료와 태양전지 공정을 특성에 맞게 적용하면 열화를 최소화할 수 있다. 또한, 많은 셀 생산자들은 태양전지를 비열화 상태(non-degrading state)로 전환시키기 위해 셀 제조 후 안정화 과정을 사용하고 있다.

p형 PERC 태양전지에서 가장 심각한 3가지 열화 메커니즘의 단면도를 그림 8.36에 나타내었다.

표 8.7 태양전지 공정에서 p-PERC셀 열화 원인 및 가능한 해결책

Light and Elevated Temperature Induced Degradation(LeTID)			
Degradation Mechanism	LID	HID	Passivation Degradation
Cause	BO complex formation	High hydrogen concentration	Depassivation of dielectrics on undiffused surfaces
Reduction on solar cell level	• Low oxygen Si material • High resistivity Si material • Stabilization process • Ga-doping • n-type devices	• Use of H-poor dielectrics • Adapted process temperature • Low firing temperatures • Thin wafers	• Use of low doped BSF • Upgrade to PERT

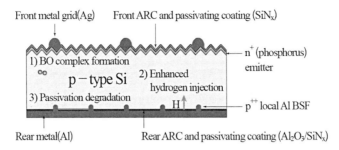

그림 8.36 p형 PERC 태양전지에서 3가지 주요 열화기구

첫 번째 광열화 현상(light induced degradation, LID)은 매우 잘 알려져 있고, 붕소와 산소(BO) 복합체(complex)의 형성에 기초한다. BO 복합체는 산소 농도의 제곱에 의존하며 붕소 농도와 거의 선형적으로 증가하는 결함 요소이다. 이 열화는 광파장과 독립적으로 발생하며, 어두운 곳에서 전하 주입 중에도 발생한다. 이는 빛이 전하 생성을 통해서만 간접적으로 기여하기 때문에 전하 유도 열화(carrier-induced degradation, CID) 효과라 할 수 있다. 초기 상태의 태양전지에 12시간 이상 광 조사를 하면 $1\,\Omega\cdot cm$ p형 기판으로 제조된 태양전지는 셀 효율의 3~5% 열화가 발생된다. 그림 8.37은 LID 재생(regeneration)의 전체 과정을 보여준다. 초기에, 성능은 A지점에서 B지점으로 저하된다. LID 재생(regeneration)은 태양전지에 빛이나 전류 주입에 노출될 때 고온에서 발생하는데, 이러한 열화는 암상태 조건의 200°C에서 수 분 동안 열처리함으로써 가역적인 반응이 되며, 이 상태를 어닐링된 상태(annealed state)라 부른다. 그림 8.37의 A지점이 어닐링된 상태이고 재결합 비활성 상태에 해당한다. 하지만 이후 빛에 노출되면 열화가 다시 발생하여 B지점으로 돌아간다. 따라서 LID 제거 처리는 B지점에 대해 이루어져야 하며, 그렇지 않으면 매우 불안정하여 일정 시간이 지나면 A지점으로 되돌아간다. 이러한 열화 주기는 광 조사 조건에서 높은 온도에서 열처리하여 안정화된 상태(stabilized state)를 형성함으로써 제거할 수 있다. 이런 안정화된 상태는 준안정적이며, 200°C에서 100분 동안 암 상태 조건에서 열처리함으로써 어닐링된 상태로 돌아갈 수 있다. 가장 좋은 처리는 A지점부터 C지점까지 전체 재생을 끝내는 것이므로, 성능이 더 높은 수준으로 돌아가면 더 이상의

LID 효과는 없다. 그러나 이 과정을 완료하려면 시간이 걸리고, 생산능력에 큰 영향을 미치기 때문에 제조업체는 최적의 수준, 즉 가장 비용 효율적인 방법으로 LID 효과를 처리할 수 있는 균형 잡힌 방법을 찾아야 한다. 최적의 처리 수준은 B와 C 사이 정도에 있어야 하며, 시간이 오래 걸리긴 하지만 고객은 나중에 재생을 통해 약간의 수익을 얻을 수 있다.

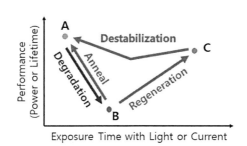

그림 8.37 광열화 현상의 세 가지 상태 결함 모델과 관련된 반응

두 번째로, LeTID는 p형 다결정 실리콘 PERC 태양전지에서 처음 발견되었으며 단결정 실리콘 PERC에서도 발생한다. 이러한 열화는 태양전지의 과잉 수소 함량 때문인데, 이는 대부분의 경우 후면 패시베이션이 전면부보다 다소 두꺼우며 수소 고함량의 유전체를 사용하기 때문이다. 이 과잉의 수소가 실리콘 기판으로 침투하여 열화를 초래한다.

마지막으로 실리콘 기판의 패시베이션 열화이다. PERC 태양전지의 열화가 부분적으로 후면 유전체의 패시베이션 저하(depassivation) 효과에 기초하고 있다는 것을 발견했다. n형 기판 소자에서는 훨씬 적은 성능 열화가 나타나지만, 일부에서는 LeTID가 n-PERT 태양전지에도 영향을 미칠 수 있다고 한다.

3. 모듈 평가 및 신뢰성

태양광 모듈 성능평가는 크게 발전성능평가와 내구성능평가로 분류될 수 있다. 발전성능평가는 태양광 모듈의 전기적 사양을 결정하는 가장 기본이면서 중요한 평가이다. 내구성능평가는 인증시험평가로 볼 수 있는데, 인증시험평가 항목에서도 발전성능평가

항목은 필수적으로 포함되어 있다.

발전성능평가는 측정환경과 시험자의 숙련도, 시험장치 등에 따라서 측정할 때마다 그 결과 값은 차이가 날 수 있는데, 본 장에서는 발전성능평가 방법과 평가방법에 따른 계측오차, 그리고 평가결과에 대한 신뢰도 평가 방법 등을 제시하고 태양광 모듈의 내구성평가 방법을 제시하고자 한다.

3.1 태양전지 모듈 발전성능평가

태양광 모듈의 발전성능 평가법은 전 세계적으로 IEC60904-1의 "태양광 전압-전류 특성 측정" 기준에 의해 실시된다. 이 시험기준에서는 자연 또는 인위적 태양 빛에서의 결정형 실리콘 태양광 소자의 전류-전압 특성의 측정 절차를 기술하고 있다. 이때 일반적 측정 요구사항으로는 교정된 표준 소자를 모니터링용 소자로 사용해야 하고, 교정된 표준 소자는 필수적으로 시편과 동일한 관련 스펙트럼 응답특성을 갖고 있어야 한다. 또한, 표준 소자와 시편의 온도는 ±1℃의 정확도로 측정되어야 하며, 시편의 표면은 표준 소자의 표면과 ±5°에서 동일 평면상에 있어야 하며, 전압-전류의 측정값은 ±0.5%의 정확도로 측정되어야 한다고 규정하고 있다. 양면 태양광 모듈의 평가는 2019년에 제정된 IEC TS 60904-1-2 기준에 따른다.

1) 자연 태양광에서의 측정

자연광원법에 의해 태양전지 모듈의 전압-전류 측정을 위해서는 측정하는 동안 ±1% 이상 태양 빛의 강도가 변동되지 않을 경우에만 측정하여야 하며, 표준 시험 조건과의 비교를 위한 측정인 경우, 태양 빛의 강도는 최소 $800\,W/m^2$ 이상이 되어야 한다. 또한, 표준 소자를 시편에 최대한 가깝게 놓아야 하며, 표준 소자와 시편은 모두 ±10° 이내에서 직접적인 태양 빛을 받아야 한다. 이때 표준 소자와 시편의 온도를 기록해야 하며, 주변의 환경으로 인한 온도변화가 잦을 경우에는 온도를 조절하기 위한 장치 또는 대기 온도와 시료의 온도가 동일해질 때까지 태양 빛 또는 바람을 가려야 하며, 대기온도와 표준 소자, 시편의 온도가 동일할 때 측정을 해야 한다.

대부분의 경우 시편 또는 소자의 열 특성은 처음 몇 초 동안 2℃ 이하로 온도 상승을 제한하며, 온도는 변화하지 않으면서 유지되지만, STC에서의 태양전지 모듈 발전성능 시험 기준인 1,000 W/m²의 일사강도와 측정온도 25℃의 측정 조건으로 환산해 주어야 한다.

2) 인공 태양광에서의 측정

인공광원법(인공태양광조사)에 의한 STC에서의 태양광 모듈 전압-전류 측정을 위해서는 IEC60904-9 "솔라시뮬레이터의 성능 요구 사항" 기준에 만족하는 솔라시뮬레이터를 사용해야 한다. 솔라시뮬레이터는 현재 두 가지 유형의 시뮬레이터가 사용되고 있으며, 그 첫 번째는 '안정적' 유형(예를 들어, 필터 제논, 이색성 필터 텅스텐 또는 텅스텐 전극을 이용하여 수정된 수은)은 단위 태양전지와 작은 모듈에 적절하다. 이 유형의 이점은 시료의 온도를 제어할 수 있도록 되어 있기 때문에 주변 온도의 변화에도 큰 문제가 없어 쉽고 정확하게 측정할 수 있다. 두 번째로 인위적 펄스형 시뮬레이터는 대면적 모듈 측정에 이점이 있으며, 광원이 연속적이지 않기 때문에 광원의 직사광선에 의한 시료의 온도변화에 영향을 주지 않는 이점이 있다. 그러나 태양전지의 분광 응답 특성을 고려하여 충분한 펄스 광원이 보장되어야만 정확한 측정을 할 수 있다.

시뮬레이터는 시험에서 표준 소자를 이용하여 측정한 1,000 W/m²의 표준 방사조도 및 요구될 수 있는 더 높거나 낮은 방사조도를 생산 가능해야 한다.

또한, 시뮬레이터의 분광 방사조도 분포는 표 8.8, 표 8.9에서 솔라시뮬레이터의 해당 등급으로 지시된 범위로 표준 분광 방사조도 분포를 조화시켜야 한다. 태양광 모듈 측정의 솔라시뮬레이터 등급은 7장의 태양전지 인공태양광조사 장치(솔라시뮬레이터)와 동일하다.

표 8.8 시뮬레이터 분류

특성	A등급	B등급	C등급
스펙트럼 조화(표 3.2에 지정된 각 파장 간격에 요구되는 %와 경사면 방사조도의 실제 %의 비율)	0.75~1.25	0.6~1.4	0.4~2.0
광원의 균일도	≤ ±2%	≤ ±5%	≤ ±10%
광원의 안정도	≤ ±2%	≤ ±5%	≤ ±10%

표 8.9 표준 분광 방사조도 분포*

파장(λ) 간격, μm	0.4~1.1μm에서의 경사면 방사조도 %
0.4~5.5	18.5
0.5~0.6	20.1
0.6~0.7	18.3
0.7~0.8	14.8
0.8~0.9	12.2
0.9~1.1	16.1

* IEC 60904-3에 주어진 세계 표준 태양광 분광 방사조도를 따름

태양광 모듈은 파장에 따라 의존하는 반응감도 특성을 가지고 있기 때문에 자연광에서는 장소, 날씨, 시기 및 시간에 따라 변하며, 솔라시뮬레이터에서는 유형 및 조건에 따라 변화하는 입사 방사조도의 스펙트럼 분포에 의해 분명하게 영향을 받는다. 표준 태양광 방사조도 분포는 그림 8.38과 같다.

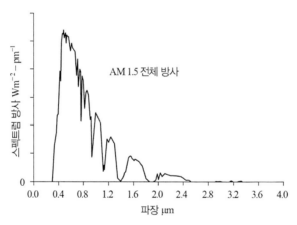

그림 8.38 표준 태양광 분광 방사조도 분포

이때 시험 가능한 유효면적에 비치는 광원의 균일도는 식 (8.1)과 같이 계산할 수 있으며, 광원의 안정도는 식 (8.2)와 같이 계산할 수 있다.

$$Uniformity(\%) = \pm \frac{(\max Value - \min Value)}{(\max Value + \min Value)} \times 100 \qquad (8.1)$$

$$Stability(\%) = \pm \frac{(\max Value - \min Value)}{(\max Value + \min Value)} \times 100 \tag{8.2}$$

그림 8.39와 그림 8.40은 광원의 균일도 분포 개념도와 광원의 안정도 곡선 개념도를 나타내고 있다.

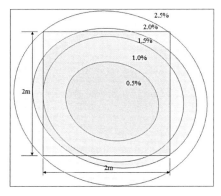

그림 8.39 광원의 균일도 분포 개념도

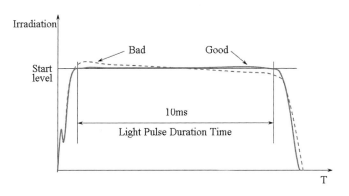

그림 8.40 광원의 안정도 곡선 개념도

3.2 태양광 모듈 I-V 성능의 계측오차

1) 측정 온도의 영향

태양광 모듈의 발전성능을 정확하게 계측하기 위해서는 일반적으로 IEC60904-9에서 요구하는 솔라시뮬레이터를 이용하여 IEC60904-1의 STC(standard test condition)조건인

1,000 W/m^{2}의 일사강도와 25℃의 측정온도에서 측정해야 한다.

IEC60904-1에서 요구하는 태양광 모듈의 전류-전압 특성 시험을 위해서는 기준태양전지와 시편의 온도는 ±1℃ 이하의 정확도로 측정되어야 하며, 기준태양전지의 온도가 교정된 온도와 2℃ 이상 차이가 나는 경우에는 교정값을 측정 온도값으로 조정해야 한다고 규정하고 있다.

즉, 이와 같이 온도에 대한 교정을 중요시하고 있는 이유는 태양광 모듈이 온도에 매우 민감하기 때문에 정확한 온도조건에서 시험하지 않으면 태양광 모듈의 전류-전압 특성에 대한 결과 값은 큰 계측 편차를 낼 수 있다는 것을 의미하고 있다.

태양광 모듈의 온도특성은 식 (8.3)과 식 (8.4)에서 보는 바와 같이 온도가 올라가면 전압은 감소하고 식 (8.5)에서와 같이 전류는 온도 증가에 따른 캐리어수의 증가로 미세하게 증가하게 된다. 하지만 전압의 감소폭이 전류의 증가폭보다 크기 때문에 결과적으로 식 (8.6)에서와 같이 최대출력 즉, 태양광 모듈의 발전성능은 감소하게 된다.

$$V_{oc} = \frac{kT}{q} \ln\left(\frac{I_L}{I_S} + 1\right) \cong \frac{kT}{q} \ln\left(\frac{I_L}{I_S}\right) \tag{8.3}$$

$$V_{mp} = \frac{kT}{q} \ln\left[\frac{1 + (I_L/I_S)}{1 + (qV_{mp}/kT)}\right] \cong V_{oc} - \frac{kT}{q} \ln\left(1 + \frac{qV_{mp}}{kT}\right) \tag{8.4}$$

$$I_{mp} = I_S \left(\frac{qV_{mp}}{kT}\right) \exp\left(\frac{qV_{mp}}{kT}\right) \cong I_L \left(1 - \frac{1}{qV_{mp}/kT}\right) \tag{8.5}$$

$$P_{\max} = I_{mp} V_{mp} \cong I_L \left[V_{oc} - \frac{kT}{q} \ln\left(1 + \frac{qV_{mp}}{kT}\right) - \frac{kT}{q}\right] \tag{8.6}$$

따라서 태양광 모듈의 발전성능에 대한 변환 효율과 충진율 역시 식 (8.7)과 식 (8.8)에서 보는 바와 같이 온도가 증가함에 따라 감소하게 된다.

$$\eta = \frac{I_{mp} V_{mp}}{P_{in}} = \frac{I_L \left[V_{oc} - \frac{kT}{q} \ln\left(\frac{1 + qV_{mp}}{kT}\right) - \frac{kT}{q}\right]}{P_{in}} \tag{8.7}$$

$$FF = \frac{I_{mp} V_{mp}}{I_{sc} V_{oc}} = 1 - \frac{kT}{q V_{oc}} \ln\left(1 + \frac{q V_{mp}}{kT}\right) - \frac{kT}{q V_{oc}} \qquad (8.8)$$

이론적으로 태양광 모듈의 온도가 1℃ 상승할 때마다 약 0.5%의 출력 감소가 발생하게 되는데, 이러한 태양전지의 온도변화에 따른 출력 특성 곡선은 그림 8.41에서 보여주고 있다. 그림 8.41은 STC에서 요구하는 발전성능시험 조건인 일사강도 1,000 W/m²일 때 온도를 25℃, 40℃, 60℃, 80℃로 변화시키면서 계산된 태양광 모듈의 출력 특성 곡선이다. 그림 8.41에서 보는 바와 같이 온도가 증가함에 따라서 I_{sc}는 미세하게 증가하고, V_{oc}는 좀 더 큰 폭으로 감소함을 알 수 있다.

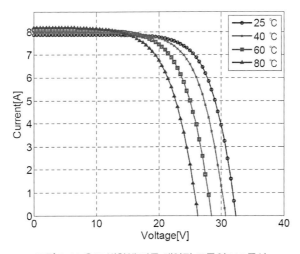

그림 8.41 온도 변화에 따른 태양광 모듈의 I-V 특성

하지만 STC에서 요구하는 기준 태양전지와 시편의 온도를 ±1℃ 이하의 정확도로 맞추고, 기준 태양전지의 온도는 교정값과 2℃ 이상 차이 날 경우 교정값의 온도를 실측값으로 바꾸어야 한다고 했듯이 솔라시뮬레이터를 이용하여 발전성능시험을 실시할 때 온도를 정확하게 맞추는 것은 현실적으로 매우 어렵다. 따라서 IEC 국제기준에서 요구하는 태양광 모듈의 발전성능 표준시험 조건에서는 온도에 따른 계측 편차를 줄이기 위하여 IEC60891의 태양광 모듈에 대한 온도계수의 정확한 보정계수를 요구하고 있다.

온도계수를 이용한 표준시험 조건에서의 전류와 전압은 식 (8.9)에 의해 표현할 수 있으며, 여기서 V_2, I_2, I_{SR}, T_2는 표준시험조건에서의 전압, 전류, 일사강도 및 온도를 나타내고, V_1, I_1, I_{MR}, T_1은 실제 계측된 전압, 전류, 일사강도 및 온도를 나타낸다.

$$I_2 = I_1 + I_{sc}\left(\frac{I_{SR}}{I_{MR}} - 1\right) + \alpha_T(T_2 - T_1)$$

$$V_2 = V_1 - R_s(I_2 - I_1) - KI_2(T_2 - T_1) + \beta_T(T_2 - T_1)$$

(8.9)

여기에서 I_1과 V_1은 실제 측정된 전류와 전압값을 말하여, I_2와 V_2는 수정된 전류와 전압값을 말한다. 또한 I_{sc}는 시편의 측정된 단락회로 전류를 말하며, I_{MR}은 측정된 기준 태양전지의 단락회로전류, I_{SR}은 표준 혹은 희망 방사조도에서의 기준태양전지 단락회로 전류를 표현한다.

T_1과 T_2는 시편에서 측정된 온도와 표준 또는 희망온도를 말하며, α_T와 β_T는 전류 전압의 온도계수를 말한다. 또한 R_s는 시편의 내부 직렬저항, K는 곡선 수정 인자를 말한다.

이때, 식 (8.9)에서 태양광 모듈의 출력전류 온도계수 α_T와 출력전압 온도계수 β_T를 얻기 위해서는 태양전지 출력전류 온도계수 α_c와 출력전압의 온도계수 β_c를 근거로 하여 식 (8.10)에 의해 산출하게 된다.

$$\alpha_T = n_p \cdot \alpha_c$$

$$\beta_T = n_s \cdot \beta_c$$

(8.10)

여기에서 n_p와 n_s는 태양광 모듈 내부회로로 구성된 단위태양전지의 병렬 연결수와 직렬연결수를 나타낸다. 또한, 직렬저항 R_s는 동일 온도조건에서 그림 8.42에서 보는 바와 같이 광원의 일사강도를 변화시키면서 알아낼 수 있으며, 측정방법은 동일한 측정온도에서 서로 다른 광원의 일사강도를 변화시키면서 전류-전압 특성을 얻어낸다.

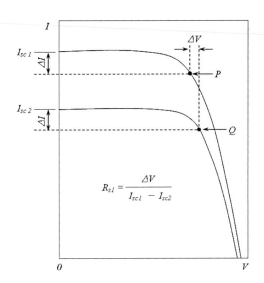

그림 8.42 태양광 모듈의 내부 직렬저항 결정

그다음 ΔI와 I_{sc1}, I_{sc2}를 결정하고, P점과 Q점 사이의 전압의 변위를 측정한 후 식 (8.11)에 의해 R_{s1}을 계산한다.

$$R_{s1} = \frac{\Delta V}{I_{sc1} - I_{sc2}} \tag{8.11}$$

여기에서 I_{sc1}과 I_{sc2}는 두개의 단락회로 전류이며, R_{s2}를 얻기 위해서는 두 번째 일사강도 보다 낮은 일사강도로 세 번째 일사강도를 조사한 후 얻어진 측정값으로 계산한다. 따라서 R_s는 세 개의 계산값 R_{s1}, R_{s2}, R_{s3}의 중간값이다.

위에서 정리한 것처럼 태양광 모듈 발전성능시험에 있어서 정확한 측정온도의 유지와 온도계수를 알아내는 것은 매우 중요하다.

하지만 일반적으로 시험시료에 대한 정확한 온도계수를 고려하지 않거나 또는 기준태양전지의 온도와 시험시료에 대한 정확한 온도 환경을 무시하고 발전성능시험을 실시하는 경우가 매우 많다.

태양광 모듈의 발전성능시험에서 기준태양전지의 온도와 시험시료의 온도 차가 발생되었을 때 계측값에 대한 오차를 찾아내기 위해서는 식 (8.12)의 기본적인 태양광 모듈의 전류식으로부터 유도할 수 있다.

$$I = I_L - I_S \left[\exp\left(\frac{q(V + R_s I)}{n_d\, k\, T} \right) - 1 \right] - \frac{V + R_s I}{R_{sh}} \tag{8.12}$$

식 (8.12)에서 태양광 모듈의 직·병렬연결 회로를 고려한 전류식은 식 (8.13)과 같다.

$$I_M = I_{scM} - I_{sM} \left[\exp\left(\frac{q(V_M + R_{sM} I_M)}{N_S n_d\, k\, T} \right) - 1 \right] - \frac{N_P(V_M + R_{sM} I_M)}{N_S R_{shM}} \tag{8.13}$$

식 (8.13)의 직·병렬연결을 고려한 태양광 모듈의 전류 식에서 온도항의 오차를 적용한 전류식은 식 (8.14)와 같이 표현할 수 있다.

$$I_M = I_{scM} - I_{sM} \left[\exp\left(\frac{q(V_M + R_{sM} I_M)}{N_S n_d\, k\, T_a} \right) - 1 \right] - \frac{N_P(V_M + R_{sM} I_M)}{N_S R_{shM}} \tag{8.14}$$

또한, 식(8.14)의 온도항인 T_a는 식(8.15)와 같이 표현할 수 있다. 여기에서, T_a는 오차를 고려한 온도를 나타내며, T_{25}는 STC에서의 온도(273＋25)K를 나타낸다. 또한 T_X는 태양광 모듈 계측온도 T_m과 기준 태양전지의 계측온도 T_r의 차를 나타낸다.

$$T_a = T_{25} - T_X \tag{8.15}$$

$$T_X = T_m - T_r \tag{8.16}$$

그림 8.43은 식(8.14)로부터 태양광 모듈의 온도가 25℃이고 기준 태양전지의 온도가 20℃, 25℃, 30℃로 변화했을 경우의 태양광 모듈 출력 특성 곡선이다.

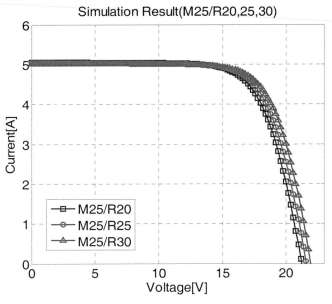

그림 8.43 기준 태양전지 온도변화에 따른 I-V 특성

그림 8.43에서 보는 바와 같이 태양광 모듈의 온도가 25℃이고 기준 태양전지의 온도가 20℃, 25℃, 30℃로 변화할 경우 기준 태양전지의 온도가 낮을수록 V_{oc}가 감소하고, 기준 태양전지의 온도가 높을수록 V_{oc}가 증가하는 것을 확인할 수 있다. 이러한 결과는 식 (8.9)의 STC 변환식에 의해 기준 태양전지의 온도가 STC 조건에서의 온도인 25℃보다 낮을 경우에는 지정된 온도계수에 의해 25℃로 변환하기 때문에 실제로 계측된 태양광 모듈의 출력값이 감소하게 되고, 25℃보다 높을 경우에는 실제로 계측된 태양광 모듈의 출력값이 반대로 증가하게 되기 때문이다. 이때 출력값은 25℃를 기준으로 20℃와 30℃일 때 각각 3.4%의 계측 오차를 나타내었다.

따라서 태양광 모듈 발전성능시험에 있어서, 시료에 대한 온도계수값을 정확하게 알고 있더라도 기준 태양전지의 온도와 시험시료의 온도가 STC 조건인 25℃가 아니고, 서로 다른 온도 값을 가질 경우 식 (8.9)에 의한 STC의 변환 과정에서 그 계측에 대한 결과값은 큰 편차를 갖게 됨을 알 수 있었다. 따라서 참값에 근접한 좀 더 정확한 계측 결과값을 얻기 위해서는 최소한 기준 태양전지의 온도와 시험시료의 온도를 동일하게 유지시켜주어야만 STC로 변환과정에서 계측값에 대한 오차범위를 줄일 수 있다.

2) 측정 입사강도의 영향

입사되는 태양에너지에 의한 광전류는 식(8.17)과 같이 단위면적당 단위시간당 파장별 발생되는 입자의 개수에 그 입자의 전하량과 태양전지의 면적을 곱하여 얻을 수 있다.

$$I_L = qA \int_0^{\lambda_m} F(\lambda)[1 - R(\lambda)]SR(\lambda)d\lambda \qquad (8.17)$$

λ_m은 태양전지가 흡수할 수 있는 최대 파장이고, $F(\lambda)$는 단위면적당 단위시간당 파장별 입사되는 포톤의 개수, $R(\lambda)$는 표면에서 반사되는 광자의 반사율, 그리고 $SR(\lambda)$는 파장별 스펙트럼 응답률이다.

이때, 태양광 모듈의 최대출력을 결정하기 위해서는 식(8.18)을 이용한다.

$$P_{\max} = I_{mp} V_{mp} \cong I_L \left[V_{oc} - \frac{kT}{q} \ln\left(1 + \frac{qV_{mp}}{kT}\right) - \frac{kT}{q} \right] \qquad (8.18)$$

식 (8.18)에서 알 수 있듯이 태양전지에 입사되는 일사량이 변화하게 되면 태양전지의 출력 또한 변화하게 되는데, 일사량이 감소하게 되면 식 (8.17)로부터 거의 선형적으로 단락전류가 일사량에 비례하게 감소하며 이와 더불어 개방전압 또한 미세하게 감소하게 된다. 이와 같은 특성이 그림 8.44에 잘 나타나 있다.

그러나 태양광 모듈의 발전성능시험을 위해서는 앞에서 언급했듯이 일반적으로 IEC60904-9에서 요구하는 솔라시뮬레이터를 이용하여 인공광원법으로 측정하게 된다. 인공광원법에 의해 태양광 모듈의 발전성능을 측정하는 솔라시뮬레이터는 여러 가지 계측값에 영향을 줄 수 있는 요소들이 많이 있다. 그중 가장 중요한 것은 광원에 대한 입사강도의 세기일 것이다. 따라서 솔라시뮬레이터가 갖고 있는 광원의 파장은 시험기기에 의존할 수밖에 없지만, 광원의 세기는 IEC60904-2에서 요구하는 기준 태양전지에 의해 주기적으로 교정이 가능하다.

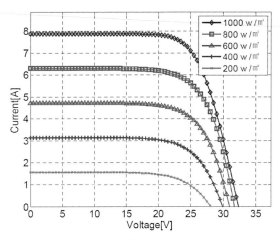

그림 8.44 일사량 변화에 따른 모듈의 I-V 특성

3) 측정기기의 영향

측정기기의 영향으로는 광원의 스팩트럼과 광원의 균일도, 광원의 안정도로 나눌 수 있다. 이때 광원의 스팩트럼은 일반적으로 시험자가 수시로 측정이 불가능하기 때문에 시험장비 제조사의 성능데이터를 인용하겠지만, 광원의 균일도와 안정도는 시험자가 정기적으로 측정하여 점검하여야 한다. 광원에 대한 균일도는 위의 식(8.1)에 의해 계산하게 되며, 균일도 시험은 그림 8.45에서 보는 바와 같이 측정하게 된다. 이때 측정 위치 수는 많을수록 좋다.

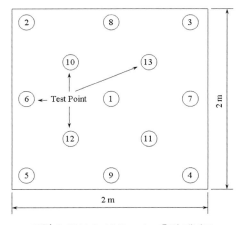

그림 8.45 Light Uniformity 측정 개념도

태양광 모듈용 솔라시뮬레이터는 일반적으로 연속광원이 아닌 펄스타입으로써, 측정시 발광되는 펄스시간은 보통 1~10 ms이다.

일반적으로 결정계 실리콘 태양전지의 경우 분광반응감도가 좋아서 1 ms의 광원에서도 측정이 가능하지만, 분광반응감도가 낮은 박막계 태양전지의 경우는 너무 짧은 펄스시간 때문에 반응하기 전에 광원이 소등되어 충진율이 저하하는 등 정확한 측정이 불가능 하다. 하지만 정해진 광원의 펄스시간 동안, 즉 태양광 모듈의 I-V 곡선을 얻어내는 동안 광원은 STC 조건인 1,000 W/m²를 유지해주어야 한다.

그림 8.46은 펄스시간에 따른 태양전지의 반응감도 개념도를 보여주고 있으며, 이때, 광원의 안정도는 식 (8.2)에서와 같이 계산할 수 있다.

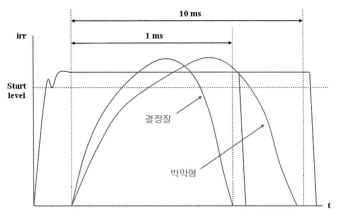

그림 8.46 펄스 시간에 따른 태양전지 반응감도 개념도

3.3 태양광 모듈 I-V 성능의 측정불확도

측정 불확도(measurement uncertainty)란 충분히 타당성 있는 이유에 의해 측정량에 영향을 미칠 수 있는 값들의 분포를 특성화한 파라미터로써 도식적으로 표현하면 그림 8.47과 같다. 그림에서 보는 바와 같이 허용공차는 불확도보다 크지만, 측정결과값에 대한 의심을 수치로 나타낸 것을 측정 불확도라 한다.

측정불확도에 영향을 미칠 수 있는 요인으로써는 표준시료, 시편 및 측정횟수, 측정장비, 측정방법, 환경, 시험자 및 기타 불확도 인자들이 요인으로써 작용될 수 있다.

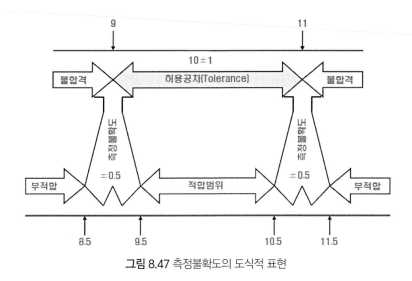

그림 8.47 측정불확도의 도식적 표현

3.4 태양광 모듈의 인증시험

1) 인증시험 시퀀스

　태양광 모듈은 옥외에서 장기간 노출되어 사용되기 때문에, 고온, 고습, 염분, 강풍, 모래폭풍, 강설, 강포(우박 내림) 등 혹독한 기상조건에서도 특성이 열화하지 않고 동작한다고 해도 자외선에 의한 열화나 변색이 가장 걱정되는 부분이다. 수명은 적어도 25년은 필요하고, 30년도 가능하기 때문에, 태양광 모듈의 규격에 대해서는 IEC를 중심으로 운영되고 있으며, 우리나라도 IEC61215 결정계 태양광 모듈 인증시험과 IEC61646 박막계 태양광 모듈 인증시험 기준을 근거로 하여 KS C IEC61215와 KS C IEC61646으로 국내 기준이 작성되어 운영되고 있다. 그림 8.48과 표 8.10은 우리나라에서 현재 운영되고 있는 결정질 태양광 모듈의 품질시험절차를 보여주고 있다. 박막계 태양광 모듈의 인증시험항목은 결정계 태양광 모듈 인증시험항목과 동일하고, 추가적으로 광조사 시험 항목(저항 부하에서 Pmax가 2% 이내로 안정될 때까지 $800 \sim 1000\,\mathrm{W/m^2}$의 광 노출)만 추가되었다.

　인증시험을 수행하는 데 필요한 시료 수는 총 8매로, 1개의 제어모듈을 제외한 나머지 7개 모듈은 모두 내구성 평가에 사용된다. 우리나라에서는 3면이 바다로 둘러쌓여 있기 때문에 염수분무시험항목을 추가적으로 의무화하여 총 9개의 시료가 내구성 평가에 사용된다.

그림 8.48에서와 같이 태양광 모듈의 인증시험 절차에서 가장 기본이 되는 시험항목과 합부를 판정하게 되는 시험 항목은 육안검사, 최대출력결정시험, 절연시험, 습윤누설전류시험이다. 이 4개의 시험항목은 내구성능평가 전에 측정하여 초깃값을 결정하고, 내구성능평가 후에 다시 4개의 시험항목을 실시하여, 육안상 또는 절연성능에 문제가 없으면서 발전성능이 초깃값 대비 95% 이상의 성능이 확보되었는지 확인하게 된다.

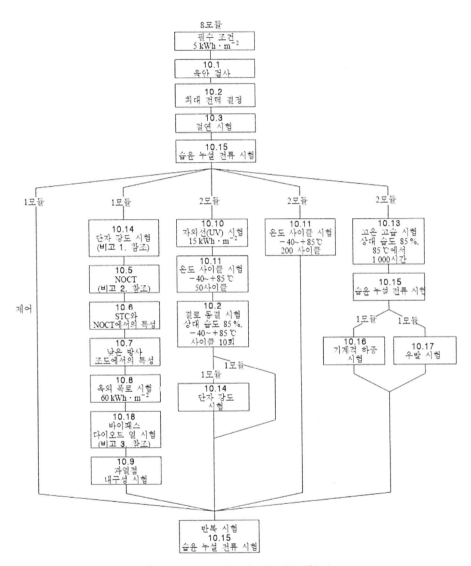

그림 8.48 결정계 태양전지 모듈 인증시험 시퀀스

최대출력을 결정하는 STC에서의 태양광 모듈 발전성능시험은 이와 같이 여러 가지 내구성평가 전후 시료에 대한 최대출력을 결정하는 것을 목적으로 하기 때문에 시험의 재현성이 무엇보다 가장 중요한 요소이다.

표 8.10 결정계 태양전지 모듈 인증시험조건

시험	제목	시험조건
10.1	육안 검사	셀, Glass, J-Box, 프레임, 접지단자, 출력단자 등 육안 평가(10.1.2의 세부 검사항목을 참조할 것)
10.2	최대출력 성능	개방전압(Voc), 단락전류(Isc), 최대전압(Vmp), 최대전류(Imp), 최대출력 (Pmax), 충진율(FF), 효율(Eff) 등의 발전성능을 시험(KS C IEC 60904-1 참조)
10.3	절연 시험	1,000V d.c. + (2×STC에서의 시스템 개방전압)을 1분간. 500V d.c.에서 400/40MΩ보다 작지 않은 절연 저항
10.4	온도 계수 측정	모듈의 온도계수 측정(10.4의 세부사항 및 KS C IEC 60904-10 참조할 것)
10.5	공칭 태양전지 동작 온도(NOCT) 측정	경사면 방사조도 : 800W/m^2 주위 온도 : 20℃ 풍속 : 1m/s
10.6	NOCT에서의 특성	셀 온도 : NOCT(Nominal Operating Cell Temperature) 방사조도 : KS C IEC 60904-3의 기준 분광 방사조도에서 800/1,000W/m^2 KS C IEC 60904-3 참조
10.7	낮은 방사조도에서의 특성	셀 온도 : 25℃ 방사조도 : KS C IEC 60904-3 기준 분광 방사조도에서 200W/m^2
10.8	옥외 폭로 시험	적산 일사량 60kWh/m^2
10.9	과열점 내구성 시험	최악의 과열점 조건에서 1,000W/m^2의 방사조도에 1시간 동안 5회 반복
10.10	UV 시험	280~385nm 파장 범위에서 15kWh/m^2 노출, 280~320nm 파장범위에서는 5kWh/m^2 포함될 것
10.11	온도사이클 시험	−40~ +85℃ 사이클을 50회와 200회
10.12	결로−동결 시험	+85℃, 상대습도 85%부터 −40℃ 사이클 10회
10.13	고온고습 시험	+85℃, 상대습도 85%에서 1,000시간
10.14	단자 강도 시험	단자부분이 부착, 배선 또는 사용 중에 가해지는 외력에 대한 강도 시험(IEC 60068-2-21에 따름)
10.15	습윤누설전류 시험	1,000V d.c. + (2×STC에서의 시스템 개방전압)을 1분간. 500V d.c.에서 400/40MΩ보다 작지 않은 절연 저항.
10.16	기계적 하중 시험	앞뒷면을 차례대로 1시간 동안 2,400Pa의 균일하중을 2 사이클, 선택적으로 5,400Pa의 하중을 시험
10.17	우박 시험	11개소에 지름 25mm의 얼음볼을 23.0m/s 속도로 충격
10.18	바이패스다이오드 열 시험	75℃, Isc에서 1시간 75℃, Isc의 1.25배에서 1시간

STC에서의 발전성능을 시험하기 위한 방법으로는 앞에서 언급한 바와 같이 자연광원법과 인공광원법으로 나눌 수 있으나, 외부환경의 영향과 날씨 및 온도 등의 영향을 많이 받는 자원광원법은 시험의 재현성에 문제가 있어 많이 사용되지 않고 있으며, 실내에서 인공적으로 광원을 만들어 사용하는 인공광원법이 많이 사용되고 있다.

그러나 인공광원법 또한 시험장비의 정밀도, 계측의 정확도, 온도 등 시험 환경의 영향으로 계측값에 대한 재현성에 많은 문제점을 내포하고 있어 최대 출력 측정의 반복성 (repeatability)은 ±1% 이하가 되어야 한다고 규정하고 있다. 우리나라의 경우에는 시험시료 10매 중 평균출력은 정격출력 이상이 되어야 하며, 평균출력에 대한 균일도는 ±3%로 규정하고 있어, 매우 엄격한 심사기준이 적용되고 있다.

4. 태양광 모듈 열화

태양광 모듈이 외부환경에 노출되어 발전하게 되면, 자외선 및 온도, 습도 등 환경변화에 따라서 구성재료의 열화 및 태양전지 표면 전극의 열화 또는 셀의 크랙, 단자박스의 결함 등 다양한 열화현상들에 의해 태양광 모듈의 수명을 단축시킨다. 태양광 모듈의 수명을 단축시키는 주된 요인은 태양전지 자체의 특성 열화현상도 있지만 그보다 태양전지를 보호하기 위한 완충재료(Encapsulant, EVA)의 변색에 의해 태양전지에 도달하는 태양 빛의 투과율을 감소시켜 단락전류가 감소되거나 또는 태양광 모듈 제조공정상의 문제점에 의해 외부에서의 온도, 습도의 영향과 주변 환경의 영향으로 태양전지 표면 전극과 태양전지 사이의 연결부가 산화되어 전극의 열화현상을 가중시키고, 태양전지의 직렬저항을 증대시켜 발생전압과 전류를 감소시키게 된다. 모듈 열화의 원인은 크게 기상 환경, 열, 기계적 충격에 의한 열화로 나눌 수 있다.

기상환경에 의한 열화의 대표적인 예는, 태양광선 중 자외선의 영향을 강하게 받는 상온경화실리콘수지(RTV), 폴리비닐부틸알(PVB), 에틸렌비닐아세테이트(EVA), 폴리비닐플루오라이드(PVF)등 모듈에 많이 사용되고 있는 수지재료를 들 수 있다. 이러한 수지재료들은 태양광선 중의 자외선 및 공기 중의 산소에 의해 산화가 촉진되어 수지 특유의 퇴색현상이 나타난다.

선진국의 노화조사분석 결과에 의하면, EVA의 황변현상을 시작으로 Tedler 필름 층의 크랙, 단자박스의 부식, 유리와 EVA 사이의 박리 등 여러 가지의 문제점이 발견되어 단락전류의 저하현상이 발견되었다고 보고하고 있다.

이와 같이 EVA의 변색은 어느 정도의 자외선 양과 온도 스트레스에 따라 발생된다고 생각하지만, 재료 및 물성의 성분에 의해 영향을 받기도 한다. 사실 최근에 제조되는 태양전지 모듈에서는 가속시험을 수행하더라도 EVA 변색 현상이 많이 나타나지 않지만, 제조공정상에서 가교가 제대로 되지 않은 경우에는 가속시험에서 분명 EVA 변색현상을 목격할 수 있을 것이다.

태양광 모듈의 수광면 재료로 사용되는 플라스틱의 경우에도 정도의 차이는 있지만 자외선에 의한 태양전지 모듈의 출력저하를 피할 수는 없다. 따라서 광투과율이 안정된 유리를 수광면 재료로 사용하는 경우가 대부분이다. 이외의 기상 환경 요인으로서는 온도상승과 습도를 들 수 있으며, 습도가 모듈에 미치는 영향은 모듈의 노출부분에서 발생되는 부식이다. 이러한 현상은 특히 고온을 수반하는 경우 현저히 발생하며, 대표적인 예로써 자연적인 전위차에 의한 부식을 들 수 있다.

태양광 모듈에서 직렬저항을 증가시킬 수 있는 요인은 태양광 모듈 제조공정에서 과열로 인한 납땜으로 태양전지 표면전극 부위의 실리콘 계면 파괴로 인하여 직렬저항이 증가할 수 있다. 또한, 저온에서의 납땜에 의한 bonding 현상이나, 균일하지 못한 납땜성 또는 Interconnect ribbon의 전도성 부족 현상이나, 단자박스부의 접촉저항, 제조공정에서 발견되지 않은 태양전지의 미세한 크랙 등이 시간이 지날수록 성장하여 직렬저항이 증가할 수 있으며, 라미네이션 공정의 제조 조건 불량으로 외부로부터 수분이 침투하여 리본전극의 부식으로 직렬저항을 증가시켜 태양광 모듈의 전기적 성능을 감소시킬 수 있다.

태양광 모듈에서 충진재로 사용되는 EVA는 외부환경의 영향에 가장 민감하다. 그러나 EVA sheet는 장기간 자외선에 노출될 경우 과산화물의 광분해에 의해 변색되어 태양전지에 도달하는 태양 빛의 광 투과율을 감소시키며, 광 투과율 감소에 의해 발생전류를 저하시켜 곧 발전성능을 감소시키는 요인이 된다. 또한 가교 조건에 따라서 EVA는 UV 또는 온도변화에 의해 접착력이 저하되고, 가수분해되어 백화현상, 황변현상, 크랙 등이 발생한다.

태양광 모듈은 일조 시에는 온도가 상승하고, 야간, 우천 등 태양 빛이 조사되지 않을 때에는 주위 온도까지 냉각된다. 그러나 모듈의 온도는 모듈의 구조, 사용재료에 따라 주위 온도보다 수 10℃ 높은 경우가 보통이다. 기온이 25℃, 일사강도가 1,000 W/m²일 경우 모듈온도는 보통 40~70℃ 정도가 된다. 따라서 모듈은 온도상승·하강의 열 사이클과 장시간 지속되는 고온으로부터 스트레스를 받게 된다. 특히 최근에는 모듈이 대형화됨에 따라 많은 태양전지를 직렬 접속하므로 한 개의 태양전지가 균열 또는 그림자 등에 의해 출력의 불균형이 생길 경우 역전류에 의한 국부적 온도 상승(hot spot)을 일으켜 모듈의 열화가 촉진된다.

모듈에 가해지는 기계적 충격의 대표적인 예는 우박·풍압 등에 의한 충격을 들 수 있다. 우박에 의한 충격은 3 mm 두께 이상의 강화유리를 사용하는 경우 거의 문제가 되지 않는다. 풍압에 의한 영향은 풍압 때문에 모듈이 휘어져서 태양전지가 깨질 염려가 있으나 설계 또는 재료의 구조와 강도를 고려하면 큰 문제가 되지는 않는다. 특히, IEC61215에서 제시하는 2,400 Pa에서는 시험 중 큰 문제가 발생되지 않고 있지만, 5,400 Pa에서 시험할 경우에는 태양전지의 Micro Crack이 가중되어 전기적 손실이 매우 높게 나타난다. 위에서와 같은 태양전지 모듈의 열화 원인 외에도 해석되지 않는 열화모드는 다양하다.

태양광 모듈은 옥외에서 약 25년 이상 장기간 사용되기 때문에 수많은 자연환경에서 악영향을 강하게 받는다. 대양광 모듈이 사용연수에 따라서 나타나는 정상적인 수명곡선은 그림 8.49에서 보는 바와 같이 외부에 노출되어 발전하게 되면 초기에는 안정화 단계까지 약간의 출력감소 현상을 나타내게 되며, 그 후에는 사용연수에 관계없이 큰 출력

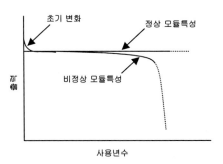

그림 8.49 태양전지 모듈의 사용년수에 따른 노화 진행 곡선

변화 없이 안정적인 출력특성을 보이게 된다. 그러나 비정상적인 태양광 모듈의 경우 시간이 지날수록 노화현상이 심화되어 출력특성이 급격하게 감소하게 되는데, 이는 결국 태양전지 모듈로써의 수명을 다하게 된다.

02 태양광 발전

태양광 발전 시스템(PV system)은 간단하게 전력 발전 시스템으로, 전기를 생산하기 위해 태양광으로부터 에너지를 사용하도록 인버터, 전기 및 기계 하드웨어와 결합된 하나 이상의 태양전지 모듈로 구성된 시스템이다. 태양광 모듈 어레이로부터 생산된 전기는 직류(DC) 형태이다. 전자 제품들이 교류(AC) 형태로 사용하기 때문에, 태양광 발전으로부터 생성된 전력은 인버터(혹은 PCS)를 통하여 직류를 교류로 변환하여 사용한다.

1. 태양광 시스템

태양광발전시스템은 입사된 태양 빛을 직접 전기에너지로 변환하는 부분은 태양전지나 배선, 이것들을 지지하는 구조물을 총칭하여 태양전지 어레이라고 한다. 태양전지 어레이 구조물과 그 외의 구성기기는 일반적으로 주변장치라고 불리며, 영어로는 BOS(Balance of System)라고 한다. 태양전지 어레이와 축전지를 제외한 인버터 등의 전기적인 전력변환기기류와 제어·보호장치를 일체구조의 유니트로서 공급하는 경우에는 PCS(Power Conditioning System)라고 부르고 있다.

태양광 모듈(PV module)을 어레이로 구성하여 하는 태양광발전은 계통연계형과 독립형으로 나눌 수 있다. 계통연계형 태양광 시스템은 태양광 발전으로 생산된 전력을 한전과 같은 상용 외부의 전력망과 연결하여 사용하는 것을 말한다. 이 경우, 사용량이 발전량보다 많은 때는 부족한 전력을 한전에서 끌어오고, 사용량이 발전량보다 적을 때는 잉여 전력을 한전으로 송출(역조류)할 수 있게 된다. PCS의 출력을 배전선에 연계하기 위한 연계보호장치 및 잉여전력이 발생하였을 때 전력회사에 매전하기 위한 전력량계가

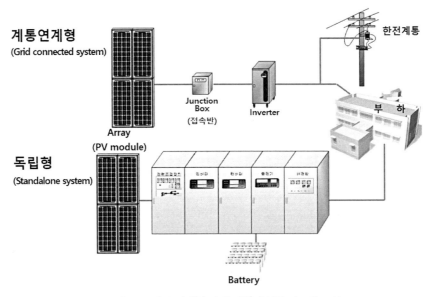

그림 8.50 계통 연계형 및 독립형 태양광 시스템 구성도

존재한다. 태양광 발전 시스템에 의한 역조류는 주변 수용 시설의 전기설비 및 작업자의 인체 안전에 영향을 주며 그 발전량이 증가했을 때 전력 품질문제 때문에, 자가용 발전 설비를 계통에 연계할 경우 분산형 전원 계통연계 기술 요건을 만들어 보완하고 있다. 자가용 설비를 계통에 연계하기 위해서는 공급신뢰도(정전 등), 전력품질(전압, 주파수, 역율 등)의 면에서 다른 수용가에 나쁜 영향을 주지 않을 것과 공공 및 작업자의 안전 확보와 전력공급설비 또는 다른 수용가와 설비의 보전에 악영향을 주지 않는 것을 기본적인 방침으로 책정하고 있다.

독립형 태양광 시스템은 상용 전력계통 전력선에 연결되지 않고, 독립적으로 태양광 발전 전력만으로 부하에 전력을 공급하며, 발전의 불안정성을 보완하기 위하여 부하용도에 따라 배터리와 보조 발전기를 사용하는 것이 일반적이다. 태양광 발전 전력이 배터리에 저장되고, 배터리 보호 및 성능을 위한 충전조절기가 있어서 자체적으로 전력을 사용할 수 있게 구성된다. 상용 계통선이 공급되지 않은 산간벽촌, 도서 지역 등에 전력을 공급하는 데 주로 사용한다. 최근에는 풍력발전, 디젤 발전 등의 타 에너지원의 발전 시스템과 결합하여 부하에 전력을 공급하는 하이브리드 시스템도 있다. 또한, 태양광발전

시스템은 태양전지 어레이의 형태, 집광유무, 태양전지의 규모, 부하형태와 이용방법에 따라서 여러 가지로 구분될 수 있다.

추적식 어레이(tracking array)는 태양광발전 시스템의 발전효율을 극대화하기 위한 방식으로 태양의 직사광선이 항상 태양전지 판의 전면에 수직으로 입사할 수 있도록 동력 또는 기기조작을 통하여 태양의 위치를 추적해 가는 방식으로 추적방향에 따라 단방향(single axis) 추적식과 양방향(double axis) 추적식으로 나눌 수 있다. 또한 태양을 추적하는 방법에 따라서 감지식(sensor), 프로그램 제어식, 혼합형 추적방식으로 나눌 수 있으며, 그 밖에 태양광선의 집광유무에 따라서 평판형과 집광형 어레이를 생각할 수 있다. 단방향 추적식은 태양전지 어레이가 태양의 한측만을 추적하도록 설계된 방식으로 상·하 추적식(Y-axis tracking)과 좌·우 추적식(X-axis tracking)으로 나누어진다. 고정형에 비하여 발전량이 증가하나 양방향 추적식에 비하여 발전량이 줄어든다. 양방향 추적식은 태양전지 판이 항상 태양의 직달일사량(direct radiation)이 최대가 되도록 상·하 좌·우를 동시에 추적하도록 설계된 추적 장치이다. 설치단가가 높은 반면에 발전량이 고정형에 비하여 높으며, 주로 제약된 설치면적에서 최대 발전량을 획득에 목적이 있다. 반고정형 어레이(semi-fixed array)는 태양전지 어레이 경사각을 계절 또는 월별에 따라서 상하로 위치를 변화시켜주는 어레이 지지방식으로 일반적으로 사계절에 한 번씩 어레이 경사각을 변화시킨다. 이때 어레이 경사각은 설치지역의 위도에 따라서 최대 경사면 일사량을 갖도록 설치한다. 반고정형 어레이의 발전량은 고정형과 추적식의 중간 정도로써 고정형에 비교하여 보통 20% 가량의 발전량 증가를 가져온다. 고정형 어레이(fixed array)는 어레이 지지형태가 가장 값싸고 안정된 구조로써 비교적 원격지역에 설치면적의 제약이 없는 곳에 많이 이용되고 있으며, 특히 도서지역 등 풍속이 강한 곳에 설치하는 것이 보통이다. 앞서 언급한 추적식, 반고정형에 비하여 발전효율은 낮은 반면에 초기 설치비가 적게 들며 보수 관리에 따른 위험이 없어서 상대적으로 많이 이용되는 어레이 지지방법이다.

태양전지 변환효율은 일반적으로 어느 한계까지는 태양광선을 집광시켰을 때에 높아진다. 즉 집광렌즈 등을 사용하여 태양광선을 집광시켜 태양전지에 조사시켰을 때에 보다 높은 발전효율은 기대할 수가 있다. 집광형 태양광 모듈은 프레넬 렌즈(Fresnel lens)

등을 사용하여 태양광선을 집광시켜서, 태양전지에 집광된 빛을 조사시켜 발전하는 태양전지 모듈로써 반드시 집광된 광선이 태양전지 전면에 입사될 수 있도록 양방향 추적식 어레이로 구성되어야 한다. 일반적으로 GaAs계의 화합물 태양전지와 같은 고가의 태양전지 재료를 사용하여 제작된 고효율의 태양전지에 많이 이용한다. 집광형 태양광은 최적의 집광 배율이 있으며, 집광배율에 따라서 태양전지에서 많은 열이 발생하여 변환효율이 온도상승에 따라 비례적으로 감소하므로 공냉식 또는 수냉식 강제냉각시스템을 부착시켜 온도상승을 막는다. 그러나 아직까지 생산가가 높고 구조가 복잡하여 아직까지 경제성이 미흡한 것으로 알려져 있다.

인버터와 직류 전력 시스템을 포함한 태양광 발전 시스템은 최대 출력점(Maximum Power Point, MPP)에서 운영된다. 이런 시스템은 최적의 최대 전압(Vmax)을 찾을 수 있도록, 전압이 MPPT(Maximum Power Point Tracker)에 의해 조절된다.

2. 인버터

직류 전력은 급전망에 직접 공급할 수 없으므로, 태양광 모듈에 생산된 직류 전력은 인버터에 의해서 요구되는 주파수, 출력 전압으로 교류 전력을 변환된다. 기본 인버터 구조는 그림 8.51과 같이 4개의 환류 다이오드(freewheeling diode)와 4개의 스위치로 구성된 풀 브릿지 전압 소스(full-bridge voltage source)를 기본으로 한다. 4개의 스위치는 on과 off함으로 대각선 스위치만 각 반 사이클(half cycle)에서 켜진다(예를 들면 S1과 S4). 이 시스템은 0과 T 사이의 시간 주기로 작동한다. 0과 T/2 사이에 두 스위치는 on되고 $V_0 = +E$가 되며, T/2와 T 시간 사이에는 다른 두 스위치가 on되고 $V_0 = -E$가 된다. 출력전압은 주파수 f=1/T인 사각 웨이브 교류 형태(square wave AC waveform)로 그림 8.52에 보여주고 있다. 주파수는 스위치의 on/off rate에 의해 조절된다. 한 사이클에서 스위치를 여러 번 교대로 on, off하면 정현파 모양(sinusoidal)의 조화파 프로파일(harmonic profile)을 만들 수 있다.

그림 8.51에서의 스위치는 반도체 스위치(semiconductor switch)로 교체될 수 있다. 근래의 인버터에 사용되는 일반적인 반도체들은 소전력에서 MOSFET(Metal-Oxide-Semiconductor

Field Effect Transistor)을 대전력에서는 IGBT(Insulated Gate Bipolar Transistor)를 사용한다. 반도체 스위치는 입력 전압을 기준 신호와 비교하여 켜거나 끄는 비교기(comparator) 사용에 의해 on, off된다.

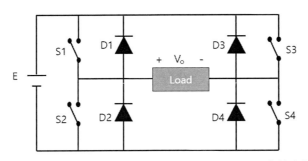

그림 8.51 풀 브릿지 전압 소스(Full-bridge voltage source) 인버터

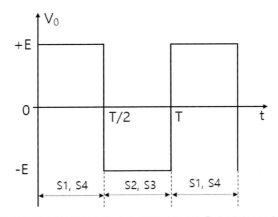

그림 8.52 풀 브릿지 전압 소스 인버터에서의 출력 웨이브 모습

펄스폭 변조(Pulse Width Modulation, PWM)는 인버터의 출력을 제어하고 안정된 RMS 출력값을 보장하는 효율적인 방법이다. PWM 사용에 의해, 인버터 출력은 펄스폭 변조에 의해 조절될 수 있다. 펄스에 정비례하는 작은 제어 신호는 더 높은 또는 더 낮은 제어 전압이 펄스의 폭을 증가시키거나 감소시킴에 따라 펄스폭을 제어한다. 제어 전압은 원하는 주파수의 정현파로 구성되어 평균 전압이 정현파로 변화하는 파형을 생성할 수 있다. 태양광 발전으로부터 발생된 직류 전압이 풀 브릿지 인버터와 PWM에 의해 맥동

파형으로부터 60Hz의 정현파 출력을 얻을 수 있게 된다. 이때 인덕터를 통해 사인파를 필터링할 수도 있으며, 잔류 조화파를 줄이기 위해 캐패시터를 추가하여 LC필터를 생성할 수도 있다.

계통 연계형 인버터는 기술적 개념인 회로방식에 따라서 저주파(상용주파) 변압기 절연 방식, 고주파 변압기 절연 방식, 무변압기 방식 인버터로 크게 세 가지로 나눌 수 있다. 저주파 변압기 방식은 직류 출력을 PWM 인버터를 이용하여 상용주파수의 교류를 만들고, 사용 주파수의 변압기를 이용하여, 절연과 전압변환을 한다. 노이즈 컷이 우수하지만, 변압기를 이용하여 중량이 무거우며 부피가 크다. 고주파 변압기 방식은 직류 출력을 고주파의 교류로 변환한 후 소형의 고주파 변압기로 절연하고, 그다음 직류로 변환한 후에 다시 상용주파수의 교류로 변환하는 방식이다. 이 방식은 저주파 변압기 방식보다 더 고주파에서 사용하고, 소형 경량이다. 하지만 회로가 복잡하여 단가가 높고 2차 전력 변환으로 인한 효율 향상의 한계가 있다. 이 두 가지 방식의 장점은 변압기의 교류와 직류 사이의 전기 절연과 변압기의 신뢰성이다. 무변압기 방식은 직류 출력을 직류-직류 컨버터로 승압하고 인버터에서 사용주파의 교류로 변환하는 방식이다. 변압기가 없어 변압 손실이 없어 우수한 변환 효율을 나타낸다. 저렴하고 신뢰성이 높지만, 상용 전원과의 사이는 절연 되지 않아 안정성이 다소 낮은 편이다. 그러므로 사용 안전을 위해서 누전 차단기와 같은 것이 추가로 필요하다. 최근에는 높은 효율성과 경제성으로 무변압기형 방식을 적용한 계통 연계형 인버터가 증가하는 추세이지만, 이 경우 입력측 태양광 모듈을 플로팅으로 운영하여 대지전압이 높아져 PID(Potential Induced Degradation) 현상을 일으킬 수 있다.

계통 연계형 인버터는 계통 감지 소자(grid sensing device)와 DSP(digital signal processor)를 사용하여 인버터가 전압 진폭 및 주파수에 그대로 연결할 수 있도록 한다. 즉, 인버터가 계통에서 사용 가능한 것과 정확히 동일한 전압과 주파수를 생성하도록 보장하도록 한다. 여기에, MPPT를 사용하여 인버터가 최대 출력에서 사용할 수 있도록 한다.

인버터는 정격출력(power rating)에 따라 4가지로 분류할 수 있다. 첫 번째로 센트럴 인버터(central inverter)는 태양전지를 직렬과 병렬로 연결하여 단일 출력을 인버터의 입력으로 사용하는 방식으로, 높은 전압과 높은 전류의 대용량(일반적으로 30 kW~1 MW)에서 사용이 가능하다. 이 시스템의 장점은 유지관리를 위해 모든 시설이 한 장소에 위치하고 있고, 우수한 인버터 효율, 와트당 비용이 저렴하다. 두 번째로 스트링 인버터(string inverter)는 가장 일반적인 인버터로 높은 전압과 낮은 전류에서 동작하며, 대부분의 태양전지 어레이는 한 개의 스트링을 형성한다. 각 스트링별 MPPT가 가능하다. 설치가 간편하고 설비비가 절감된다. 세 번째로 멀티 스트링 인버터(multi string inverter)는 하나의 직류-교류 인버터를 사용하여 두 개 이상의 직류-직류 승압 컨버터와 연결되는 형태의 인버터이다. 스트링별 MPPT가 가능하고, 태양전지 전압이 낮은 범위에서 동작하여 광범위한 입력전압에서도 운전가능하다. 여러 스트링이 독립적으로 조절되고, 어레이도 쉽게 확장할 수 있는 장점이 있으나, 다수의 MPPT 때문에 스트링 인버터보다는 다소 비싼 편이다. 비용 증가 중 하나는 여러 스트링이 하나의 직류-교류 인버터를 사용하는 경우 각 스트링에 여분의 직류 보호 장치를 설치하는 것이다. 마지막으로는 모듈형 인버터(modular inverter)로 마이크로 인버터(microinverter)로도 불린다. 모듈형 인버터는 각 모듈의 뒷면에 각각 소형 인버터가 연결되어 있어, 모듈 단위의 MPPT와 모니터링을 할 수 있다. 그러므로 이 인버터는 각 모듈의 최대출력과 유사하여 수 100와트 정도의 출력을 나타낸다. 이 시스템은 각 모듈의 그림자, 온도 등의 환경적 요인들로 인한 손실을 최소화하여 태양광 발전 출력을 극대화할 수 있으나, 아직 설비비가 비싼 단점이 있다. 무변압기형 인버터 종류로 간단한 제어와 높은 효율이 장점이다.

인버터는 직류를 교류로 변환시키는 것뿐만 아니라, 태양전지의 성능을 최대로 발휘하도록 하고 이상이나 고장 시에 보호하는 기능을 가지고 있다. 일반적으로 자동운전 정지 기능, MPPT 기능, 단독운전 방지기능, 계통연계 보호기능, 자동전압 조정기능, 직류 검출기능, 지락 전류 검출 기능 등을 포함한다. 자동운전 정지 기능은 일출 시에 일사량 증대에 따라 출력을 발생할 수 있는 조건이 되면 자동적으로 동작을 하고, 일몰 시에 일사량이 감소하게 되면 자동적으로 정지하게 되는 기능이다. 일사 조건이 좋지 않은 흐린 날이나 비오는 날에는 태양전지의 출력이 적어서 인버터의 출력이 거의 0이 되며, 대기 상태가 된다. MPPT기능은 태양전지에서 최대 출력을 얻을 수 있도록, 출력량의 변화 감시하여 항상 최대 전력점에서 동작하도록 제어하는 기능이다. 계통연계 보호기능은 태양광 발전 시스템 고장이나 계통의 사고 시에 인버터는 동작을 정지하고, 계통과 분리하여 계통과 시스템을 보호하는 기능이다. 그림 8.53에 계통연계장치의 내부구성 예를 나타내고 있으며, 계통연계 보호장치로 단독운전 검출이 도입되었다. 계통연계 보호장치는 전압이상·주파수이상검출용의 계전기가 동작하면 계통과의 분리용 개폐기를 곧바로 개방한다. 그러나 이들 계전기가 검출할 수 없는 발전량부하량 평형시의 계통이상의 경우에는 도입된 단독운전검출기능에 의해 검출된다. 단독운전검출 방식은 직접전송차단 방식인 통신회선을 이용하여 분산형전원의 단독운전을 직접 제어 차단하는 방식과 간접검출 방식인 능동 방식과 수동 방식으로 구성되어 있다. 능동 방식은 출력 변동, 부하변동, 주파수 이동 방식을 활용하여 검출 확률은 높지만 검출에 시간이 걸린다. 수동 방식은 전압위상 도약, 주파수 변화율, 제3고조파 전압 왜곡 검출을 이용하여 응답특성은 좋지만 불감대가 존재하여 검출감도를 높이면 빈번하게 불필요한 동작을 한다는 단점을 갖고 있다. 이러한 점을 보완하기 위하여 두 가지 방식을 병렬로 채용하고 있다. 단독운전 방지기능은 태양광 발전 시스템이 계통 연계되어 있는 상태에서 정전이 발생한 경우, 전력 공급이 계속되면 보수 점검자에게 위험을 초래할 수 있어, 동작이 안정하게 정지하는 기능이다. 분리 후 계통이 복전하였을 때, 계통의 안정을 확인 후에 자동적으로 투입하는 자동복귀 기능을 갖추고 있다.

자동전압 조정기능은 소형 태양광 발전 시스템에서 변압기를 사용하지 않고 계통에 연계할 경우에 전압상승을 방지하는 기능이다. 직류 검출기능은 직류성분을 검출 및 제어하는 기능으로 절연 변압기 방식 인버터는 계통과 절연이 되어 있지만, 무변압기 방식 인버터에서는 인버터의 출력이 직접 계통에 접속되기 때문에 직류분이 존재하면 주상 변압기의 자기 포화 등 계통 측에 악영향을 미치게 된다. 지락 전류 검출기능은 계통과 절연이 되지 않은 상태에서 지락(grounding)이 발생하면, 계통에서 인버터를 통해 지락 전류가 흐를 위험이 있어서 이 지락 전류를 검출하는 회로를 부착하여 시스템을 보호하는 기능이다. 지락사고로 누전이 발생하면 인버터에는 inverter ground fault가 표시된다.

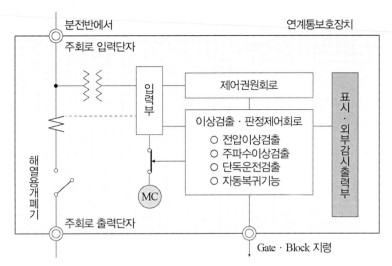

분전반에서   **연계통보호장치**

주회로 입력단자

제어권원회로

입력부

이상검출 · 판정제어회로
○ 전압이상검출
○ 주파수이상검출
○ 단독운전검출
○ 자동복귀기능

표시 · 외부감시출력부

해열용개폐기

MC

주회로 출력단자

Gate · Block 지령

그림 8.53 계통연계장치의 내부구성 예

태양광 발전 시스템은 접속함에서 인버터까지 배선의 전압 강하율은 1~2% 이내로 권장하고 있다.

인버터의 KS인증은 마이크로 인버터(1kW 이하)는 KS C 8560, 소형 인버터(1kW 초과~10 kW 이하) KS C 8564, 중대형 인버터(10 kW 초과~250 kW 이하)는 KS C 8565의 KS표준을 따른다.

3. 모듈 설치

태양광 모듈의 종류, 구조물, 설치 방법과 각도에 따라 발전량 변화가 나타나게 된다. 지구 자전축이 기울어져 있어 공전에 따라 태양의 위치가 변하면서 경사 각도에 따른 발전량이 달라지며, 남쪽 방향이 일사 조건이 좋다. 경사 각도는 수평면을 기준으로 하여 설치하고자 하는 위치의 위도 각도로 경사지게 설치한다. 한국의 연평균 기준으로 겨울에는 설치지역의 위도 +15°, 여름에는 설치지역의 위도 −15°이다. 일반적으로 경사각도는 25~45°에서 가장 많은 발전량을 나타내고 있으며, 오히려 더 높은 경사각도인 60° 이내에서도 먼지나 이물질 등이 쌓여 있던 것들이 잘 씻겨 내려가서 높은 발전량이 나타나는 것으로 보고되고 있다.

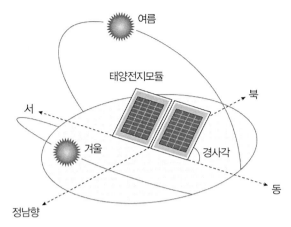

그림 8.54 태양광 모듈의 설치 방향과 경사각도

　모듈의 설치 방향을 최적으로 설치하였더라도 모듈에 음영이 발생되면 발전에 손실을 가져오게 됨으로 모듈의 경사각과 모듈 설치 간의 이격거리가 필요하다. 이격거리가 길면 음영은 줄어드나 설치면적이 증가되고, 이격거리가 짧으면 음영이 증가하고 설치면적이 줄어든다. 그림 8.55에 모듈 어레이의 경사각과 떨어진 이격 거리 계산을 보여주고 있다. 모듈의 설치 경사각도(α)가 33°이고, 배치된 모듈의 세로 길이(L)가 2 m이며, 태양의 입사각(β)이 21°라면 모듈 간의 이격거리(d)는 4.515 m가 되어야 한다.

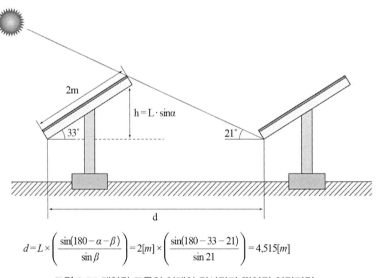

$$d = L \times \left(\frac{\sin(180 - \alpha - \beta)}{\sin \beta} \right) = 2[m] \times \left(\frac{\sin(180 - 33 - 21)}{\sin 21} \right) = 4,515[m]$$

그림 8.55 태양광 모듈의 어레이 경사각과 떨어진 이격거리

4. 발전 비용과 정책 제도

태양광 발전 사업은 시공비에 장소, 태양광 모듈, 인입선을 포함한 전기 설비 시설, 토목 기초 공사, 구조물 등이 필요하다. 발전소 운영 시 유지 비용이 발생하게 되는데, 고정비용, 변동 비용, 잠재 비용을 고려해야 한다. 고정비용은 발전량에 대한 모니터링 인터넷 비용, 안전 관리 비용 등이 있고, 변동비용은 재물 보험과 같은 보험 비용과 소득세, 부가세 같은 세금이 있으며, 잠재비용으로는 구조물 관리, 인버터 고장, 교체와 같은 보수비용을 포함한다. 국내 현재 태양광 발전시설은 현장 실측, 설계, 시공, 안전 검사, 계통연계 선로 인입공사, 전력 수급 계약, REC발급 순으로 진행되고 있다. 태양광 발전량의 주요 요인은 방위각과 경사각, 일사량, 모듈 효율, 설비효율에 의해 영향받는다.

태양광 발전 사업은 정부 정책에 의해 그 발전 비용과 방법이 많이 달라지고 있다.

2010년경 저탄소 신재생에너지 발전의 이용을 촉진하기 위해 정부에 의해 FIT(Feed-in Tariff) 제도를 고안하여 시행하였다. 이 제도는 정부의 직접지원정책으로 인가받은 전기 공급자에게 인가된 설비에 의해 생산되고 발생된 전기에 정해진 비용을 계약 기간 동안 지불하는 것이다. 하지만 FIT는 발전 보조금 성격으로 정부의 재정 부담을 가져오면서 우리나라는 간접지원정책(RPS)으로 선회하였다. 2012년에 신재생에너지 공급의무화 제도(Renewable Portfolio Standard, RPS)는 한국의 신재생에너지 보급을 가속화하기 위해 기존의 FIT 제도를 대체하고, 경쟁적인 시장 환경을 조성하는 것을 목표로 하여 도입하였다. RPS 프로그램은 500MW 이상의 발전 설비를 보유한 발전사업자가 총 발전량의 일정 비율을 신재생에너지를 사용하여 전기를 생산하도록 하는 제도이다. 주 전력회사인 공공사업자가 이러한 목표를 달성하지 못하면 거액의 과징금을 물릴 수 있다. 신재생에너지 공급인증서(Renewable Energy Certificate, REC)는 발전사업자가 신재생에너지를 이용하여 전력을 공급한 사실을 증명하는 인증서이다. 신재생에너지 공급의무화 제도(RPS)에 의해 국내 14개(2023년 기준)의 대형 발전사업자(공급의무자)들은 특정 기간 동안 일정 비율을 신재생에너지를 의무적으로 발전해야 하는데, 매년 증가하는 의무공급량에 맞춰 신재생에너지 발전 설비를 증설하기에는 물리적, 시간적 제약이 있어 신재생에너지를 생산하는 외부 발전사업자에게 REC를 구매하면 정부는 그 양만큼을 신재생에너지 공급 실적으로 인정하고 있다. 외부 발전사업자의 신재생에너지 발전소에서 생산된 1 MW가 1REC가 된다. 태양광의 경우 설치 장소 및 용량에 따라 REC가중치가 적용되며, 가중치 항목과 내용들은 정책에 따라 개정된다. REC는 두 가지 방식으로 판매가 가능하다. 현물 시장에 판매하는 방법과 한국에너지공단 또는 공급의무 발전사 자체 입찰에 참여하여 공급의무자와 20년 고정가격 계약을 하는 방법이다. 계통한계가격(System Marginal Price, SMP)은 전력도매가격이라고도 하며, 한국 전력이 발전사업자로부터 전력을 구매하는 시장의 단가이다. 이 단가의 기준은 전력 1 kWh를 생산하는 데 소요되는 비용으로 단위에서 보여주듯이 시간당으로 변동된다. 발전사업자들이 전력거래일 전날 공급 가능한 발전 용량에 대해 전력거래소(KPX)에 입찰하면, 전력거래소에서 예측한 익일 시간별 전력수요 데이터와 비교하여 가격이 결정된다.

간단하게 태양광 발전 사업은 신재생에너지인 태양광을 이용하여 전기를 생산하고, 한국전력공사 또는 전력거래소 및 대형 발전 자회사에 생산한 전기를 판매하는 것이다. RPS 태양광 발전 사업자는 REC와 SMP의 합에 의해 수익을 얻을 수 있다.

자가소비형 태양광발전사업은 태양광으로 생산한 전력을 자체적으로 소비하여 전기세 절감을 목적으로 한다. 태양광 설비 용량이 한국전력공사와의 계약 전력보다 클 수 없고 태양광 발전 전력이 내부 소비 전력보다 크다면 상계 거래 신청을 하여 적립하였다 추후에 소비만큼 제외할 수 있다.

국내에서는 탄소인증제를 실시하고 있으며, 탄소 배출량에 따라 태양광 모듈 등급을 구분하여 RPS입찰 및 정부 보급 사업 등에서 등급별로 차등화된 인센티브를 적용하였다. 탄소인증제는 태양광 모듈 제조의 모든 과정인 폴리실리콘-잉곳 웨이퍼-셀-모듈의 제조과정에서 배출되는 단위출력당(1 kW) 온실가스의 총량을 계량화($CO_2 \cdot kg$)하여 검증하는 제도이다.

태양광과 풍력 발전 같은 신재생에너지의 경제성 부족으로 정부 보조금 정책을 통하여 해당 산업을 육성·보급하였다. 태양광 발전을 중심으로 신재생에너지 발전 비용이 감소되고 있으며, 이런 신재생에너지 발전 원가가 석유와 석탄의 화석원료를 사용한 발전 비용과 같아지는 것을 그리드 패리티(Grid parity)라고 한다. 그리드 패리티가 되면 정부의 발전 보조금 없이 단독적으로 신재생에너지 발전 사업이 가능한 경제성을 확보할 수 있게 된다.

고효율 실리콘 태양광 기술이 개발되면서 균등화 발전비용(Levelized Cost of Electricity, LCOE)은 점점 저렴해질 것으로 예상되고 있다. 균등화 발전 비용은 건설비, 연료비, 운영비 등 발생한 비용을 생산한 전력으로 나눠 구하는 발전단가와 달리 환경비용 등 사회적 비용을 포함해 계산하는 비용을 말하며, 발전시설의 건설에서 폐기까지 모든 비용을 반영하기 때문에 전력을 생산하는 에너지원 간 공평하게 비용을 비교할 수 있다.

03 건물일체형 태양광

태양광 발전은 소규모에서 대규모 그리드 연결 시스템으로 전환되면서 많은 비중이 대규모 시스템 발전이며, 새롭게 건물일체형 태양광(Building-integrated photovoltaic, BIPV) 시스템으로 활용을 확대하고자 노력 중이다. BIPV 기술은 태양전지를 사용하여 기존의 건축 자재를 대체하는 PV 활용 방식을 말한다. 건축물의 지붕, 옥상(rooftop), 창문, 정면(facade), 발코니 등과 같은 건축물에 태양광 모듈이 주 재료 또는 보조 재료로서 건물에 점점 더 많이 통합되고 있다.

BIPV는 태양광 모듈을 건물 외장재에 통합하는 것을 의미하며, 전통적인 건축 자재를 대체하여 건물 구조물의 일부로 기능하고 현장에서 전기를 생산하는 기능을 제공할 수 있다. BIPV 모듈은 설계 단계에서 지붕, 창문, 정면, 발코니 등을 포함한 건물 외장재로 사용될 수 있으므로 새 건물에 적용하기에 매우 적합하고, 기존 건물의 외장에 태양광 모듈을 추가하여서 노후 건물의 개량을 편리하게 할 수 있다. 외장마감(건자재)형의 BIPV와 구분하기 위해 건물 응용 태양광(Building-applied photovoltaic, BAPV)으로 불리기도 한다. BAPV시스템은 기존 BIPV시스템에서 일체화 정도에 따른 분류로서, 독립형과 부착형 그리고 외장마감형으로 분류되어 건축물에서 건자재형의 BIPV보다 더 넓은 의미의 BIPV라 할 수 있다. 독립형은 기존 건물의 평지붕이나 벽면에 쉽고 간단하게 적용할 수 있는 방법으로 건물외장과 별도로 새롭게 설치된 구조물에 부착되는 형태이다. 부착형의 경우, 기존의 태양광 모듈을 지붕이나 벽체와 같은 건물의 외장과 평평하게 덧붙이는 방법으로 비교적 설치가 간단하고 쉽다.

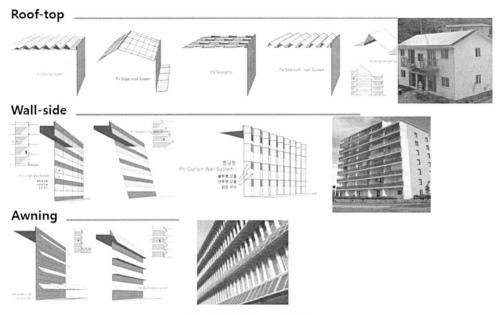

그림 8.56 BIPV 시스템 형태

BIPV의 주요 장점은 건물 외장과 태양광 모듈의 통합으로 시스템 초기 비용을 상쇄할 수 있다는 것이다. 건물 외장에 통합된 BIPV는 단열, 소음 방지, 내후성, 개인 정보 보호

및 현장 전기 생산을 포함한 다기능을 수행할 수 있다. 그림 8.57의 태양광 모듈 창호의 경우, 건물 외장재의 필수 구성 요소이면서, 태양광 발전 시스템과 채광 장치 역할을 하며 차광 효과로 창 영역의 열전달이 다소 차단되면서 냉방 부하를 감소시킬 수 있다. BIPV는 향후 그린 또는 제로 에너지 빌딩 실현에 큰 잠재력을 보유하고 있다.

그림 8.57 BIPV 시스템 창호의 예

사람들은 미래의 건물들이 미적으로 아름답고, 환경친화적으로 추구하면서 재생 가능한 자원에 의존하는 지속 가능한 건물을 설계하는 것이 BIPV의 미래가 될 수 있다. 이에 건물 단열 시스템, 조명 및 공조 시스템을 포함한 실내 에너지 시스템의 성능 향상과 에너지 사용 감소를 포함한다. BIPV에서 생산된 전력은 실내 에너지 시스템의 전력 사용량의 균형을 맞추기 위해 부분적 또는 완전히 사용될 수 있어, 전통적인 전력망의 전력 공급을 완화하여 분산 전원으로 전력 송전의 손실을 최소화할 수 있다. BIPV는 에너지를 생산하면서 불투명한 차광과 색상 그리고 일부 모듈은 유연하고 화려하며 시각적으로 매력적인 다양한 시각적 효과를 창출하면서 건물을 환경친화적으로 만들 수 있도록 발달할 것이다.

BIPV는 태양광 발전과 건축물 자재의 기능이 요구되기 때문에 그림 8.58과 같은 성능 요소들이 필요하다. BIPV의 단점은 온도, 음영, 미관등의 건축요소를 반영하여 고려해야 할 사항이 많으며 방향, 설치각도 등 제약이 따르고 시공시 어려움이 발생하기도 한다.

최근에는 판유리에 증착, 코팅, 인쇄를 통하여 다양한 색상을 갖는 컬러 BIPV들이 개발되어 여러 색상들을 구현할 수 있다. 유기물 성분에 의한 발색은 내구성이 불안하여서 무기물 성분들로 대체되고 있으며, 색상을 구현하는 방식에 따라 모듈 출력이 다르게 나타난다.

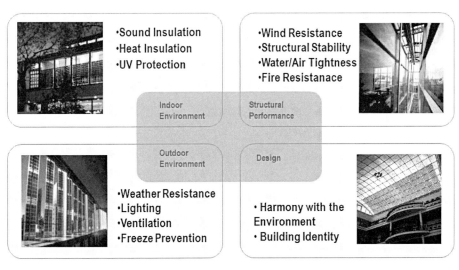

그림 8.58 BIPV 시스템의 성능 요구 사항

C·H·A·P·T·E·R
09

태양광 모듈 재활용

09 태양광 모듈 재활용

청정에너지 생산을 확대하려는 전 세계적인 노력으로 지난 수십 년 동안 태양광 발전을 통한 전력 사용이 급증했으며, 전 세계적으로 소비되는 에너지의 상당 부분을 생산할 것으로 예상되어 주요 글로벌 에너지원 중 하나가 될 것이다. 전 세계 태양광 설치 및 전력 수요는 2000년대에서 2020년대까지 대략적으로 연간 20% 이상의 성장률을 보이며, 향후 태양광 발전 전력이 신재생 에너지원의 선도적 유형이 될 것이다. 이렇게 태양광 산업의 발전과 설치 용량의 증대로 많은 양의 태양광 모듈이 수명이 다한 것들이 발생되면서 또 다른 환경 문제를 제기한다. 30년 정도의 태양광 발전에 대한 유용한 수명이 끝나면, 태양광 모듈은 폐기물 형태로 남게 된다. 2020년경부터는 이전에 설치되었던 태양전지가 퇴역되고 점점 수량이 증가되면서, 수명이 다한 폐태양전지 관리는 점차 중요한 환경 문제가 되고 있다. 태양광 모듈에 미량의 중금속 납, 주석 등이 포함된 모듈이 존재하고, 이러한 중금속은 환경을 오염시키고 인간의 건강에 위협을 가할 수 있다. 또한, 태양전지의 재료인 실리콘을 생산하는 데 많은 에너지 소비의 집약적인 과정이어서, 폐태양전지로부터 실리콘을 회수하는 데 필요한 에너지와 비용은 실리콘은 직접 제조하는 것보다 경제적일 수 있다. 따라서 폐태양광 패널의 회수는 에너지 낭비와 환경오염을 줄일 수 있다.

2012년에 유럽 연합은 공식적으로 폐전기전자장비(WEEE) 지침을 개정하여 태양광 부품을 폐기된 전자장치로 추가하여 태양광 모듈은 전자 폐기물 관리 시스템에 포함되며, 수집 및 재활용되어야 한다. 새롭게 출시된 태양광 폐기물 관리 규정에서는 수명이 다한 모든 태양광 패널(노후 또는 손상 및 보증 기간이 만료됨)은 적절하게 처리해야 한다. 또한, 유럽 시장에 부품을 공급하는 모든 태양광 모듈 제조사는 재활용 수수료를 지불해야 한다. 그러나 현재 전 세계적으로 태양광 모듈 재활용은 소수에 불과하다. 주로 재활용할 수 있는 매우 적은 양의 폐태양광 모듈이 있고, 모듈 재활용 비용이 높기 때문에 수명이 다한 태양광 모듈 관리는 추가 연구개발이 필요한 분야이다.

이러한 측면에서, IEA-PVPS에서는 3Rs로 지속 가능한 폐기물 관리와 관련된 기회에 대하여 다음과 같이 방향을 제시하고 있다. 첫 번째로 Reduce이다. 태양광 산업 발전과 함께 연구개발과 기술발전이 지속됨에 따라서 태양광 모듈의 구성은 더 적은 원료를 사용할 것으로 예상되며, 유해물질은 특정 분류와 함께 엄격한 처리 요건의 대상이 된다. 연구개발 및 모듈 효율과 관련된 현재 추세를 고려할 때, 태양전지에 대한 원료 투입 및 독성이 크게 감소할 수 있다. 두 번째로 Reuse이다. 급속한 글로벌 태양광 성장은 모듈 부품 및 재료와 관련된 2차 시장을 유발하여, 모듈 수명의 초기 장애는 수리 및 재사용 기회를 제공할 수 있다. 잠재적으로, 수리된 태양광 모듈은 할인된 시장 가격으로 세계 시장에서 재판매될 수 있다. 첫 번째 소유자의 표준에 의한 발전 운영이 가능하지만 성능이 떨어지는 모듈도 두 번째 소유자의 기대를 충족시킬 수 있다. 그러나 제품 안전성, 보증 무효화, 미래 책임, 관세 내 공급 계약 무효화 및 시스템 균형 비용과 같은 2차 시장을 복잡하게 만드는 몇 가지 우려가 있다는 점에 유의해야 한다. 마지막으로, Recycle이다. 현재 태양광 모듈의 최종 해체가 완료됨에 따라 모듈 폐기보다 재활용 및 자재 회수가 선호되고 있다. 일반적으로 유리나 금속과 같은 태양광 모듈의 주요 재료를 재활용하기 위해 주요 부품의 자재 회수가 가능하며, 더 많은 양의 재료를 경제적으로 회수할 수 있기 때문에 처리 용량을 늘리고 수익을 극대화할 수 있을 것이다.

재활용과정을 살펴보면, 태양광 모듈은 표 9.1에서 보여주는 것처럼, 알루미늄 프레임, 유리, EVA, 태양전지, 백시트, 정션박스로 구성되어 있으며, 이 모듈에는 실리콘, 은, 구리, 주석 및 납과 같은 유용 소재들과 포함하고 있는데 이러한 유용한 소재들을 회수하기 위해서는 다수의 공정이 필요하게 된다. 실리콘 태양광 전지 질량의 80% 이상을 유리, 알루미늄과 같은 벌크 소재가 차지하고 있으나 태양광 물질의 경제적 가치의 3분의 2는 은, 실리콘, 구리같이 더 작은 구성 요소에서 높다.

표 9.1 태양광 모듈의 재료 및 구성 비율   (단위 : %)

태양광 모듈 재료		구성비	경제적 가치
알루미늄 프레임		10	26
유리		75	8
EVA/back sheet		7~12	-
태양전지	Cu	1	8
	Ag	0.1	47
	Pb	< 0.1	-
	Si	3	11
기타(전기배선함, 커넥터 등)		2~2.5	-

폐태양광 모듈의 해체는 먼저 알루미늄 프레임과 정선 박스를 물리적으로 먼저 제거하게 된다. 그림 9.1에서의 재활용 공정도와 같이 태양광 모듈은 크게 화학적, 기계적, 열적 방법에 의해 전면유리와 밀봉제인 EVA분리를 통해 폐 태양전지만 남게 된다. 화학적 방법은 에칭 공정을 통해 태양광 모듈 내 원하는 유가 재료를 높은 순도로 회수할 수 있으나 이를 회수하기 위해 여러 종류의 용액을 사용하여야 하고, 또한 폐용액이 발생되어 2차 환경오염이 발생한다. 열적 방법은 태양광 모듈 내 재료를 접착시키는 역할을 하는 EVA를 제거하여 유가 재료를 회수하는 방법인데 이는 화학적, 물리적 방법 대비 높은 회수율을 갖지만 연소하기 위해 500℃ 이상의 고온을 만들고 유지하여야 하므로 높은 에너지를 소비하고 유해 배가스가 발생한다. 물리적 방법은 다른 방법에 비해 짧은 공정 시간을 가지며, 배가스와 폐용액이 발생되지 않아 친환경적이라는 이점이 있다. 하지만 물리적 방법의 경우 일반적으로 분쇄 공정을 이용하여 재활용이 진행되는데 공정 특성상 특정 소재의 선택적 분리가 어려워 분쇄 공정 이후 추가적인 선별공정이 요구되는 단점이 있으며, 태양전지와 유리의 경우 미분화되어 분쇄되기 때문에 이를 분리하기

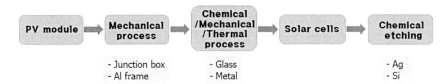

그림 9.1 태양광 모듈 재활용 공정 개략도

어려워 회수 소재의 순도가 낮다. 이런 재활용 방법의 선택에 따라 실리콘이 파쇄되거나 온전한 실리콘 기판형태로 회수될 수 있다.

태양전지에 형성된 은 전극, 알루미늄 전극, 표면 패시베이션/반사방지막 층을 제거해야 된다. 이런 과정 중에서 증착된 박막층(SiO_x, SiN_x, Al_2O_3층)과 금속류들이 산(acid)용액 식각공정들을 통하여 제거되어지게 되면서 분리된다. 실리콘을 회수하기 위해서는 비교적 저렴한 화학적 방법에 의해 H_2SO_4, HNO_3, H_2O_2, HCl, HF, H_2SiF_6, H_3PO_4, KOH 등 다양한 화학 용액을 사용하고 있다. 이후에 유가 금속은 전기 분해등의 공정을 거쳐 회

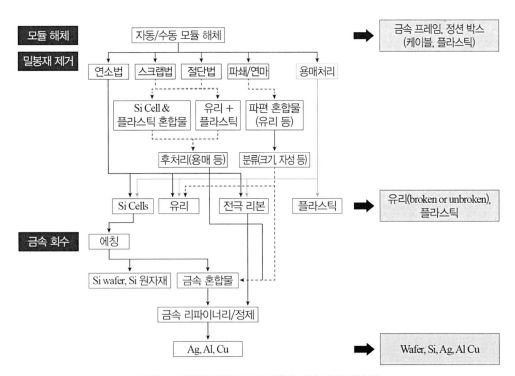

그림 9.2 개발된 태양광 모듈 재활용 기술의 공정의 예

수된다. 고순도의 실리콘을 회수하기 위해서는 실리콘층과 반응한 금속 전극 성분과 박막층의 일부 잔류한 성분들을 표면에서부터 추가적인 제거 공정이 필요하다. 따라서 사용된 화학약품 비용 및 폐액 처리 비용 등이 많이 발생되고 있어 이에 대한 사용량 감소 및 효율적인 처리 방안이 요구된다.

기존 재활용 연구에서는 주로 유리와 은 금속, 그리고 실리콘 회수에 집중되어 있지만, 태양전지의 저가화로 인하여 태양전지의 은 함량의 감소 경향과 실리콘의 가격이 하락되면서 회수된 재료의 부가가치가 떨어지고 있는 실정이다. 유리는 판유리 전체를 재활용하는 방안과, 실리콘은 SiC 제조에 재활용하여 부가가치를 향상시키는 기술을 개발 중이다. 가장 큰 문제는 폐태양광 모듈의 수집에서부터 재활용 과정에서의 비용들로 인하여, 현재 상태에서 정부의 정책적인 지원 없이는 경제성이 부족한 편이다.

■ 찾아보기

(ㄱ)

가교율(Crosslinking ratio)	273
기전지대(valence band, E_v)	14
개방전압(open circuit voltage)	26
건물 응용 태양광(BAPV)	341
건물일체형 태양광(BIPV)	341
건물일체형 태양광 모듈(BIPV)	265
건식 식각	83
게터링(gettering)	37, 88
결정립(grain boundary)	31
계통연계 보호기능	336
계통연계형	329
계통한계가격(SMP)	340
고정형 어레이(fixed array)	331
골드 슈미트 공차 계수	170
공유결합	16
광발광(PL)	237
광생성 전류(light generated current)	24
광유도 도금(LIP)법	119
광전 효과	9
광전자분광법(PES)	248
광전효과(photoelectric effect)	20
굴절률	103
균등화발전비용(LCOE)	304
그리드 패리티(Grid parity)	340
금속결합	15
금속급 실리콘	46
기생 저항 손실(parasitic loss)	28
기판 세정	71

(ㄴ)

내부양자효율(IQE)	38

(ㄷ)

다결정 실리콘	56
다이아몬드 와이어 절단법	61
다이오드	21
다중 버스 바(MBB)	302
단결정 성장	51
단락전류(short circuit current)	24
단차피복성(step coverage)	98
대기질량(AM)	6
도금	117
도핑(doping)	17
독립형	329
등가회로	40

(ㄹ)

라미네이션(lamination)	290
레벨링(leveling)	108
레이업(Lay-Up)	289
레이저 스크라이빙(laser scribing)	298

(ㅁ)

마이크로 인버터(microinverter)	335
마이크로웨이브 광전도감쇠 측정법	229
면저항(sheet resistance, R_s)	239
모노실란	50
모듈 열화	326
무전해 도금(electroless plating)	119
물리적 증착 방법(PVD)	148

(ㅂ)

바이어스 광원(bias light)	219

반사방지막	103	스트링	286
방사(radiative) 재결합	35	스퍼터링(sputtering)	148
방향성 응고(directional solidification)	57	신재생에너지 공급인증서(REC)	339
배치 방식	83	신재생에너지 공급의무화 제도(RPS)	339
백시트(Back sheet)	267, 277	실리콘 산화막(SiO_2)	97
밴드 테일(band tail)	150	실리콘 이종접합(HJT) 태양전지	147
밴드갭(energy band gap, E_g)	14		
버스 바(bus bar)	111		
베이스(base)	21	**(ㅇ)**	
벨트 퍼니스(belt furnace)	112		
병렬저항(R_{sh})	29	알베도(Albedo)	162
분광 반응(SR)	215	양면 계수(bifaciality factor)	164
분광타원계(SE)	262	양면 태양전지(bifacial cell)	162
브래그(Bragg) 법칙	256	양자효율(Quantum Efficiency)	37
브릿지만 응고법(Bridgman Solidification)	56	에미터	21
블랙(black) 실리콘	85	에피탁시(epitaxy)	102
블록 캐스팅(Block Casting)법	56	엑시톤(exciton)	168
비등방성 식각(anisotropic etch)	77	엣지 분리(edge isolation)	92
		열확산법	86
		염화반응(hydrochlorination)	46
(ㅅ)		오제(Auger) 재결합	33, 35
		외부양자효율(EQE)	38
사염화실란($SiCl_4$, tetrachlorosilane)	47, 48	용액 공정	182
4-포인트 탐침(4-point-probe)	239	원자층 증착법(ALD)	98
삼염화실란($SiHCl_3$)	46	유동 석출법(FBR)	49
상계 거래	340	유리 분말(glass frit)	110
상쇄간섭(destructive interference)	102	유무기 할라이드(halide) 페로브스카이트	167
성장로(Grower)	52	유사소성(pseudoplastic)	110
셀효율(Cell Efficiency)	27	유전체	40
소결(sintering)	111	유제(emusion)	109
소성(firing)공정	112	이격거리	338
쇼키 배리어(schottky barrier)	144	이동도 갭(mobility gap)	151
수소화된 질화막(SiNx)	95	이동도(mobility)	18
수집확률(Collection probability)	31	이온결합	16
슁글드(shingled) 태양광 모듈	297	이온주입법(ion implantation)	86
스넬-데카르트의 법칙(la loi de Snell-Descartes)	75	이종접합(heterojunction) 구조	145
스크린 프린팅 실리콘 태양전지	69	이차이온질량 분석법(SIMS)	253
스크린 프린팅법	107	인공태양광조사 장치(solar simulator)	205

인듐주석산화물층 148
인라인 방식 83
인버터 329
인증시험 323
일함수(work function) 26, 144

(ㅈ)

자동전압 조정기능 336
재결정화 113
재결합(recombination) 22
재결합 속도 37
저압기상반응증착(LPCVD) 142
저철분 강화 유리(low rion glass) 269
전계발광(EL) 236
전계효과(field effect) 95
전기전도도 19
전도대(conduction band, E_c) 14
전도성 분말 110
전위(dislocation) 결함 53
전자 선택형(ESC) 145
전자분광법(ESCA) 248
저하선택접합(carrier selective contact) 144
전해 도금(electro plating) 119
접속 단자함(juncton box) 279
접촉저항(contact resistance) 240
정련(refining) 46
정상상태(steady state) 36, 229
주사전자현미경(SEM) 258
준정상상태(Quasi-Steady State) 229
준정상상태 광전도 측정법 229
지락 전류 336
지멘스법 46
직렬저항(R_s) 29
진공 증발(evaporation) 증착법 184
집광형 태양광 모듈 331

(ㅊ)

천이금속산화물(TMO) 145
초크랄스키(Czochralski)법 51
초퍼(chopper) 219
최대 출력점(MPP) 332
추적식 어레이(tracking array) 331
충실률(Fill Factor) 28
충진재 267

(ㅋ)

큐어링 291

(ㅌ)

탄소인증 340
태빙 286
태양광 모듈(PV) 266
태양광 모듈 재활용 348
태양광발전시스템 329
태양전지(solar cell) 21
탠덤 태양전지 189
텍스처링(Texturing) 75
투과전자현미경(TEM) 258
투명전극(TCO) 148
틱소트로피(thixotropy) 109

(ㅍ)

패시베이션(passivation) 31
펄스폭 변조(PWM) 333
페로브스카이트 167
페로브스카이트 태양전지 167
페르미 에너지 17
페이스트(paste) 107
편광분석법(Ellipsometry) 260
평형분배계수(segregation coefficient) 53
포화전류밀도(saturation current density) 102
폴리실리콘 49

표동 속도(drift velocity, V_d) 18
표동 전류(drift current) 18
표면 조직화(texturing) 75
표면 패시베이션 94
표면재 267
표면재결합속도(surface recombination velocity) 32
프레넬 렌즈(Fresnel lens) 331
플라즈몬(plasmon) 251
플로트 존(Float Zone, FZ) 54
핑거 그리드 124

(ㅎ)

하프컷(Half-cut) 300
홀 선택형(HSC) 145
확산 19
확산 방지막(diffusion barrier) 119
후면 전극형 태양전지 153
후면전계(BSF)층 107
후방산란전자(back scattered electron) 260
후열처리(PMA) 97
흡수 계수(absorption coefficient, α) 32
흡수 깊이(absorption depth) 32

(A)

AES(Auger Electron Spectroscopy) 252
anti-solvent 방법 182
APCVD(Atmosphere-pressure CVD) 143

(B)

Boron Rich Layer(BRL)층 89
BOS(Balance of System) 329
BSF(back surface field) 40

(C)

CTM(cell-to-module) 손실 303

(E)

ECA(Electrically Conductive Adhesive) 297
Energy Dispersive X-ray Spectrometer(EDS) 200
EVA(Ethylene Vinyl Acetate) 271
EVA sheet 267
EWT(Emitter-Wrap-Through) 실리콘 태양전지 156

(F)

FAPbI$_3$ 167
FIT(Feed-in Tariff) 제도 339
Forming Gas Aanneal(FGA) 97

(H)

HBC(Heterojunction back contact) 161
HEM(Heat Exchange Method) 56
HID(Hydrogen Induced Degradation) 307
HIT 태양전지 구조 147

(I)

IBC 구조 태양전지 153
IGBT(Insulated Gate Bipolar Transistor) 333

(K)

kerf-loss 60

(L)

LCO(Laser contact opening) 134
LeTID(Light and elevated Temperature Induced Degradation) 307
LFC(Laser-fired contact) 134
LID(Light-induced Degradation) 현상 65

(M)

MAPbI$_3$ 167

microwave-PCD(Photo Conductivity Decay)   100
MMA(Monolithic Module Assembly)   158
MOSFET(Metal-Oxide-Semiconductor Field
   Effect Transistor)   332
MWT(Metallization-Wrap-Trough) 태양전지   159

(P)

Passivating contact   139
PECVD 시스템   95
PERC 구조 태양전지   130
PERL 구조 태양전지   128
PERT 구조 태양전지   137
PID(potential induced degradation)   106, 305
pn접합   86
PSG(phosphorous-silicate)   37

(S)

SCLC(Space Charge Limited Current)   193

snap-off   109
SRH재결합   36

(T)

Time-resolved photo-luminescence(TRPL)   194
TOPCon(tunnel oxide passivated contacts) 구조 태양
전지   139
trap-assisted 재결합   35
TrichloroSilane(TCS)   46

(U)

UMG(Upgraded Metallurgical-grade)   51
UV 광전자 분광(UPS)   248

(X)

X-선 광전자 분광(XPS)   248
X-선 회절(XRD)법   255

실리콘
태양광 기술

초판 인쇄 | 2023년 8월 25일
초판 발행 | 2023년 8월 30일

지은이 | 장효식, 임종철, 송희은, 강기환
펴낸이 | 김성배
펴낸곳 | (주)에이퍼브프레스

책임편집 | 최장미
디자인 | 송성용, 엄해정
제작 | 김문갑

출판등록 | 제25100-2021-000115호(2021년 9월 3일)
주소 | (04626) 서울특별시 중구 필동로8길 43(예장동 1-151)
전화 | 02-2274-3666(대표) 팩스 | 02-2274-4666
홈페이지 | www.apub.kr

ISBN   979-11-984291-0-0 (93530)